PC技術規準シリーズ

コンクリート構造技術規準

—性能創造による設計・施工・保全—

公益社団法人 プレストレストコンクリート工学会 編

技報堂出版

まえがき

世界で初めての性能創造型の設計施工規準が世に出たのは2011年9月であった。この年は1000年に1度の規模といわれる大地震と大津波，およびそれに伴う原子力発電所の大事故によりわが国に未曾有の大災害が発生した年であった。この大災害の影響は今日まで続いており，その影響は計り知れないものがある。その後すでに7年以上経過し，平成の年号の最後である平成31年3月に性能創造型の設計施工規準が装いを新たにした改訂版の技術規準として完成したのである。

規準類の見直しは5年ごとに行うのが望ましく，世界に類のないこの規準はできるだけ早く見直しを始めるのが良いのは当然であった。そこで，2016年には発刊後5年を経過するに伴い，2016年改訂版を発刊することを委員長として提案した。その時に提案した改訂の必要性と改訂の方向は以下のとおりであった。

① （社団法人）PC技術協会から（公益社団法人）PC工学会に組織変更になったので市販中のこの規準の発行者名を改めることが重要
② 発刊から4年が経過し技術の進歩，社会環境の変化（2011年の東日本大震災を契機とした防災の認識など）に対応した規準の見直し
③ 世界初の性能創造型設計による規準の内外からの評価に関する対応
④ 性能創造に加えて機能創造についての記述の必要性
⑤ PC工学会発行の「PC構造物高耐久化ガイドライン」の骨子の規準への取り込み
⑥ *fib* Model Code for Concrete Structures 2010の参照
⑦ 土木学会コンクリート標準示方書の2012年版の参照（これまでは2007年版を参照）
⑧ 防災構造物への適用
⑨ 更新，部位の取り換え，機能向上の論理の構築
⑩ 建築への適用
⑪ 終局限界を究極限界に修正し，長期的高耐久の観点からアルカリシリカ反応，水素脆性のリスク回避の記述
⑫ PC構造は無機物ながら熱力学的には完全な安定状態でないことの認識の啓蒙
⑬ コンクリート標準示方書にないPC独特の設計式の提示
⑭ 資料編に新しい設計施工例を追加

このような提案に対し，改訂のための委員会組織の方法論，改訂の趣旨に対する種々の議論などがあって実際に組織的に動き出したのは2017年頃からであった。改訂の原案作成はPC技術規準委員会の中に改訂のための作業部会が組織され，ここで作成された原案を規準改訂小委員会が審査をする方式がとられたのである。小委員会は春日昭夫委員長，酒井秀昭副委員長の構成とし，2019年3月までに改訂版を作成することになったのである。

今回の改訂の主要な点は上述の提案の⑥にある*fib* Model Code 2010に規定されている“Conceptual Design”に関する対応である。*fib* Model Codeでは性能創造型の規定に対応した書式

として，限界状態に関する照査とは独立した章立てで新しく“Conceptual Design”（構想設計）なる性能創造的な概念を導入したのである。作業部会では多くの議論を経て，この新しい概念を性能創造型に取り入れて改訂作業が行われたのである。“Conceptual Design”を日本語で「構想設計」とすることについては種々の案の中から最適な訳語として決定された。ただし，今後この「構想設計」が対象プロジェクトを上からの目線で支配するものではないことに留意する必要がある。例を挙げれば，有名なフランスのミヨー高架橋はプロジェクトの検討過程で地元の要望と提案とからあの大規模な橋梁が実現したものである。また，上空に公園を有するコロッセアム風の首都高速道路の大橋ジャンクションの当初の設計案は通常のループ状の高架橋によるジャンクションであったが，地元や関係者との協議の結果で誕生した類のない構想として具現化したものである。したがってプロジェクトにおける「構想設計」の位置付けをしっかり把握することが重要である。

今から20年程前の*fib*シンポジウム1999 PragueにおいてテキサスcDCJ大学のBreen教授が基調講演の中で“Small rule, small mind stifle creativity.”と主張した。講演終了後に同席していた今回の改訂小委員会の春日昭夫委員長とともにBreen教授の主張の本質を直接聴いたところ「細かすぎる仕様規定とそれを頑固に守る態度が創造性を阻害する」とのことで実例を挙げて説明して呉れた。20年前のこの会話の趣旨が2011年のこの性能創造型規準の策定と今回の改訂にも内在的に反映しているものと考えられる。

なお，今回の改訂には盛り込めなかったが，PC構造の卓越した弾性復元性能を性能創造的に取り入れ，PC耐震構造の分野が今後大いに発展することを期待したい。

また，当初の改訂の提案事項の④で機能創造について述べたが，今後はこれに加えて「機構の創造」にも注目し，「性能，機能，機構の創造」へと発展するのが良いと思われる。これにより，一層“Conceptual Design”との関係が明確になるものと考えられる。

今回改訂のこの技術規準は，2011年の規準と思想は同一であり，その精神は2011年版の「まえがき」に詳細に記載されているので是非ご参照頂きたい。

本規準改訂版の作成に際してはPC技術規準委員会の委員各位，特に花島幹事長には多大なご努力を賜った。原案作成の作業部会の各位，原案審議の規準改訂小委員会の春日昭夫委員長，酒井秀昭副委員長をはじめとする委員各位のご尽力を賜った。ここに改訂作業に参画された各位に深甚の謝意を表する次第である。

2019年3月

公益社団法人プレストレストコンクリート工学会

PC技術規準委員会

委員長　池田　尚治

コンクリート構造設計施工規準の改訂について

今回の改訂は，まず規準の名称を「コンクリート構造設計施工規準—性能創造型設計—」から「コンクリート構造技術規準—性能創造による設計・施工・保全—」に変更したこと，そして，構造物の性能を付与する設計の中でももっとも重要な「コンセプチュアルデザイン（Conceptual Design）」の記述に力点をおいたことがあげられる。従来使用されてきた「維持管理」は，海外では「Conservation」が使われていて，維持管理よりもっと広い意味なので今回は「保全」とした。

2018年に起こったイタリア，ジェノバの高架橋崩落事故を受けて，コンクリートの信頼性だけでなく当時のモランディーの設計の不備を指摘する声がある。しかしこれは的を射ない意見である。この高架橋は1960年初頭に建設されており，日本では100 m 未満の張出し施工を行っていた当時，イタリアでは200 m を越えるコンクリート橋を建設していたのである。鉄道や市街地の上空を跨ぐこの橋は，合理的な施工法によって建設された，当時の世界最先端の技術であった。ただし，構造がシンプルなだけにロバストネス（堅牢性）がなく，さらにはコンクリート構造の耐久性に対する十分な認識がなかったことが崩落の要因に大きく影響したと想像される。

モランディーにさかのぼること20年，プレストレストコンクリートがドイツとフランスで発明され，戦後にフレシネーやフィンスタバルダーらがその発展に大きく貢献したことは周知の通りである。このことが，我が国の高度経済成長を支えるインフラ整備に欠かせないものとなった。彼らはなぜあのような独創性のある技術に挑戦したのであろう。それは技術者として新しいことに取り組みたいという強い欲求もさることながら，鋼構造だけに限られた構造の自由度をコンクリートももつことや，世の中の経済性への要求などが影響したものと思われる。しかしプレストレストコンクリートも，1867年のフランスの造園技師による鉄筋コンクリートの発明が起源になっている。

現在は，彼らの時代に比べてさまざまな面で技術が進歩しているが，我々ははたして彼らのような創造的な構造物を造っているであろうか。過去の事例を見てもわかるように，イノベーションとなる技術は，そのときにある技術を一段階あがらないと解決できない制約条件が起爆剤となる。現在は精緻な解析ツールがあり，規準はかゆいところに手が届くがごとく整備され，考えなくても構造物を建設することができる。いったい両者にどんな違いがあるのであろうか。このことに対する答えを示すのが本規準である。それは，「コンセプチュアルデザイン」の欠落である。

設計とは，オブジェクトに付加価値を与える行為であり，その価値とコストの大部分は設計で決定する。そして設計の中でももっとも重要なプロセスが「コンセプチュアルデザイン」である。残念ながらこれに対する適切な日本語がないため，本規準では「構想設計」という新しい日本語を定義した。

性能にかかわる要求事項と制約条件を満たすために，構想設計の段階で設計者は性能を創造し付与する。そして，創造された性能は，性能にかかわる要求事項にしたがって照査される。また，制約条件には，たとえば，工費や工期など物理的な式で表現できないものもあるが，さまざまな手法を用いて定量的に性能を照査する必要がある。そして，設計図化され，これら一連の行為が設計である。厳しい制約条件下の最適解は，社会的側面，環境側面，経済的側面からなる持続可能性を追求したものになる。

構想設計には精緻な解析ツールや細部まで網羅した規準は必要ない。これは過去の偉大な技術者たちが証明している。プレストレストコンクリートや張出し施工などのイノベーションは，性能創造無くしては生まれてこなかった。人が生み出すオブジェクトは，本来創造的なものである。そしてこのことが技術の進歩を促してきた。将来の技術の進歩のレールを敷くのは，今の時代の技術者の責務であると考える。この点だけ見ても，1，2章に述べられている性能創造という本規準の意義は大きいと考える。

本規準により性能創造が付加された構造物が自動的に設計できるものではない。設計者には，構想設計の重要性を十分認識し，積極的に性能を創造したオブジェクトを建設していただきたいと願うばかりである。

2019年8月

公益社団法人プレストレストコンクリート工学会
コンクリート構造設計施工規準改訂小委員会
委員長　春日　昭夫

まえがき（2011年版）

プレストレストコンクリート技術協会は，1958 年に設立されて以来，我が国のプレストレストコンクリート（PC）技術の発展と普及に大きく貢献してきた。しかしながら，技術規準類の整備については土木学会が先行して PC に関する指針や示方書などを定めてきたので当協会の独自の規準類の整備活動は 1994 年の PC 技術規準研究委員会設立以降となった。この委員会活動は，PC 関係各社からの受託の形式で発足し，PPC 構造設計規準（案）（1996 年），外ケーブル構造・プレキャストセグメント工法設計施工規準（案）（1996 年），複合橋設計施工規準（案）（1999 年），PC 構造物耐震設計規準（案）（1999 年），PC 斜張橋・エクストラドーズド橋設計施工規準（案）（2000 年），PC 吊床版橋設計施工規準（案）（2000 年），および PC 橋の耐久性向上マニュアル（2000 年）を定め，当時のこれらの新しい技術について独自の最新の規準（案）を示したのである。これらの規準（案）などは新しい形式や技術の PC 構造物の発展，普及に大いに有用であったものと思われる。

一方，当協会では種々の受託調査研究を行い，PC 橋脚の耐震（1999 年），高強度鉄筋 PPC 構造（2003 年），プレテンションウエブ橋（2003 年），PC グラウト（2005 年），および高強度コンクリート PC 構造（2008 年）の各ガイドラインあるいは指針をまとめ公表することができた。

以上に述べた規準類などの整備活動は，すべて，受託業務として行われたが，これらの成果の継承と発展および急速な PC 技術の進歩に対応すべく，当協会は，常設の委員会として 2001 年に PC 技術規準委員会（以下規準委員会）を新たに設置した。その成果として，2005 年には外ケーブル・プレキャストセグメント工法，複合橋，および貯水用円筒形タンクの各設計施工規準を定めて発刊した。続いて 2009 年には PC 斜張橋・エクストラドーズド橋設計施工規準を定めて発刊した。

これらの活動と並行して規準委員会では各規準の基本となるコンクリート構造規準の起草が必要とされ，その基本的概念としてまったく新しい概念の性能創造型（Performance-creative）の規準とすることが提案されて本質的な議論が開始された。

さて，世界的に規準類の体系が 1960 年代から終局強度設計法あるいは限界状態設計法に移行し始め，我が国では 1986 年に土木学会コンクリート委員会がコンクリート標準示方書を限界状態設計法に基づく書式に改めた。そこで，上述の当協会の規準類には基本的にいずれも限界状態設計法の書式を採り入れることとなった。一方，それまでの仕様準拠型（Prescription-based）規準の問題点が指摘され，世界的に性能準拠型（Performance-based）への移行が図られてきた。土木学会のコンクリート標準示方書はこの流れに沿って 2002 年にその「設計編」を「構造性能照査編」に名称換えしたものと思われる。構造物を合理的に構築しようとする場合，真に評価されるものはその供用中の性能であるので，建設時の仕様は単なる手段に過ぎず，本来，構造物の合理性の追求には性能準拠の方が妥当であると考えられよう。しかしながら長年月にわたり供用される構造物の性能を設計施工の段階で的確に評価することは必ずしも容易でないことも事実であり慎重な配慮が必要なのである。

性能照査については，設計時の主要な行為の一つであることはいうまでもないことであり，ISO

(国際標準化機構)にもその手法が示されている。ところが，土木学会のコンクリート標準示方書が前述のように性能照査をもって設計そのものとしたことを契機に，規準委員会では設計行為の創造的な重要性について議論が深められた。その結果，構造物の性能は基本的に設計者が創造するものであるとの見解に達し，性能創造型の設計施工規準を早急に定める必要性のあることが強く認識されたのである。その議論の中では創造的な設計行為により国民の富の増大が図られること，英語の「Subjective」のSubは「従」であって「主」ではないので日本語訳の「主観」という概念と一致しないこと，などさまざまな設計哲学的な議論が真剣に行われた。なお，幸いにして土木学会のコンクリート標準示方書の性能照査編は2007年版で元の設計編に名称が戻ったがその経緯は説明されていない。性能創造型はこれまでにない新しい概念であるだけに規準化に当たっては骨子となる素案を先ず規準委員会で起草し，2010年にこの素案をベースとして，性能創造型の規準作成のための「コンクリート構造設計施工規準作成委員会」を規準委員会の中に組織し集中的な活動を行ってきたのである。この新しい規準の起草に際してはプレストレストコンクリートと鉄筋コンクリートとを共通の概念で取り扱うこと，および複合構造物にも適用できることを目標とした。そこで，起草にあたっては規準の骨組みとして先ず1996年に定めたPPC構造設計規準（案）を見直すことから始められた。また，新しく定めるこの規準が当協会の定める各種の規準類の中心的，かつ，共通的な役割を果たすことを意図することとしたのである。

1998年の国際構造コンクリート連合（fib）の統合設立以来，その主要課題であったモデルコードの起草がようやくほぼ纏まり，2010年にfibは「コンクリート構造モデルコード原案」（Model Code 2010-First complete draft，fib Bulletin 55および56）を出版した。今後はこのモデルコード原案を参照し，世界に先駆けたこの性能創造型の規準の発展を進めたいところである。

この規準を定めるにあたっては，山﨑副委員長をはじめとする規準委員会の委員，幹事各位からきわめて活発なご議論を賜った。とくに春日昭夫委員，前田晴人委員には素案作成に当たって多大なご努力を賜った。また，コンクリート構造設計施工規準作成委員会の委員，幹事およびWGメンバーの各位，とくに上杉泰右幹事長，渋谷智裕副幹事長，河村直彦幹事およびWG主査各位には原案作成に際し献身的なご活躍を賜った。ここに深甚の謝意を表する次第である。

2011年3月11日の未曾有の大震災により，われわれ日本人の物の考え方が一変した。大津波に起因した原子力発電所の事故は許し難いことであり，性能創造型概念の必要性を痛感している次第である。近代社会では，電気は空気と同様に必須のものであることを認識し，今後は原子力発電所の安全性と課題についてPC技術協会を通じ強く関心を払うこととしたい。

平成23年9月

(社) プレストレストコンクリート技術協会
PC技術規準委員会
委員長　池田　尚治

性能創造型の規準作成について（2011年版）

「コンクリート構造設計施工規準－性能創造型設計－」の目的と経緯については，PC技術規準委員会としての「まえがき」で述べたのでここではこの規準の作成にあたりポイントとなった事柄について述べることとする。

先ず，設計行為が照査を基本とする受身のものでなく，人工環境を創造する能動的なものであることが議論された。また，設計施工された構造物は，長年にわたり国民の富の形成に寄与することが認識されたのである。次いで，設計行為の基本は与えられたサブジェクト（課題）を妥当なオブジェクト（設計成果物）に変換する創造的行為であることも規準の基本として把握されたのである。

最も基本的な用語である「性能」についての議論では，英語では性能はPerformanceでありパーフォーマンスは音楽の演奏や芝居の演技にも使われるものであって，構造物や部材にとって性能は，作用（Action）に対する応答（Response）の性質と能力であることで合意を得た。さらに土木学会の示方書をはじめとして「要求性能」という概念がこれまで用いられてきたが性能を創造する目標とするには「要求性能」よりも「機能」（Function）の方が適切であるとの考えに至った。すなわち，あらかじめ必要な「機能」を定め，これを満たす性能を有するものを創造的に設計施工する概念が基本として採り入れられたのである。ここでは供用開始後の構造物の性能の変化についても耐久性と維持管理の観点から議論がなされた。

性能創造とは，建設される構造物が単に環境に適合することを目標とするのではなく，むしろその構造物によって新しい環境を創造するという新しい観点に立つことであり，設計施工者や維持管理者はそれを誇りとし名誉に感じるとともに責任も自覚しなければならないのである。なお，設計施工者がその役割を原点に立ち戻って改めて自覚し，規準類の適正な適用方法を磨くことができることも意図された。このように性能創造型の概念は自由度が大きいものであり，真に合理的な構造物の建設に寄与できるものと思われる。

また，性能照査の重要性が強調されており，単に与えられた安全係数を満足するだけでなく創造的に応答のシナリオを設定し適切な安全係数を定めることが示された。とくに架設時の安全性の照査の重要性が示された。

なお，新しい用語として供用限界状態の議論の過程で構造物の「利用者」が従来の「使用者」より適切な概念の用語であることも新たに認識された。

この規準はこれまでにない先駆的なものであると自負しているが何分この一年間で条文に取りまとめたものであるので今後は大いに改訂をしていくつもりである。また，国際的にもこの規準の概念を大いに発信していきたい。関係各位の今後一層のご支援を是非ともお願いする次第である。

平成23年9月

（社）プレストレストコンクリート技術協会
コンクリート構造設計施工規準作成委員会
委員長　池田　尚治
幹事長　上杉　泰右

プレストレストコンクリート工学会
PC技術規準委員会　委員構成
（平成29，30年度）

委員長	池田　尚治	（複合研究機構） （横浜国立大学名誉教授）
副委員長	山﨑　淳	（日本大学名誉教授）
委員兼幹事長	花島　崇	（日本構造橋梁研究所）
委　員	出雲　淳一	（関東学院大学）
	○伊藤　均	（八千代エンジニヤリング）
	太田　誠	（大成建設）
	大村　一馬	（安部日鋼工業）
	緒方　辰男	（高速道路総合技術研究所）
	○春日　昭夫	（三井住友建設）
	加藤　敏明	（大林組）
	河野　広隆	（京都大学）
	○河村　直彦	（ピーエス三菱）
	酒井　秀昭	（中日本高速道路）
	下村　匠	（長岡技術科学大学）
	田中　英明	（建設技術研究所）
	○堤　忠彦	（富士ピー・エス）
	手塚　正道	（オリエンタル白石）
	万名　克美	（オリエンタルコンサルタンツ）
	宮川　豊章	（京都大学）
	睦好　宏史	（埼玉大学）
	○山本　徹	（鹿島建設）
	渡辺　博志	（土木研究所）

（○印：委員兼幹事，五十音順，敬称略）

プレストレストコンクリート工学会
コンクリート構造設計施工規準改訂小委員会　委員構成
（平成 29，30 年度）

委員長	春日　昭夫	（三井住友建設）
副委員長	酒井　秀昭	（中日本高速道路）
委　員	池田　尚治	（複合研究機構） （横浜国立大学名誉教授）
	石田　哲也	（東京大学）
	○伊藤　均	（八千代エンジニヤリング）
	岩城　一郎	（日本大学）
	大島　義信	（土木研究所）
	大場　誠道	（大林組）
	○緒方　辰男	（高速道路総合技術研究所）
	河野　広隆	（京都大学）
	○河村　直彦	（ピーエス三菱）
	塩畑　英俊	（東日本高速道路）
	白鳥　明	（首都高速道路）
	○堤　忠彦	（富士ピー・エス）
	長井　宏平	（東京大学）
	中村　光	（名古屋大学）
	西　恭彦	（鉄道運輸機構）
	○花島　崇	（日本構造橋梁研究所）
	藤山知加子	（法政大学）
	細田　暁	（横浜国立大学）
	細谷　学	（大成建設）
	○山本　徹	（鹿島建設）

（○印：委員兼作業部会担当，五十音順，敬称略）

旧委員	寺島　善宏	（首都高速道路）
旧委員	藤野　和雄	（東日本高速道路）

目　　次

1章　総　則 ―――― 1

1.1　適用の範囲 …… 1
1.2　性能創造の基本理念 …… 2
1.3　構造物の機能 …… 4
1.4　構造物の性能にかかわる要求事項 …… 4
1.5　用語の定義 …… 6
1.6　記　号 …… 9
1.7　関連規準 …… 18

2章　設計・施工・保全の基本事項 ―――― 20

2.1　性能創造による設計・施工・保全の原則 …… 20
2.1.1　一　般 …… 20
2.1.2　設計供用期間 …… 20
2.1.3　ライフサイクルマネジメント …… 21
2.2　調　査 …… 22
2.3　性能創造による設計の基本 …… 23
2.3.1　一　般 …… 23
2.3.2　構想設計 …… 24
2.3.3　構造の選定 …… 25
2.3.4　設計における性能の創造 …… 27
2.3.5　性能照査の基本 …… 28
2.3.6　性能照査の方法 …… 29
2.3.7　安全係数 …… 30
2.3.8　修正係数 …… 31
2.4　性能創造による施工の基本 …… 32
2.4.1　一　般 …… 32
2.4.2　施工段階における性能の創造 …… 32
2.5　性能創造による保全の基本 …… 33
2.5.1　一　般 …… 33

2.5.2 保全段階における性能の創造 …… 33
2.6 設計，施工，保全の記録 …… 33

3章 使用材料 —— 36

3.1 一　般 …… 36
3.2 コンクリート …… 36
3.2.1 コンクリートの基本事項 …… 36
3.2.2 強　度 …… 37
3.2.3 疲労強度 …… 38
3.2.4 応力－ひずみ曲線 …… 39
3.2.5 引張軟化特性 …… 40
3.2.6 ヤング係数 …… 41
3.2.7 ポアソン比 …… 41
3.2.8 熱物性 …… 41
3.2.9 収　縮 …… 42
3.2.10 クリープ …… 43
3.3 鋼　材 …… 43
3.3.1 鋼材の基本事項 …… 43
3.3.2 強　度 …… 44
3.3.3 疲労強度 …… 45
3.3.4 応力－ひずみ曲線 …… 46
3.3.5 ヤング係数 …… 46
3.3.6 ポアソン比 …… 47
3.3.7 熱膨張係数 …… 47
3.3.8 PC 鋼材のリラクセーション率 …… 47
3.4 その他材料 …… 48
3.4.1 その他の材料の基本事項 …… 48
3.4.2 定着具・接続具および偏向具 …… 48
3.4.3 シース …… 49
3.4.4 PC グラウト …… 49
3.4.5 樹脂被覆鋼材 …… 50
3.4.6 ステンレス鋼材 …… 51
3.4.7 プレグラウト PC 鋼材 …… 52
3.4.8 構造用鋼材 …… 53
3.4.9 新しい構造材料 …… 53

4章　限界値

4章　限界値 ―― 55

4.1　一　般 …… 55
4.2　供用限界状態における限界値 …… 55
4.2.1　一　般 …… 55
4.2.2　応力度に対する限界値 …… 55
4.2.3　ひび割れに対する限界値 …… 56
4.2.4　変位・変形に対する限界値 …… 56
4.2.5　振動に対する限界値 …… 56
4.3　終局限界状態における限界値 …… 56
4.4　疲労限界状態における限界値 …… 57
4.5　耐久性に関する限界値 …… 57
4.5.1　一　般 …… 57
4.5.2　中性化と水の浸透に対する限界値 …… 57
4.5.3　塩害に対する限界値 …… 58
4.5.4　凍害に対する限界値 …… 58
4.5.5　化学的侵食に対する限界値 …… 58
4.6　施工時における限界値 …… 58
4.6.1　一　般 …… 58
4.6.2　本体構造物の限界値 …… 59
4.6.3　仮設構造物の限界値 …… 59

5章　作　用

5章　作　用 ―― 60

5.1　一　般 …… 60
5.2　作用の特性値 …… 61
5.3　作用係数 …… 62
5.4　作用の種類 …… 63
5.4.1　一　般 …… 63
5.4.2　プレストレス力 …… 65
5.4.3　コンクリートの収縮およびクリープの影響 …… 70
5.4.4　環境作用 …… 72
5.4.5　施工時荷重 …… 73

6章　性能照査 74

6.1　一　般 74
6.2　構造解析 78
6.2.1　一　般 78
6.2.2　構造解析手法 78
6.2.3　各限界状態を検討するための構造解析手法 78
6.2.4　モーメント再分配 79
6.2.5　非線形解析 80
6.2.6　FEM 解析 80
6.3　供用限界状態に対する検討 80
6.3.1　一　般 80
6.3.2　応力度の算定 81
6.3.3　曲げモーメントおよび軸方向力に対する検討 81
6.3.4　せん断およびねじりに対する検討 84
6.3.5　変位・変形に対する検討 86
6.3.6　振動に対する検討 87
6.4　終局限界状態に対する検討 87
6.4.1　一　般 87
6.4.2　曲げモーメントおよび軸方向力に対する検討 88
6.4.2.1　一　般 88
6.4.2.2　設計断面耐力 89
6.4.3　せん断力に対する検討 90
6.4.3.1　一　般 90
6.4.3.2　棒部材の設計せん断力 91
6.4.3.3　棒部材の設計せん断耐力 91
6.4.3.4　面部材の設計押抜きせん断耐力 96
6.4.3.5　面内力を受ける面部材の設計耐力 96
6.4.3.6　設計せん断伝達耐力 97
6.4.4　ねじりに対する検討 99
6.4.4.1　一　般 99
6.4.4.2　ねじり補強鉄筋のない場合の設計ねじり耐力 99
6.4.4.3　ねじり補強鉄筋のある場合の設計ねじり耐力 101
6.5　疲労限界状態に対する照査 103
6.5.1　一　般 103

6.5.2　疲労に対する安全性の検討 …… 104
6.5.3　設計変動断面力と等価繰返し回数 …… 104
6.5.4　応力度の計算 …… 105
6.5.5　せん断補強筋のない部材の設計疲労耐力 …… 105

７章　構造細目 —— 106

7.1　一　般 …… 106
7.2　最少鋼材量 …… 106
7.2.1　鉄筋コンクリートの部材の軸方向鉄筋 …… 106
7.2.2　鉄筋コンクリート部材の横方向鉄筋 …… 108
7.2.3　鉄筋コンクリート部材のねじり補強鉄筋 …… 108
7.2.4　プレストレストコンクリート部材の最小鋼材量 …… 109
7.3　最大鋼材量 …… 109
7.4　鋼材のかぶり …… 110
7.4.1　鉄　筋 …… 110
7.4.2　緊張材 …… 111
7.5　鋼材のあき …… 111
7.5.1　鉄　筋 …… 111
7.5.2　緊張材 …… 112
7.6　鋼材の配置 …… 112
7.6.1　軸方向鉄筋の配置 …… 112
7.6.2　横方向鉄筋の配置 …… 112
7.6.3　ねじり補強鉄筋の配置 …… 112
7.6.4　緊張材の配置 …… 113
7.7　鉄筋の定着 …… 114
7.7.1　一　般 …… 114
7.7.2　標準フック …… 115
7.7.3　鉄筋の定着長 …… 116
7.8　鉄筋の継手 …… 117
7.9　緊張材の定着，接続および定着部コンクリートの補強 …… 118

８章　施　工 —— 119

8.1　一　般 …… 119
8.2　施工計画 …… 124

8.2.1　一　般 …… 124
8.2.2　新材料の採用 …… 124
8.2.3　新しい構造形式や新しい施工方法の採用 …… 124
8.2.4　特殊な仮設設備の採用 …… 125
8.2.5　仮設構造物の設計 …… 125
8.3　施　工 …… 127
8.4　施工の記録 …… 128

9章　保　全 —— 130

9.1　一　般 …… 130
9.2　保全計画 …… 132
9.3　保全設備 …… 133
9.4　診　断 …… 133
9.4.1　一　般 …… 133
9.4.2　初期の診断 …… 134
9.4.3　定期の診断 …… 135
9.4.4　臨時の診断 …… 136
9.4.5　点検における調査 …… 137
9.4.6　劣化機構の推定 …… 138
9.4.7　劣化の予測 …… 138
9.4.8　性能の評価 …… 138
9.4.9　対策の要否判定 …… 138
9.5　対　策 …… 140
9.6　記　録 …… 141

資料編

はじめに …… 145
資料編の整理 …… 146
事例 1　劣化が進行した鋼鈑桁橋 RC 床版のプレキャスト PC 床版への更新 …… 154
事例 2　C&D 運河橋 …… 156
事例 3　揖斐川橋・木曽川橋 …… 158
事例 4　猿田川橋・巴川橋 …… 160
事例 5　青雲橋（徳島県） …… 162
事例 6　弥冨高架橋 …… 164

事例 7　古川高架橋（三重県）……166
事例 8　新佐奈川橋……168
事例 9　バタフライウェブ橋……170
事例 10　小滝川橋……172
事例 11　Marne 5 橋
（Esbly 橋，Anet 橋，Changis 橋，Trilbardou 橋，Ussy 橋）……174
事例 12　Brotonne 橋……176
事例 13　近江大鳥橋……178
事例 14　三内丸山架道橋……180
事例 15　中新田高架橋……182
事例 16　酒田みらい橋……184

1章　総　　則

1.1　適用の範囲

（1）　本規準は，コンクリート構造物を具現化する際に，設定された機能に対し，各種の構造や材料を用いてその機能を満足する性能を創造し，目的とするコンクリート構造物を構築するための規準を定めたものである。
（2）　本規準は，鉄筋コンクリートからプレストレストコンクリートまでのコンクリート構造の設計，施工および保全に適用する。

【解　説】
（1）について　　プレストレストコンクリート工学会では，近年のプレストレストコンクリート技術の急速な発展に対応して各種の構造物や構造形式の規準化を進めてきた。本規準は，これらを包括する基本的な規準となるものであり，新しい材料や新しい構造を含め，構造物に必要な機能を得るために考慮すべき事項を示すものである。そして，コンクリートを用いるすべての構造が，機能を満足するような性能を本規準の思想に基づいて創造していくことを目的としている。

性能照査は，施工開始から設計供用期間終了までの期間中の性能に対して，作用による応答値と限界値を比較することにより照査する行為である。これに対して本規準で述べている性能創造は，設計供用期間終了までの期間中の性能を，機能を満足するために設計者が創造性をもって構造物に付加し，規準などで定められた照査項目や使用材料のみに留まることなく，創造性をもって設定した性能を保持する行為である。したがって本規準は，標準的な性能照査のみではなく，特に既存の基準で照査項目として準備されていない事項に対しても，創造された構造物の挙動を把握し，設計者の意図するような構造物をそのライフサイクルに渡って構築することを目指している。

従来から用いられてきた許容応力度設計法は，材料の弾性的性質を基本とした明解な設計法としてきわめて有用なものであるが，材料の非弾性的性質および特性のばらつきや破壊に対する安全度の評価の困難さなど，合理的でない要素も含まれている。そこで近年は，材料の非弾性的性質および特性のばらつきや荷重の不確実性を考慮した部分係数設計法が登場し，構造物に要求される機能に対して構造物が有する性能を合理的に満足させる設計法として認識されるようになってきた。

一方，設計規準の基本的な概念の設定も，従来からの仕様準拠型から性能準拠型へと移行してきている。そして，材料の進化，構造物の破壊メカニズムや劣化メカニズムの解明，および設計計算の精緻化や高度化により，本質的な構造物の性能を直接求めることが可能になった。

本規準は，性能にかかわる要求事項に配慮し，構造物に必要な機能に対して構造物がもつべき性能を設計者が創造することにより，合理的な設計・施工・保全を行うことを目指している。このことにより，その性能を本質的かつ直接的に定め，材料や構造形式がもつ能力を十分に引き出すことが可能となってくる。
（2）について　　本規準は，将来的に鉄筋コンクリートからプレストレストコンクリートまでを統一理論で設計できることを目指している。しかしながら，従来からの鉄筋コンクリート理論とプレストレストコンクリート理論は，クリープの取扱い方やコンクリートのひび割れ，材料の限界値などの設計的なアプローチに差がある。その一方で，これらの中間に位置するPPC (Partially Prestressed Concrete) 構造は比較的新しい形式であるが，PPC構造が一層発展するためにも統一された理論の整備が望まれる。現時点では，曲げに関しては統一された理論で設計することが可能であるが，せん断に関してはまだ研究の余地を残している。したがって本規準では，最終的にはすべて統一された理論をめざすものの，現状を鑑みて現在用いられている手法で設計することとした。

鋼部材とコンクリート部材との複合構造（合成構造や混合構造など）やケーブルにより支持された構造（斜張橋，エクストラドーズド橋など）についても，本規準を適用してよい。ただし，それぞれに特有の事項である鋼コンクリート接合部や鋼部材，ケーブルに関する部材の設計施工については，1.7節に示す複合橋設計施工規準，PC斜張橋・エクストラドーズド橋設計施工規準を参照するのがよい。

1.2　性能創造の基本理念

性能創造は，構造物が果たすべき機能を達成するために，設計・施工・保全というライフサイクルにおいて必要な性能を創造し，最適な構造物を構築することを基本理念とする。

【解　説】

本規準の本質は，技術者が性能の創造を意識して設計・施工・保全を行うということである。本規準によって必要な性能が付与された構造物が自動的に創造できるというものではない。性能創造はけっして新しい考え方ではなく，偉大な過去の設計者たちも，その時々の知見，技術に基づいて創造性を発揮して最適解を求めてきた。現在の設計者は，これまでの構造物に確保された安全の余裕度を的確に把握し，それと同等の性能を創造することが重要である。本規準の目的は，持続可能な構造物を創出し社会に貢献するため，設計・施工・保全を担当する技術者に性能を創造することを常に意識させ，新しい材料・構造・施工方法・保全方法にも取り組めるようにすることである。

本規準で規定される性能にかかわる要求事項に対して，たとえば安全性であれば，設計者はそれを満足する性能，つまり十分な耐荷力などを構造物に付与する（解説 図1.2.1）。そして，照査はこれらの性能を構造物の性能のある点で比較検討する行為である。また，新技術の性能創造は，構造物の破壊までの挙動を把握してすべての状態の設計値を決定することであり，性能のばらつきが十分把握されていない場合などは，設計値に対する余裕度（不確実性に対する安全係数の取り方）を既往技術よりも大きくとって，これまでの設計による場合と同等の性能を付与することができる。

本規準では，構造物のライフサイクル全般（建設→供用→保全→更新→撤去）にわたって，設計者が構造物の状態を想像して，意図する性能を創造することをもっとも重要な課題としている。初期最適化（たとえば，初期コスト最小）は正しい答えではなく，構造物のライフサイクルにわたる最適化が正解であり，そのような場合に構造物が持続可能であるといえる。性能創造による設計・施工・保全では，建設から設計供用期間の間の構造物の性能を担保する必要がある。したがって，

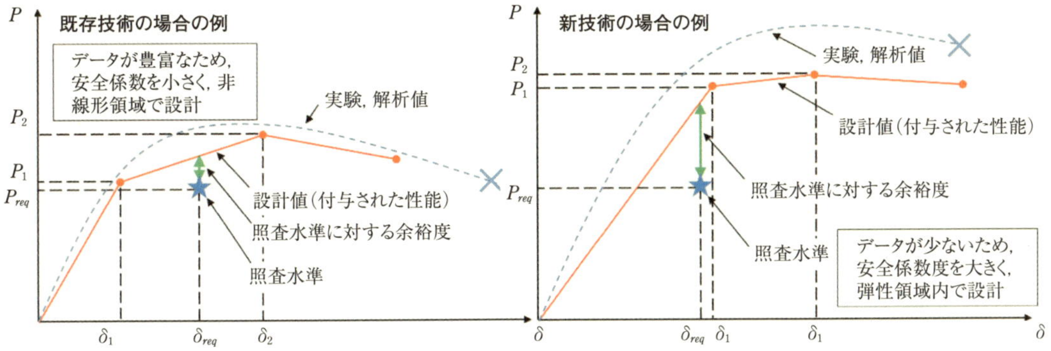

解説 図 1.2.1　建設終了時（$t=t_0$）における性能の考え方の例

設計者は，保全による時間軸上の耐久性と安全性や供用性などの性能を確保し，前提条件に基づく構造物のライフサイクルにおけるマネジメント方法を明確にすることが求められる。

構造物の基本的な限界状態は，供用限界状態，終局限界状態，疲労限界状態である。これらの状態を照査点として考慮している各性能は，時間軸も考慮に入れて構造物のライフサイクルで創造される（解説 図 1.2.2）。したがって，初期投資を大きくして保全にかかるコストを少なくするのか，初期投資を抑えてこまめに保全するのか，という判断も性能創造であることを認識する必要がある。

性能創造は，構造物の建設から撤去までのライフサイクルにおいて，機能を満足する性能にかかわる要求事項を構造物に付与し，持続可能で最適な構造物を得ることができる。そして，その構造物を実現する性能の創造は，1.4 節に示すように，供用性，安全性，耐久性，維持管理性，環境性，経済性，復旧性などの性能を付与して持続可能性を追求するものである。

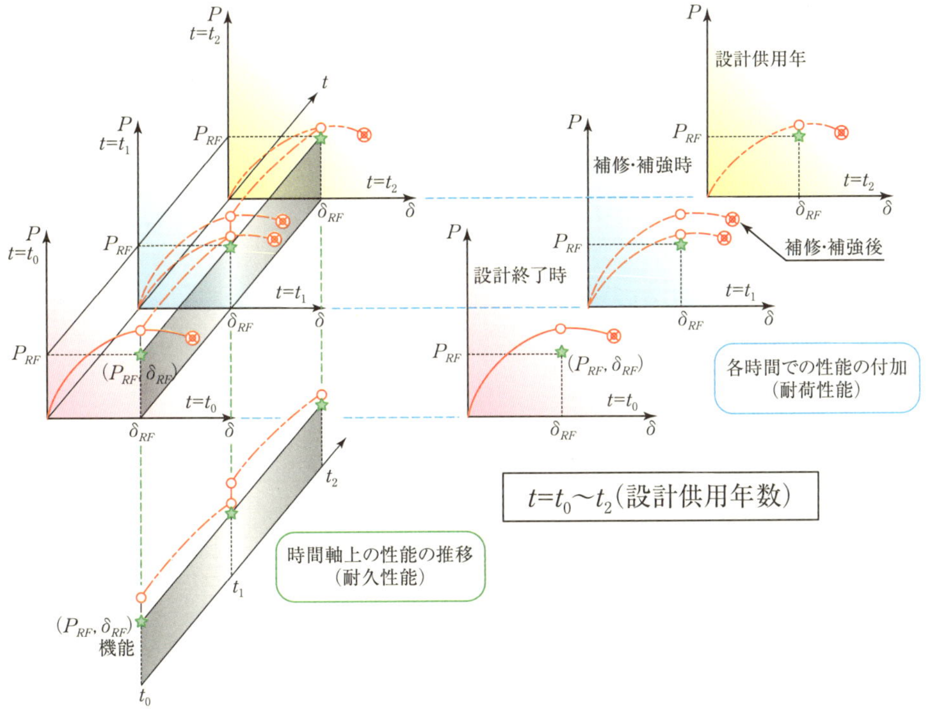

解説 図 1.2.2　ライフサイクルにおける性能の考え方

1.3　構造物の機能

（1）　構造物の機能は，その社会的要請または要求にしたがって確定するものとする。

（2）　構造物が果たすべき機能の内，主目的以外に要求される機能に対しては，その機能を要求する機関と十分協議のうえ検討するものとする。

【解　説】

（1）について　　構造物の機能とは，供用目的に応じて構造物が果たすべき役割であり，管理者ごとに設定される。すなわち，構造形式や材料によらず法・基準・社会条件・環境条件などにより決定されるものであり，原則として設計供用期間を通じて一定である。

（2）について　　主目的以外に要求される機能としては，災害時の緊急輸送路としての使用，上下水道，ガス，電気，電話，光ファイバーなどのインフラ設備の添架，景観性能向上のための装飾などが考えられる。これらは，作用の特性値や変位の限界値などが独自に定められる場合もあるので，関連機関と十分協議を行う必要がある。

1.4　構造物の性能にかかわる要求事項

（1）　構造物の性能にかかわる要求事項は，供用性，安全性，耐久性，復旧性といった構造物が果たすべき機能に対して設定されるものと，経済性，環境性，維持管理性といった構造物に求められる制約条件に対して設定されるものとする。

（2）　供用性は，設計供用期間中に想定されるすべての作用の組合わせのもとで，構造物の利用者が快適に構造物を使用できる状態にとどめておける能力とする。

（3）　安全性は，設計供用期間中に想定されるすべての作用の組合わせのもとで，構造物が利用者や周辺の人の生命を脅かさない状態にとどめておける能力とする。

（4）　耐久性は，設計供用期間中における材料などの経年変化を考慮した上で，供用性，安全性を確保できる状態にとどめておける能力とする。

（5）　復旧性は，構造物が想定した条件を超える作用を受けたときに，できるだけ早く構造物が性能を回復できる能力とする。

（6）　経済性は，建設時も含めた構造物の設計供用期間にわたるあらゆる費用を最適とし，社会経済に貢献する能力とする。

（7）　環境性は，周辺環境との調和に配慮するとともに，省資源，省エネルギーを実現するために，建設時だけでなく設計供用期間における環境負荷低減を可能とする能力とする。

（8）　維持管理性は，点検や維持のしやすさ，回復などのための保全に関する技術的行為を可能とする能力とする。

【解　説】

（1）について　　1.3 節で示した機能に対して，また，構造物に求められる制約条件に対して，これらを満足させるような性能にかかわる要求事項を規定した。これらには，果たすべき機能に対して設定される供用性，安全性，耐久性，復旧性という，ある限界状態にとどまっていることを照査できる要求事項と，経済性，環境性，維持管理性という，社会的な制約条件に対して設定される要求事項があり，前者は物理的な数式で性能を照査でき，後者はコストや力学的な数式以外で性能を照査する。これらの性能は，相互に干渉し合ういわゆるトレードオフの関係になる場合もあるため，構造物の重要度，立地条件，環境条件などを配慮して適切に定めることとした。また，強靭性（レジリエンス），堅牢性（ロバストネス），冗長性（リダンダンシー）などの用語は，ここに規定する性能にかかわる要求事項で照査することができるので，本規準では特に規定していない。

（2）について　供用性の具体的な性能項目としては，列車や自動車の乗り心地が良好であること，コンクリートのひび割れや表面の汚れなどが周辺の人に不安感や不快感を与えないこと，騒音・振動が周辺環境に悪影響を与えないことなどが挙げられる。なお，ひび割れについては耐久性においても検討することとなるが，これとは別途，周辺の人に不安感や不快感を与えないように適切な限界値を定める場合もある。

（3）について　構造物としての安全性の一つとして，破壊に対する安全性が挙げられる。破壊に関する安全性は，設計供用期間中に生じるすべての作用に対して，構造物が耐荷能力を保持することができる性能を指す。破壊に関する構造物全体系としての安全性は，構造物を構成する各部材の状態と密接な関係があり，一部の部材が破壊しても構造物全体系としては破壊しない場合もある。しかしながら，構造物が複数の部材により構成されている場合，構造物の破壊を安全側に照査するために，部材のいずれか一つが破壊に至る状態を照査するのが一般的と考えられる。

列車や自動車などが安全に走行できるための走行安全性，かぶりコンクリートの剥落などに起因した第三者への公衆災害を防止するための公衆安全性は，安全性という性能で取り扱っている。しかし，自動車については供用性における性能でもあるので，供用限界状態に至らない範囲で，供用性と同様の手法で検討するのがよい。

（4）について　コンクリート構造物は，かつてはこれまで耐久性のあるものと思われてきたが，早期劣化の問題が顕在化してきており，設計段階においても耐久性に十分配慮することが重要である。近年，耐久性に関するさまざまな研究の成果により，構造物の劣化過程が明らかにされつつある。たとえば，鋼材の腐食が生じ始める中性化残り深さや，塩化物イオン濃度の限界値はある程度解明されているといえる。しかしながら，劣化の進行に伴うコンクリート構造物の性能の経時変化は必ずしも十分に把握されていない。そのため，現状の技術レベルにおける現実的な方法の一つとして，構造物の設計供用期間内において材料劣化を一定レベル以内に抑えることにより，構造物の性能の経時変化を考慮しない設計方法も考えられる。

補修・補強は技術的にも経済的にも困難である場合が少なくない。一方，建設時点の劣化防止対策は，かぶりの増加，水セメント比の低減および樹脂被覆鉄筋，ステンレス鉄筋，樹脂被覆PC鋼材，防水塗装，高流動コンクリートの使用など，比較的容易に講ずることができる。したがって，構造物の設計供用期間内において材料劣化を一定レベル以内に抑えることにより構造物の性能低下を考慮しないで照査する方法は，ライフサイクルコストの観点や経時変化に対する情報が乏しい現状からも一つの工学的な判断としてありえるものと考えられる。

（5）について　復旧性については，構造物が想定される条件を超える作用を受け損傷した場合，できるかぎり早い時間で最低限の機能，あるいは本来の機能を回復できるように検討する必要がある。復旧性は，構造物の耐荷力を割り増しするなど，安全性の性能照査において確保できる。また，復旧作業のしやすさや，代替構造物を建設するなど，設計時のリスク評価が重要になる。

（6）について　　経済性については，ライフサイクルコストはもちろんのこと，その構造物の建設によって社会が得る経済効果，すなわち社会的な便益の向上に対しても検討することが重要である。

（7）について　　環境性については，構造物の周辺環境との調和に配慮するとともに，建設時および設計供用期間における省資源・省エネルギーや環境負荷低減について検討することが重要である。建設時の配慮としては，高強度材料の使用や構造的な工夫を施すことによって使用材料を低減したり，地山の改変を抑えたり，騒音・振動の抑制によって周辺環境の負荷を低減することなどが考えられる。設計供用期間においては，保全を容易にして，保全の手間を低減することで，結果的に省資源・省エネルギーにつながる。また，装飾による景観向上についても，必要に応じて検討してもよいが，このことが主にならないよう留意する必要がある。

（8）について　　維持管理性については保全のしやすさのことであり，供用後の状況の変化に対応した改築への適応性が含まれる。検討する事項としては，高耐久性材料を使用して補修・補強時の廃棄物量を少なくすることや，補修・補強を考慮した設計などが考えられる。補修・補強を考慮した設計の例として，外ケーブル用の予備孔の設置や点検足場の設置などがある。

1.5　用語の定義

本規準では，次のように用語を定義する。

（1）　機能――供用目的に応じて構造物が果たすべき役割であり，機能に応じて性能を評価するための指標が設定される。

（2）　性能――作用に対し，機能の達成のために構造物が発揮する応答特性，すなわち応答における性質と能力。

（3）　設計――構想設計，構造検討，性能照査までの一連の行為で，構造物に性能を付与する行為。

（4）　構想設計（Conceptual Design）――設計の中で行う，性能を創造する重要な過程で，構造物が持続可能になるように性能を創造する。

（5）　保全――設計供用期間内において，構造物が供用目的に適合した所要の機能を確保できる性能を有するように，構造物に対して実施される，点検，補修，補強，機能向上などのすべての行為。

（6）　限界状態――この状態を超えると，構造物または部材が性能にかかわる要求事項を果たさなくなる限界の状態。

（7）　終局限界状態 ――構造物または部材が破壊や，転倒，座屈，大変形などを起こし，安定や機能を失う限界の状態。究極限界状態ともいう。

（8）　供用限界状態――構造物または部材が過度のひび割れ，変位，変形，振動などを起こし，正常な供用ができなくなる限界の状態。

(9)　疲労限界状態——構造物または部材が変動作用の繰り返しにより疲労破壊する限界の状態。

(10)　性能照査——構造物に求められる性能を適切な照査指標を用いて照査すること。

(11)　(照査)指標——目標性能を照査するための指標で，力，変位，変形などがある。

(12)　供用性——構造物が供用される際，快適に，供用上の不都合のない状態にとどめておける能力。

(13)　安全性——構造物の利用者や，周辺の人の生命や財産を脅かさない状態にとどめておける能力。

(14)　耐久性——構造物の経時的な性能変化に対し，供用性，安全性などが確保される状態にとどめておける能力。

(15)　経済性——構造物の設計供用期間にわたるあらゆる費用を最適とし，社会経済に貢献する能力。

(16)　環境性——構造物が周辺に与える環境負荷，景観に与える影響の低減を可能とする能力。

(17)　維持管理性——構造物の保全に関する技術的行為を可能とする能力。

(18)　復旧性——想定を超える作用に対し，供用性，安全性などが確保される状態にとどめておける能力。

(19)　ライフサイクルマネジメント——設計供用期間中，構造物が機能を果たすよう設計，施工，保全を通じて配慮する考え方。

(20)　設計供用期間——設計時において，構造物がその目的とする機能を十分果たさなければならないと規定した期間。

(21)　材料強度の特性値——定められた試験法による材料強度の試験値のばらつきを想定したうえで，試験値がそれを下回る確率がある一定の値となることが保証される値。

(22)　設計基準強度——設計において基準とする強度で，コンクリートの圧縮強度の特性値をとる。

(23)　設計強度——材料強度の特性値を材料係数で除した値。

(24)　作用——構造物または部材に応力や変形の増減，材料特性に経時変化をもたらすすべての働き。

(25)　永続作用——変動がほとんどないか，変動が無視できるほど小さい持続的作用。

(26)　変動作用——変動が頻繁に，あるいは連続的に起こり，かつ変動が持続的成分に比べて無視できないほど大きい作用。

(27)　偶発作用——構造物または部材の設計供用期間中の生じる頻度がきわめて小さいが，生じると重大な影響を及ぼす作用。

(28)　設計作用——おのおのの作用の特性値にそれぞれの作用係数を乗じた値。

(29)　作用の特性値——構造物の施工中または設計供用期間中のばらつき，検討すべき限界状態および作用の組合せを考慮したうえで設定される作用の値。

(30)　作用の規格値——作用の特性値とは別に，この規準以外の構造物に関する示方書またはそのほかの規定により定められた作用の値。

(31)　作用の公称値——作用の特性値とは別に，関連示方書類に定められてないが，慣用的に用いられている作用の値。

(32)　安全係数――材料や作用，構造解析によるもの，耐力計算，寸法のばらつきや余裕などを考慮するために設定する係数。

(33)　材料係数――材料強度の特性値からの望ましくない方向への変動，供試体と構造物中との材料強度の差異，材料強度が限界状態に及ぼす影響，材料強度の経時変化などを考慮するための安全係数。

(34)　作用係数――作用の特性値からの望ましくない方向への変動，作用の算定方法の不確実性，設計供用期間中の作用の変化，作用の特性が限界状態に及ぼす影響，環境作用の変動などを考慮するための安全係数。

(35)　構造物係数――構造物の重要度，限界状態に達したときの社会的影響を考慮するための安全係数。

(36)　構造解析係数――構造解析の不確実性などを考慮するための安全係数。

(37)　部材係数――限界値計算上の不確実性，部材寸法のばらつきの影響，部材の重要度，すなわち対象とする部材がある限界状態に達した時に構造物全体に与える影響などを考慮するための安全係数。

(38)　作用修正係数――作用の規格値あるいは公称値を特性値に変換するための係数。

(39)　材料修正係数――材料強度の規格値を特性値に変換するための係数。

(40)　設計応答値――性能を照査する際に用いる，構造物や部材が作用を受けたときの応答値。

(41)　設計応答限界値――性能を照査する際に用いる，構造物や部材が機能を満たすことができる応答の最大値。

(42)　設計断面力――設計作用により生じる断面力で，力を照査指標とした設計応答値。

(43)　線形解析――材料の応力-ひずみ関係を線形と仮定し，変形による二次的効果を無視する弾性一次理論による解析方法。

(44)　主鉄筋――各種限界状態を満足させるために計算し，配置される鉄筋。

(45)　せん断補強鉄筋――せん断力に抵抗するように配置される鉄筋。

(46)　スターラップ――正鉄筋または負鉄筋を取り囲み，これに直角または直角に近い角度をなす横方向鉄筋。

(47)　帯鉄筋――軸方向鉄筋を所定の間隔ごとに取り囲んで配置される横方向鉄筋。

(48)　PC 鋼材――主に，プレストレスを与えるために用いる高強度の鋼材。

(49)　緊張材――PC鋼材を単独または数本束ねてプレストレッシングできる状態にしたもの。

(50)　内ケーブル――コンクリート断面の内部に配置される PC 鋼材で，プレテンション方式またはポストテンション方式によりコンクリート部材にプレストレスを与える。

(51)　外ケーブル――直接コンクリート断面の内部に配置せず，コンクリート断面の外側に配置される PC 鋼材で，定着部と偏向部により構成し，プレストレスを与える。

(52)　プレグラウト PC 鋼材――未硬化の樹脂を充填したポリエチレン製のシース内に PC 鋼材を収納したものであり，プレグラウト PC 鋼材の配置，コンクリート打設，緊張が完了した後，樹脂が硬化し，コンクリートと付着一体化する。

(53)　シース――ポストテンション方式のプレストレストコンクリート部材において緊張材を

収容するため，あらかじめコンクリート中にあけておく穴を形成するための筒状の材料。

(54)　定着具――緊張材の端部をコンクリートに定着し，プレストレスを部材に伝達するための装置。

(55)　接続具――緊張材と緊張材を接続するための装置。

(56)　プレテンション方式――緊張材に引張力を与えておいてコンクリートを打込みコンクリート硬化後に緊張材に与えておいた引張力を緊張材とコンクリートとの付着によりコンクリートに伝えてプレストレスを与える方法。

(57)　ポストテンション方式――コンクリートの硬化後，緊張材に引張力を与え，その端部をコンクリートに定着させてプレストレスを与える方法。

(58)　有効高さ――部材断面圧縮縁から正鉄筋または負鉄筋の部材図心までの距離。

(59)　引張鉄筋比――コンクリートの有効断面積に対する主引張鉄筋の断面積の比，ここに，有効断面積とは，有効高さと断面圧縮縁の幅との積である。

(60)　釣合鉄筋比――主引張鉄筋が設計降伏強度に達すると同時に，コンクリートの縁圧縮ひずみがその終局圧縮ひずみになるような断面の引張鉄筋比。

(61)　鉄筋の定着長――設計断面における鉄筋応力を伝達するために必要な鉄筋の埋込み長さ。

(62)　あき――互いに隣り合って配置された鉄筋あるいは緊張材やシースの純間隔。

(63)　かぶり――鉄筋あるいは緊張材やシースの表面とコンクリート表面の最短距離で計ったコンクリートの厚さ。

(64)　PC 構造――供用限界状態において，曲げひび割れの発生を許容しないことを前提とし，プレストレスの導入によりコンクリートの縁応力度を制御する構造。

(65)　PPC 構造――供用限界状態において，曲げひび割れの発生を許容し，鉄筋の配置とプレストレスの導入により，ひび割れを制御する構造。

(66)　RC 構造――供用限界状態において，コンクリート部材のひび割れ幅または引張鉄筋応力度を制御する構造。

1.6　記　　号

本規準では，設計計算に用いる記号を次のように定める。

A　：断面積

A_a　：支圧を受ける面積

A_c　：コンクリートの断面積

A_c　：せん断面の断面積

A_{cc}　：圧縮側のせん断面の断面積

A_{ct}　：引張側のせん断面の断面積

A_e　：らせん鉄筋で囲まれたコンクリートの断面積

A_k　：せん断キーのせん断面の断面積

A_m　：ねじり有効断面積

A_p　：PC 鋼材の断面積
A_{pw}　：区間 s におけるせん断補強用緊張材の総断面積
A_s　：配置される鉄筋断面積または引張側鋼材の断面積
A'_s　：圧縮側鋼材の断面積
A_{sc}　：計算上必要な鉄筋断面積
A_{sp}　：らせん鉄筋の断面積
A_{spe}　：らせん鉄筋の換算断面積
A_{st}　：軸方向鉄筋の全断面積
A_t　：仮定される割裂破壊断面に垂直な横方向鉄筋の断面積
A_{tl}　：ねじり補強鉄筋として有効に作用する軸方向鉄筋の断面積
A_{tw}　：ねじり補強鉄筋として有効に作用する横方向鉄筋の 1 本の断面積
A_w　：区間 s におけるせん断補強鉄筋の総断面積
a_v　：支持部前面から載荷点までの距離
b　：部材幅
b　：せん断面の面形状を表す係数
b_e　：有効幅
b_0　：横方向鉄筋の短辺の長さ
b_w　：部材腹部の幅
C'_d　：コンクリートに作用する単位幅あたりの設計斜め圧縮力
C'_{ud}　：コンクリートの設計圧縮破壊耐力
c　：かぶり
c_s　：鋼材の中心間隔
d　：有効高さ
d'　：圧縮縁から圧縮鋼材の図心までの距離
d_0　：横方向鉄筋で取り囲まれているコンクリート断面の直径（円断面の場合），横方向鉄筋の長辺の長さ（長方形断面の場合）
d_1　：はりの腹部に配置した水平方向鉄筋の圧縮縁からの距離
d_2　：引張鉄筋の圧縮縁からの距離
$d_{\max}$　：粗骨材の最大寸法
d_{sp}　：らせん鉄筋で囲まれた断面の直径
E_c　：コンクリートのヤング係数
E_p　：PC 鋼材のヤング係数
E_s　：鉄筋のヤング係数
E'_s　：圧縮鋼材のヤング係数
e_p　：部材断面の図心位置から PC 鋼材位置までの距離
e_{p+s}　：部材断面の図心位置から鋼材重心位置までの距離
e_s　：部材断面の図心位置から引張鉄筋位置までの距離
F　：荷重，作用

F_k　：作用の特性値
f　：材料強度
f'_a　：コンクリートの支圧強度
f'_{ak}　：コンクリートの支圧強度の特性値
f_b　：コンクリートの曲げ強度
f_{bck}　：コンクリートの曲げひび割れ強度の特性値
f_{bo}　：コンクリートの鉄筋との付着強度
f_{bod}　：コンクリートの鉄筋との設計付着強度
f_{bok}　：コンクリートの鉄筋との付着強度の特性値
f'_c　：コンクリートの圧縮強度
f'_{cd}　：コンクリートの設計圧縮強度
f'_{ck}　：コンクリートの圧縮強度の特性値，設計基準強度
f_k　：材料強度の特性値
f_{ld}　：軸方向鉄筋の設計降伏強度
f_{ly}　：軸方向ねじり補強鉄筋の降伏強度
f_{prd}　：PC 鋼材の設計疲労強度
f_{pu}　：PC 鋼材の引張強度
f_{pud}　：PC 鋼材の設計引張強度
f_{py}　：PC 鋼材の降伏強度
f_{pyd}　：PC 鋼材の設計降伏強度
f_{pyd}　：らせん鉄筋の設計引張降伏強度
f_r　：疲労強度
f_{rd}　：材料の設計疲労強度
f_{rk}　：材料の疲労強度の特性値
f_{srd}　：鉄筋の設計疲労強度
f_t　：コンクリートの引張強度
f_{td}　：コンクリートの設計引張強度
f_{tk}　：コンクリートの引張強度の特性値
f_u　：鋼材の引張強度
f_{ud}　：鉄筋の設計引張強度
f_{uk}　：鋼材の引張強度の特性値
f_{vy}　：鋼材のせん断降伏強度
f_{wd}　：横方向鉄筋の設計降伏強度
f_{wyd}　：せん断補強鉄筋または横方向ねじり補強鉄筋の設計降伏強度
f_y　：鋼材の引張降伏強度
f'_y　：鋼材の圧縮降伏強度
f_{yd}　：鋼材の設計引張降伏強度
f'_{yd}　：鋼材の設計圧縮降伏強度

f_{yk}　：鋼材の引張降伏強度の特性値
G_F　：コンクリートの破壊エネルギー
h　：部材の高さまたは柱の幅
I_c　：コンクリート全断面の断面二次モーメント
I_e　：換算断面二次モーメント
I_g　：全断面の断面二次モーメント
I_{Rd}　：設計応答値
I_{Ld}　：設計応答限界値
K_t　：ねじり係数
k　：鋼材の付着性状の影響を表す定数
k_c　：鉄筋定着に関するかぶりと横方向鉄筋の影響を表す係数
k_r　：変動係数の影響を考慮するための係数
L　：はりの支間または柱の長さ
l_b　：桁の純間隔
l_c　：片持ち版の張出し長さ
l_{ch}　：コンクリートの特性長さ
l_d　：鉄筋の基本定着長
l_o　：鉄筋の定着長
M　：曲げモーメント
M_d　：設計曲げモーメント
M_{tcd}：ねじり補強鉄筋のない場合の設計純ねじり耐力
M_{tcud}：腹部コンクリートのねじりに対する設計斜め圧縮破壊耐力
M_{td}　：設計ねじりモーメント
M_{tpd}：永続作用による設計ねじりモーメント
M_{tud}：設計ねじり耐力
M_{tyd}：ねじり補強鉄筋の降伏より定まる設計ねじり耐力
M_{ud}：設計曲げ耐力
M_{ud}：設計曲げ耐力モーメント作用時に引張側に配置された主鉄筋を引張鉄筋と考えた場合の設計曲げ耐力の絶対値
M'_{ud}：設計曲げ耐力モーメント作用時に圧縮側に配置された主鉄筋を引張鉄筋と考えた場合の設計曲げ耐力の絶対値
M_y　：引張鋼材が降伏する時の曲げモーメント
N　：疲労寿命または疲労荷重の等価繰返し回数
N'　：軸方向圧縮力
N'_d　：設計軸方向圧縮力
N_1, N_2　：面部材に作用する主面内力で，$N_1 \geqq N_2$，N_1 は引張力
N'_{oud}：軸方向圧縮耐力の上限値
N'_{ud}：設計軸方向圧縮耐力

n ：引張鋼材の段数
n_s ：鉄筋のコンクリートに対するヤング係数比
n_p ：PC 鋼材のコンクリートに対するヤング係数比
P'_c ：圧縮側コンクリートが負担する軸方向圧縮力
P_{ed} ：緊張材の有効緊張力
P_i ：緊張材のジャッキ位置の緊張力
P'_{sc} ：圧縮側の鉄筋が負担する鉄筋軸方向圧縮力の総和
P_{st} ：引張側の鉄筋が負担する鉄筋軸方向引張力の総和
p ：引張鉄筋比
p' ：圧縮鉄筋比
p_b ：釣合鉄筋比
p_v ：引張鋼材比
p_{v1} ：引張鋼材の引張鋼材比
p_{v2} ：はりの腹部に配置した水平方向鉄筋の引張鋼材比
p_w ：せん断補強鉄筋比
R ：限界値または断面耐力
R_0 ：最終構造系まで一度に施工すると仮定した場合の死荷重およびプレストレスによる反力
R_1 ：最終構造系になる前の構造における死荷重およびプレストレスによる反力
R_d ：設計断面耐力
R_{rd} ：設計疲労耐力
r ：曲げ内半径
S ：応答値または断面力
S_d ：設計断面力
S_{rd} ：設計変動断面力
s ：せん断補強鉄筋，ねじり補強鉄筋または横方向鉄筋の配置間隔
s_p ：せん断補強用緊張材の配置間隔
s_s ：せん断補強鉄筋の配置間隔
T_c ：コンクリートに生じている全引張力
T_{xd} ：x 方向鉄筋に作用する部材単位幅あたりの設計引張力
T_{xyd} ：x 方向鉄筋の設計降伏耐力
T_{yd} ：y 方向鉄筋に作用する部材単位幅あたりの設計引張力
T_{yyd} ：y 方向鉄筋の設計降伏耐力
t ：部材厚
u ：鉄筋断面の周長，載荷面の周長
u_p ：スラブの押し抜きせん断力に対する有効周長で，集中荷重または集中反力の載荷面周長に π_d を加えたもの（ここに，d は有効高さ）
V ：せん断力

V_{cd}　：せん断補強鋼材を用いない部材の設計せん断耐力

V_{cwd}　：せん断面における設計せん断伝達耐力

$V_{cwd,c}$：せん断面の圧縮側で受けもつせん断伝達耐力

$V_{cwd,t}$：せん断面の引張側で受けもつせん断伝達耐力

V_d　：設計せん断力

V_{dd}　：設計せん断圧縮耐力

V_{dx}　：二軸せん断耐力作用時の x 軸に関するせん断力

V_{dy}　：二軸せん断耐力作用時の y 軸に関するせん断力

V_{hd}　：部材高さの変化により生じるせん断力に平行な成分

V_k　：せん断キーによるせん断耐力

V_{pcd}　：面部材の設計押抜きせん断耐力

V_{pd}　：永続作用による設計せん断力

V_{ped}　：軸方向緊張材の有効引張力のせん断力に平行な成分

V_{pd}　：変動作用による設計せん断力

V_{rcd}　：せん断補強筋を用いない棒部材の設計せん断疲労耐力

V_{sd}　：せん断補強鋼材により受け持たれる設計せん断耐力

V_{wcd}　：腹部コンクリートのせん断に対する設計斜め圧縮破壊耐力

V_{yd}　：設計せん断耐力

V_{yx}　：x 軸に関する一軸せん断耐力

V_{yy}　：y 軸に関する一軸せん断耐力

w　：ひび割れ幅

w_a　：ひび割れ幅の限界値

z　：圧縮応力の合力の位置から引張鋼材断面の図心までの距離

α　：PC 鋼材の角変化（ラジアン）

α　：主面内力と x 方向鉄筋のなす角度

α　：鉄筋の定着に関する，かぶりと横方向鉄筋の影響を表す係数

α_c　：部材圧縮縁が部材軸となす角度

α_{ps}　：緊張材が部材軸となす角度

α_s　：せん断補強鉄筋が部材軸となす角度

α_t　：引張鋼材が部材軸となす角度

β_d　：せん断耐力の有効高さに関する係数

β_M　：せん断伝達における曲げモーメントの影響を考慮した低減係数

β_n　：せん断耐力の軸方向力に関する係数

β_{nt}　：ねじり耐力の軸方向力に関する係数

β_p　：せん断耐力の軸方向鉄筋比に関する係数

γ　：PC 鋼材の見掛けのリラクセーション率

γ_a　：構造解析係数

γ_b　：部材係数

γ_c ：コンクリートの材料係数

γ_f ：作用係数

γ_i ：構造物係数

γ_m ：材料係数

γ_s ：鋼材の材料係数

Δ_l ：PC 鋼材のセット量

Δ_P ：セットによる PC 鋼材引張力の減少量

$\Delta_{R\phi}$ ：コンクリートのクリープによる反力の変化量

$\Delta_{\sigma l}$ ：変動作用による斜材の変動応力度

$\Delta_{\sigma p}$ ：PC 鋼材の引張応力度の減少量

$\Delta_{\sigma pr}$ ：PC 鋼材のリラクセーションによる PC 鋼材引張応力度の減少量

$\Delta_{\sigma pcs}$ ：コンクリートのクリープおよび収縮による PC 鋼材の引張応力度の減少量

$\Delta_{\sigma scs}$ ：コンクリートのクリープおよび収縮による引張鉄筋の応力度の減少量

ε'_c ：コンクリートの圧縮ひずみ

ε'_{cc} ：コンクリートの圧縮クリープひずみ

ε'_{cu} ：コンクリートの終局圧縮ひずみ

ε'_{cs} ：コンクリートの収縮ひずみ

ε'_{csd} ：コンクリートの収縮およびクリープによるひび割れ幅の増加を考慮するための数値

θ ：せん断補強鉄筋が部材軸となす角度

λ ：PC 鋼材の単位長さあたりの摩擦係数

λ_t ：ねじりモーメントに対するフランジの片側有効幅

μ ：PC 鋼材の角変化 1 ラジアンあたりの摩擦係数

μ ：個体接触に関する平均摩擦係数

ξ ：最大のねじり有効断面積を有する分割長方形における M_{tyd}/A_m の値

ρ_f ：作用修正係数

ρ_m ：材料修正係数

σ'_{cdp} ：永続作用による PC 鋼材位置のコンクリートの圧縮応力度

σ'_{cp} ：永続作用によるコンクリートの圧縮応力度

σ'_{cpg} ：緊張作業による PC 鋼材図心位置のコンクリートの圧縮応力度

v'_{cps} ：緊張作業直後のプレストレスによる引張鉄筋位置のコンクリートの圧縮応力度

v'_{cpt} ：緊張作業直後のプレストレスによる PC 鋼材位置のコンクリートの圧縮応力度

σ_l ：コンクリートの斜め引張応力度

σ_{nd} ：せん断面に垂直に作用する平均応力度

σ'_{nd} ：せん断面に垂直に作用する平均圧縮応力度

σ_{pe} ：ひび割れ幅を検討するための PC 鋼材応力度の増加量

σ_{pp}　：永続作用による PC 鋼材の応力度

σ_{ppe}　：PC 鋼材の有効引張応力度

σ_{pt}　：緊張作業直後の PC 鋼材の引張応力度

σ_{pw}　：せん断補強鉄筋降伏時におけるせん断補強用緊張材の引張応力度

σ_{rd}　：設計変動応力度

σ'_s　：圧縮鋼材の応力度

σ_{se}　：ひび割れ幅を検討するための鉄筋応力度の増加量

σ_{sl}　：引張鋼材の引張応力度増加量の制限値

σ_{sl1}　：ひび割れ幅の検討を省略できる鉄筋応力度の制限値

σ_{sp}　：永続作用による鉄筋応力度

σ_w　：せん断補強鉄筋の応力度

σ_{wp}　：永続作用による横方向ねじり補強鋼材の応力度

σ_{wpd}　：永続作用によるせん断補強筋またはねじり補強筋の設計応力度

σ_{wpe}　：せん断補強用緊張材の有効引張応力度

σ_{wr}　：変動作用によるせん断補強鉄筋の応力度

σ_{wrd}　：せん断補強筋の設計変動応力度

σ_x　：垂直応力度

σ_y　：σ_x に直交する応力度

τ　：せん断力とねじりモーメントによるせん断応力度

D　：鋼材径，ダクト直径，鉄筋の呼び径

ϕ　：コンクリートのクリープ係数

【解　説】

すべての記号を掲載することはかえって繁雑になるので，ここでは一般に使用されている記号のみを示した。同じ記号を異なる意味に使用している箇所や本項に示されていない記号を用いているところもあるが，これらの記号については，それぞれの項において説明を加えている。

主な記号の意味は次のとおりである。

A　：断面積

b　：幅

c　：かぶり

d　：有効高さ

E　：ヤング係数

F　：荷重

f　：材料強度

I　：断面二次モーメント

l　：スパン，定着長

M　：モーメント

N　：回数，軸方向力

P ：緊張材の緊張力

p ：鉄筋比

R ：限界値または断面耐力

S ：応答値または断面力

s ：間隔

u ：周長

V ：せん断力

w ：ひび割れ幅

x ：支点からの距離

α ：部材軸とのなす角度

β ：せん断耐力に関する係数

γ ：安全係数，リラクセーション率

δ ：変動係数，変位

ε ：ひずみ

ρ ：修正係数

σ ：応力度

D ：径

ϕ ：クリープ係数

添字は次のものを意味する。

a ：支圧，構造解析

b ：部材，釣合，曲げ

bo ：付着

c ：コンクリート，圧縮，クリープ

cr ：ひび割れ

d ：設計値

e ：有効，換算

f ：荷重

g ：全断面

k ：特性値

l ：軸方向

m ：材料，平均

n ：規格値，標準，軸方向

p ：プレストレス，PC 鋼材，永続，押抜き

r ：変動

s ：鋼材，鉄筋

t ：引張り，ねじり，横方向

u ：終局

v ：せん断

w ： 部材腹部

y ： 降伏

荷重および材料の特性値を意味する場合は，添字 k を付けて表す。また，応答値（断面力）および限界値（断面耐力）の設計値を意味する場合は，添字 d を付けて表す。ただし，特性値か設計値か区別が明らかな場合は，添字 k および d を省略する。なお，応力度およびひずみは引張りを正とし，圧縮を負とする。ただし，記号の右上に′を付けた場合には，圧縮を意味し，圧縮を正とする。

1.7　関 連 規 準

本規準に規定されていない事項については，プレストレストコンクリート工学会および土木学会などの規準によるものとする。

また，設計作用については各関連事業者の定める規定によるものとする。

【解　説】

本規準に規定されていない事項については，以下の規準によるものとする。なお，自動車荷重および列車荷重などの設計作用については，事業者がその供用目的や設計供用期間を考慮して設定する与条件であるため，事業者が定める関連要領，設計標準および指針などによるものとした。

（ｉ） プレストレストコンクリート技術協会およびプレストレストコンクリート工学会

・PC 構造物の耐震設計規準（案），1999 年 12 月
・PC 斜張橋・エクストラドーズド橋設計施工規準（案），2000 年 11 月
・PC 橋の耐久性向上マニュアル，2000 年 11 月
・高強度鉄筋 PPC 構造設計指針，2003 年 11 月
・外ケーブル構造・プレキャストセグメント工法設計施工規準，2005 年 6 月
・複合橋設計施工規準，2005 年 11 月
・PC グラウトの設計施工指針，2005 年 12 月
・高強度コンクリートを用いた PC 構造物の設計施工規準，2008 年 10 月
・PC 斜張橋・エクストラドーズド橋設計施工規準，2009 年 4 月
・PC 斜張橋・エクストラドーズド橋維持管理指針，2011 年 4 月
・高強度 PC 鋼材を用いた PC 構造物の設計施工指針，2013 年 6 月
・PC 構造物高耐久化ガイドライン，2015 年 4 月
・コンクリート橋・複合橋保全マニュアル，2018 年 7 月

（ii） 土木学会

・2018 年制定　コンクリート標準示方書［規準編］，2018 年 10 月
・2017 年制定　コンクリート標準示方書［設計編］，2018 年 3 月
・2017 年制定　コンクリート標準示方書［施工編］，2018 年 3 月
・2018 年制定　コンクリート標準示方書［維持管理編］，2018 年 10 月
・2014 年制定複合構造標準示方書，2015 年 5 月
・コンクリートライブラリー第 50 号，鋼繊維補強コンクリート設計施工指針（案），1983 年 3 月

・コンクリートライブラリー第66号，プレストレストコンクリート工法設計施工指針，1991年4月
・コンクリートライブラリー第75号，膨張コンクリート設計施工指針，1993年7月
・コンクリートライブラリー第80号，シリカフュームセメントを用いたコンクリートの設計・施工指針(案)，1995年10月
・コンクリートライブラリー第105号，自己充てん高強度高耐久コンクリート構造物設計・施工指針(案)，2001年6月
・コンクリートライブラリー第112号，エポキシ樹脂塗装鉄筋を用いる鉄筋コンクリートの設計施工指針[改訂版]，2003年11月
・コンクリートライブラリー第113号，超高強度繊維補強コンクリートの設計・施工指針(案)，2004年9月
・コンクリートライブラリー第130号，ステンレス鉄筋を用いるコンクリート構造物の設計施工指針(案)，2008年8月
・コンクリートライブラリー第133号，エポキシ樹脂を用いた高機能PC鋼材を使用するプレストレストコンクリート設計施工指針(案)，2010年8月

(iii) 日本道路協会

・道路橋示方書・同解説[Ⅰ共通編]，2017年11月
・道路橋示方書・同解説[Ⅱ鋼橋・鋼部材編]，2017年11月
・道路橋示方書・同解説[Ⅲコンクリート橋・コンクリート部材編]，2017年11月
・道路橋示方書・同解説[Ⅳ下部構造編]，2017年11月
・道路橋示方書・同解説[Ⅴ耐震設計編]，2017年11月
・コンクリート道路橋設計便覧，1994年2月
・道路橋耐風設計便覧，2007年12月

(iv) 鉄道総合技術研究所

・鉄道構造物等設計標準・同解説　コンクリート構造物，2004年4月

(v) 土木研究センター

・全素線塗装型PC鋼より線を使用したPC構造物の設計・施工ガイドライン，2010年3月

参考文献

1) 前田晴人，春日昭夫，池田尚治：構造コンクリートにおける性能創造型設計法の提案，第17回プレストレストコンクリートの発展に関するシンポジウム論文集，2008. 11
2) IKEDA, Shoji, Akio KASUGA：Basic concept of the Performance－Creative Design Method for Concrete Structures, Proc. 4th International Conference on Concrete Future, 17－19 June, 2009, Coimbra, Portugal
3) 池田尚治：プレストレストコンクリート規準委員会報告，性能創造型設計法（性能創造型設計法に基く），第18回プレストレストコンクリートの発展に関するシンポジウム　ワークショップ（米子）冊子，2009. 10
4) 上杉泰右：コンクリート構造設計施工規準作成委員会報告，第19回プレストレストコンクリートの発展に関するシンポジウム ワークショップ（鹿児島）冊子，2010. 10
5) 池田尚治，上杉泰右：性能創造型設計によるコンクリート構造設計施工規準の作成について，プレストレストコンクリート，Vol. 53, No. 3, pp. 70-75, 2011. 5

2章　設計・施工・保全の基本事項

2.1　性能創造による設計・施工・保全の原則

2.1.1　一　　般

（1）　性能創造により構造物に付与された性能の照査は，定められた照査手法によって行わなければならない。

（2）　構造物に付与された性能を構造物のライフサイクルで確保するためには，設計で定められた施工計画と保全計画を確実に実施し，それらの情報を記録として残さなければならない。

【解　説】

（1），（2）について　　性能創造による設計・施工・保全では，性能を照査する方法には，経験などによる方法，類似構造物での結果をもとにする方法，数値解析結果をもとに許容応力度法や限界状態設計法などにより照査する方法，実験による方法などがあり，いずれの手法でも可能である。また，新材料や新構造の場合，実験結果が設計の基本になるが，結果のばらつきを考えてどのくらいの安全余裕度を設定するかは，協議において設計者の提案のもと，事業者が決定することである。数値解析をもとに照査することができない場合には，客観的事実に基づいてその妥当性を判断できるよう，設計者が説明責任を果たす必要がある。

創造された性能を構造物のライフサイクルで確保するために，施工計画や保全計画は重要である。設計では構造物の品質を保証する施工計画を規定し，機能を満足する性能を設計供用期間中にわたって有するための保全計画を定める必要がある。そして，これらの過程での情報を設計にフィードバックして，設計通り設計供用期間を構造物が終えることができるよう，記録を残すことは重要である。

2.1.2　設計供用期間

構造物の設計供用期間は，設計段階で設定した施工および保全が適切に行われることを前提とし，構造物の供用目的や重要度および周辺環境などに配慮して設定しなければならない。

【解　説】

設計供用期間とは設計段階において構造物が所定の機能を果たすことを想定する期間であり，さまざまな設計条件を決定する際の基準となる時間の長さである。

性能創造においては供用中の保有すべき性能の変化を考慮する必要があるため，設計供用期間を明確にすることが不可欠である。設計供用期間は各種条件により変化すると考えられるが，特に規定がない場合には，適切かつ確実に施工および保全されることを前提として本規準では100年を目安とする。ただし，構造物あるいは構成部材が著しい腐食環境や疲労環境の下で供用される場合は部位・部材に応じて，設計供用期間のライフサイクルコストなどの観点から構造や工法を選定する必要がある。

なお，更新する部位・部材，更新時期を含めて設計者からの管理者へ伝達すべき情報は設計図などに明示し，設計時点で想定した保全計画や点検時の要点などはマニュアルに示すなどの措置を講じるとよい。

2.1.3　ライフサイクルマネジメント

（1）　ライフサイクルマネジメントとは，構造物のライフサイクルにわたり想定されるあらゆる状況下における性能が，構造物の機能を満足する性能を下回ることなく発揮されるように，構造物の設計・施工・保全の各段階において工学的に実践されるすべての技術的行為とその体系をいう。

（2）　要求される性能が発揮できる状態を保つためには，以下の事項を適切に実施しなければならない。

- ・最適な構造へ導くための調査
- ・設計において，計画を含む構想設計と構造検討からなる設計図書の施工への引き継ぎ
- ・施工において，設計どおりの構造物を実現するための品質保証
- ・保全において，得られた情報の設計・施工へのフィードバックと将来の同種の構造物への活用

【解　説】

（1）について　　設計，施工，保全という構造物のライフサイクルにおけるマネジメントは創造された性能を発揮するために非常に重要である。今までは，それぞれの過程が別々に実施され，連携することが少なかった。ライフサイクルマネジメントは，基本的には設計の段階で配慮する。設計者は意図する構造物の性能を確保するために，施工者への的確な施工法や構造的に重要な部位の施工上の注意事項，品質保証を示し，管理者へは保全方法，特に構造上重要な部位の点検方法やメンテナンスを行ううえでの注意事項をマニュアルなどによって示すことが重要である。

（2）について　　構造物のライフサイクルにおいて，一般的に，設計は設計者，施工は施工者，保全は事業者が主となってその役割を担う。そして，構造物のライフサイクルのほとんどの時間は，保全が占める。構造物にとって時間軸上の耐久性は予測が難しく，学術的にまだ未解明な部分も含まれている。そして，保全は人の何世代にもわたるマネジメントが要求されるため，設計，施工における性能創造や品質管理は非常に重要になる。そのための基本的な条件は，設計，施工，保全における記録の引継ぎと保管である。解説 図 2.1.1 に構造物のライフサイクルにおける設計・施工・保全の流れを示す。最適な構造への最初の過程である調査は，過去の技術の検証も含めてさまざまな観点から行う必要がある。設計には計画も含まれるが，構想設計は，その後の施工や保全のコストを決定する重要なプロセスである。そして，この過程で性能創造の大部分が実施される。構造検討は概略と詳細のレベルで実施され，照査は主にここで行われる。施工や保全は設計図書に示された情報により行われるため，必要事項はすべて設計で網羅される必要がある。したがって，ライフサイクルマネジメントの基本は，設計において配慮される。

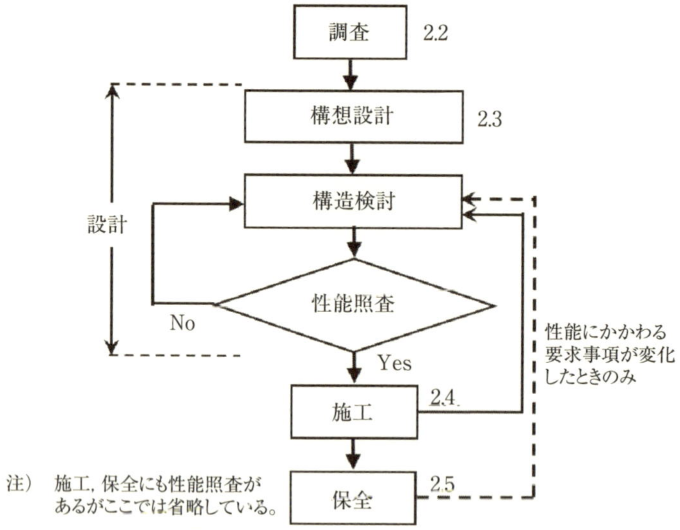

解説 図2.1.1　構造物のライフサイクルにおける設計・施工・保全の流れ

2.2 調　　　査

コンクリート構造物を設計・施工するにあたっては，構造物の建設予定地の環境条件を調査するものとし，次の項目の調査を行うものとする。

- 既存資料の調査（類似構造物の検証を含む）
- 劣化環境の調査
- 構造の設計条件に関する調査
- 施工条件の調査
- 使用材料の調査
- 周辺環境，景観，周辺立地状況に関する調査
- 利用者に関する調査
- 地形・地質に関する調査
- その他

【解　説】

一般に，コンクリート構造物を設計・施工するための調査は多様であり，実際には建設予定地の状況，構造物の規模や種類に応じた調査を適宜行うことになる。調査が不十分な場合には，たとえば施工の段階において設計上の前提条件に合致しないといったことにもなるので，各段階において必要とされる調査を十分に行うことが肝要である。

ここでは，コンクリート構造物を構築するにあたり，必要と考えられる調査項目を示した。既存資料の調査は，建設予定地付近に他の構造物がある場合，その資料は計画時に大いに役立つ。実際の構造物を調査することで，劣化環境の予測に役立てることができる。参考になる既設構造物がない場合は，適切な時間をかけて劣化環境を調べることは重要である。また，性能創造は過去の技術

の蓄積の上に成り立つことを認識し，既存の類似な構造物に対して検証（レビュー）を行うことを心がけ，これからの教訓を得ることが重要である。特に失敗事例については十分検証を行い，その結果を性能創造に活かす必要がある。既存資料や劣化環境が整理できた時点で，構造の設計の条件がある程度まとまり，その構造物特有の制約条件などがある場合でも，必要な調査を実施して設計条件を整理する。また施工に関する条件は，施工機械の調達，施工期間，施工ヤードなどおおまかな条件整理を行う必要がある。そして使用材料は，構造の設計条件や施工条件に合致する材料の調達など構造物の性能に大きく影響を与えるために，十分な調査が必要である。近年，骨材事情の悪化などによりコンクリートの過大な収縮などが問題となる事例が報告されている。また，各地域により骨材事情は異なり，同一の設計基準強度を有するコンクリートでもヤング係数や収縮度にはかなりのばらつきがある。さらに，骨材のアルカリシリカ反応にも留意する必要がある。使用材料の調査においては，これらのことも考慮する必要がある。なお，新材料や新素材を使用する場合は，その設計用値を決定するために，材料特性などについて詳細に調査する必要がある。

2.3　性能創造による設計の基本

2.3.1　一　　般

計画を含む構想設計，構造検討，性能照査という一連の構造物の設計は，構造物の機能を明確にするとともに，その機能を設計供用期間にわたって確保できるように，設計，施工および保全を通して，性能にかかわる要求事項を満足するように，性能を創造することを目的とする。

【解　説】

コンクリート構造物の構想設計においては，地形や気象などの自然条件，立体交差物の有無や資

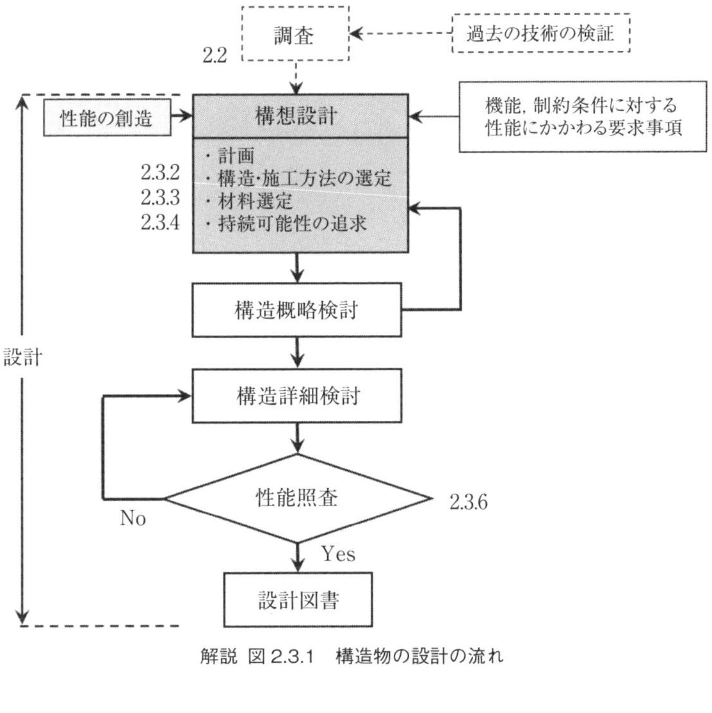

解説 図 2.3.1　構造物の設計の流れ

材搬入路などの社会条件などが大きく影響する。さらに，供用後の構造物は適切に保全し，設計供用期間内はその機能を確保する必要がある。そして，必要となるライフサイクルコストが極力小さくなるように，構造形式，使用材料，応力状態，施工，保全などにかかわる性能を創造する必要がある。設計の流れを解説 図 2.3.1 に示す。

このような構造物を合理的に構築するためには，構造物に求められる機能を明確にするとともに，その機能を確保するための性能を，要求事項に対してどのように創造していくかを考慮する必要がある。性能創造の大部分が，設計の中の構想設計で考慮される。特に制約条件を満たすための性能にかかわる要求事項は，性能創造がもっとも発揮されるところである。

2.3.2 構想設計

（1） 構造物の計画にあたっては，周辺の構造物など全体計画を考慮するとともに，構造物の重要度，地形，地質，気象条件などの外的な諸条件，施工方法，保全方法などを考慮しなければならない。

（2） 構想設計は，調査による情報に基づき設定された制約条件を満足し，構造物がその機能を満足するように，性能にかかわる要求事項に対して構造物がその機能を満足するような性能を付与されることを目的とする。

（3） 構想設計で創造される性能は，性能にかかわる要求事項を満足する構造の選定やおおまかな施工方法であり，構造的創意工夫による持続可能な構造物を実現するとともに，構造物のライフサイクルにおいて最適なものでなければならない。

【解　説】

（1），（2）について　　本規準は，コンクリート構造に対応したものであるが，構想設計（コンセプチュアルデザイン）はコンクリート構造に限らず，鋼構造や複合構造など，あらゆる構造に対して必要なプロセスである。したがって，本規準の考え方はすべての構造物に適用可能であるといえる。

構想設計は，構造物の性能を決める重要な過程である。最適な構想設計を実現するためには，事前の調査が重要になる。調査で明確になってくる制約条件は，構想設計の重要なインプットになり，構造形式の決定からおおまかな施工計画にいたるまでの過程を決定する基礎になる。構想設計は，制約条件が多いほど難易度が高くなる。そして，従来の技術では性能を発揮できない場合，新しい技術を取り入れることになるが，実験や解析によって構造物の挙動を把握したあと，適切な安全度を見込んで設計を行う。構想設計では，このような新技術の採用も必要に応じて検討する必要がある。

（3）について　　構想設計で選定された構造に対して，構造物の実現可能性が検討される。それらは，簡単な安全性の照査による構造の成立性，コストの妥当性，施工の実現性，保全の妥当性や実現性などである。構造物の持続可能性を決定するには，構想設計段階における創意工夫が重要である。構造物のコストや環境・社会に与える影響の大部分は，この過程でほとんどが決定する。初期コストで判断するのではなく，構造物のライフサイクルコストで最適化を図ることが持続可能な発展につながる。そして，そのような構造物は，社会的，経済的，環境的なあらゆる側面で社会に影響を与える。したがって，これまで構造物に付与する性能として議論されてきた，耐久性や強靭性，供用性や経済性などは持続可能な社会の発展に大きく寄与する。

構想設計で創造される性能は，構造物が設計供用期間中の種々な作用に対して，設定された機能を満足することが基本である。さらには，構造的創意工夫による持続可能な構造物を目指すことも必要である。持続可能性は，当初は温室効果ガスの削減など，環境的な側面に焦点が当てられていたが，現在はそれに加えて，人類の持続可能な発展とは何かという幅広い観点で議論されている。そういった状況の中で，設計者，施工者，管理者は構造物としてどう持続可能な発展に貢献できるか，ということを考えていく必要がある。構造物の性能を創造する場合，構造的創意工夫はもっとも取り組みやすい課題である。過去の事例も参考になるが，新しい材料や工法においては，前例のない中での創造性が求められる。持続可能性は社会的側面，経済的側面，環境的側面をもっている。本規準では，性能創造による構造的創意工夫を，持続可能な構造物を実現するための重要な要因であると考える。構造的創意工夫は，社会的側面は安全性の向上や保全のしやすさ，周辺環境との調和などを，経済的側面は軽量化によるコスト縮減などを，そして環境的側面は環境負荷の少ない材料や施工法，急速施工などを意図するものである。

一方，構造物のライフサイクルで考えた持続可能な構造物としては，計画を含めた設計では構造システムの強靭性，積極的なラーメン化などを，施工では，環境負荷低減，経済性，安全性を考慮した施工法や工期短縮を，保全では，保全費用の最小化，点検の容易性，高耐久性などが考えられる。

2.3.3 構造の選定

（1） 構造形式の選定においては，構造物が発揮すべき性能をもっとも合理的に満たすことのできる構造や形式，使用材料，主要寸法の組合わせを選定するものとする。

（2） 合理性については，設計者の判断がもっとも重要であり，説明責任を果たすことができるものでなければならない。

（3） コンクリート構造物が，その供用目的・重要度・構造特性やそれが置かれる環境条件などに対して，設計供用期間中に必要とされる機能を確保できるように，部位・部材に応じて適切な構造を選定しなければならない。なお，施工中についても機能が損なわれることがないよう考慮するものとする。

【解　説】

（1）について　　構造形式の選定においては，構造や形式，使用材料，主要寸法の組合わせは無限に存在するが，この組合わせの中でもっとも合理的なものを創造することとした。ここでの「合理的」という意味は，必ずしも経済性のみが最適であるということではなく，維持管理性や景観性，あるいは想定した条件を超える事象に対する冗長性や強靭性なども考慮した総合的なものである。

新しい材料や構造形式についても，優位性がある場合がある。ただし，開発されてからの期間が短いものについては，長期の供用に対する経年変化については不明あるいは不確かな場合もあるので，安全に対する余裕度を高めにとり，必要な安全性を確保する必要がある。

（2）について　　（1）で創造した組合わせの合理性は，設計者が適切に設定し判断すべきものである。本規準で創造される構造物は，社会・経済・環境などに影響を与えるものであるため，設計の合理性については説明責任を果たすことができるものであることが重要である。そして，その過程は，記録に残しておくことが望ましい。

（3）について　　本節は，（1）～（2）において創造された構造形式に対して，具体のコンクリート構造物として所要の機能が確保されるように，構造を選定する手法に関する規定である。

コンクリート構造物では，解説 表2.3.1に示すように，供用時のコンクリート引張縁の限界状態により構造を区分することができ，導入するプレストレスを調整することによって限界状態を設定することができる。このためコンクリート構造は設計目的に応じて幅広い対応が可能な構造であり，構造を選定するにあたっては，構造物の供用目的，重要度，構造特性や環境条件などを配慮することが重要である。たとえば，重要路線内にあり立地環境から供用後の補修・補強が困難である場合や海岸線などの腐食性環境の場合には，その条件でも持続可能となる構造とする事が求められる。また，構造物に求められる機能を達成するように，たとえば，プレキャストセグメント工法によるセグメント継目部では，一般に鉄筋が連続しておらず鉄筋によるひび割れ幅の制御ができないため引張応力を生じさせない（フルプレストレス）ように設定する。道路橋では一般に，持続的に作用する荷重に対してフルプレストレスとし，供用時に対しては上縁側をフルプレストレス，下縁側をひび割れ発生限界以内としている事例が多い。また，経済性を考慮して供用時において，上縁側をひび割れ発生限界以内，下縁側をひび割れ幅制御とする場合もある。また施工中は，プレストレス力導入前にはRC構造として性能を発揮できるように十分な検討が必要である。

コンクリート構造の区分について，PC構造とRC構造とを設計上おのおの個別に取り扱われてきたが，本来コンクリート構造物は，プレストレスの状態がフルプレストレスからプレストレス0まで一連した構造であり，PC構造からRC構造まで，これらの中間にあるPPC構造も含め，本質的には一貫した設計体系で取り扱うことが望まれる。しかしながら，現在の設計手法を統一して取り扱った場合には統一化が困難な照査項目も存在することから，本規準においても従来規準と同様に取扱い，コンクリート構造の区分は便宜的に下記の定義とする。なお，コンクリート構造および部材の区分についての詳細は6章6.1節に記述する。

PC構造：フルプレストレスの状態およびプレストレスによりコンクリートの引張応力をひび割れ発生限界以内に制御する構造

PPC構造：補強鋼材の配置とプレストレスの導入によりひび割れ幅を制御する構造

RC構造：補強鋼材の配置によりひび割れ幅や引張鉄筋応力度を制御する構造

解説 表2.3.1　確保すべき限界状態とプレストレスレベルとの関係

確保すべき限界状態（コンクリート引張縁の状態）	プレストレスレベル	PPC規準の構造区分
Ⅰ．引張応力を発生させない	①フルプレストレス	PC構造
Ⅱ．ひび割れを発生させない	②ひび割れ発生限界プレストレス	
Ⅲ．耐久性上問題のないひび割れまでを許容する	③ひび割れ幅制御プレストレス	PPC構造
	④プレストレス0	RC構造

2.3.4 設計における性能の創造

（1） 設計における性能の創造とは，1章1.4節に規定される性能にかかわる要求事項を満足し，構造物が持続可能となる性能を付与することをいう。

（2） 創造する性能は，構造物の性能にかかわる要求事項をそのライフサイクルにおいて満足しなければならない

（3） 性能の創造にあたっては，設計供用期間における性能の変化についても設計で考慮しなければならない。

（4） 性能の創造において新しい技術を採用する場合は，実験や精度が検証されている解析によって構造物の挙動を把握し，それに付随する不確実性を適切に考慮して，性能にかかわる要求事項を満足しなければならない。

（5） 構造物，あるいはその構成部材に対して創造された性能は，設定した限界状態に至らないことを適切な指標を用いて照査することを原則とする。また，限界状態によって設定されない性能については，他の適切な手法により照査するものとする。

【解　説】

（1）について　構造物はそのライフサイクルにおいて持続可能であることが求められる。そして，性能の創造とは，構造物が持続可能となるような性能を付与される行為である。設計者は，構想設計において，性能を創造することに心がける必要がある。安全性，供用性という性能にかかわる要求事項は機能として設定され，曲げ，せん断，たわみなどの力学的な指標によって性能照査が可能である。また，耐久性は塩害，中性化，ASRや凍害，そして化学的浸食などに対してその性能照査を行う。復旧性は，安全性に余裕をもたせるなどの配慮によって，想定した条件を超える作用に対する最低限の供用性の確保や早期の性能回復を確保できる。その他の性能にかかわる要求事項である経済性，環境性，維持管理性は制約条件として与えられる。制約条件として他には，工期短縮や地域の活動の影響を最小化するための急速施工，耐震性向上のための軽量化などが求められる場合もある。

（2），（3）について　創造する性能は，性能にかかわる要求事項に基づいて付与されるが，時間の経過とともに変化して，保全の状態によっても変わってくる。したがって，性能は時間軸にわたって考慮され，適切な保全方法を設計時に示すことで，付与した性能を設計供用期間に発揮することができる。つまり設計者は，構造物が時間の経過とともにどのように変化していくのかも想像する必要があるのである。特に耐久性については，いまだ構造物の劣化メカニズムに不確定要因があり，PC鋼材のグラウトにおけるマルチレイヤープロテクションのように，設計者が要求される耐久性に応じて多数の手段によって性能を達成できる事例もある。

性能にかかわる要求事項は1章1.4節に規定されるように，安全性，供用性，耐久性，復旧性，維持管理性，経済性，そして環境性がある。特に，復旧性，維持管理性，経済性，環境性は性能の創造が大きな鍵となる。維持管理性に配慮した性能創造の橋梁の事例として，ラーメン化することによって支承や伸縮装置を減らす方法や，橋脚上端をPC構造として地震時に弾性範囲にとどめて，点検箇所を減らす方法がある。また，地震後の復旧性は，たとえば橋脚をPC構造とすることで残留変位をなくして，地震後の構造物の機能を保持することがあげられる。

構造物を構築するうえでの制約条件としてその他には，急速施工，軽量化，冗長性，省力化，強

靭性などがあり，これらは社会的な要因から要求されるものが多い。制約条件は個々の構造物に特有なものであり，構造的創意工夫による持続可能性を備えた性能の創造によって課題が解決される。橋梁の事例でいうと，急速施工としては，プレキャストセグメント工法，軽量化は，架設時であれば部材の部分プレキャスト化，省力化としては，波形鋼板を架設材として利用した施工法，そして，強靭性は，橋脚基礎を短杭のうえに載せて地震時にあえて移動を許し，全体の柔構造で断層変位に対応した事例などがあるが，資料編に実例をあげているので参考にするとよい。

構想設計で創造された性能は，たとえば，経済性であれば，他の標準的な構造と経済比較することで，冗長性は，構造解析で崩壊リスクをシミュレーションすることで，強靭性は，想定を超えるような事象に対して構造が最小の機能を果たすように構造全体を補強することで確保できる。

創造された性能は，数式によって照査されることが難しい場合がある。そして性能創造は，特に標準的な照査式で表されない性能が重要である。しかし，設計者はその結果に対して，何らかの客観的な方法で説明責任を果たす必要がある。創造される性能のはとんどが構想設計で付与されることを考えると，性能の創造は，構造のパフォーマンスを決定づけるという意味でライフサイクルの要であるといえる。

(４)について　　性能にかかわる要求事項の解決は，制約条件の難易度が高ければ高いほど前例の無い性能を創造する必要がある。そして，時には新技術が必要になることもある。このような場合は，新しい技術を用いることになるが，その性能を把握するためには，まず実験や非線形解析を実施して，意図した性能が得られるかどうかを確認することから始まる。このとき実験や解析結果のばらつきも把握する必要がある。そして，このばらつきをもとに必要な性能を達成するために，どのくらいの余裕度をとるべきかを設計者が提案するが，この決定根拠の説明責任を果たすことが重要である。さらには，新しい技術の長期挙動を把握するために，モニタリングを実施して，設計者が意図した性能が発揮されているかどうかを確かめることも考慮する。新しい技術による性能創造の事例としては，資料編を参考にするとよい。

(５)について　　構造物あるいはその構成部材において設定する性能は，限界状態に基づいて照査することを基本とする。本規準における限界状態は，供用限界状態，終局限界状態，疲労限界状態を基本として構成している。供用限界状態は，通常の供用性または耐久性に関連する限界状態であり，供用性あるいは耐久性の照査に用いる。終局限界状態は，最大耐荷性能に対する限界状態であり，安全性の照査に用いる限界状態である。疲労限界状態は，繰返し荷重により疲労破壊を生じて安全性が損なわれる状態である。構造物の設計を合理的に行うためには，性能にかかわる要求事項を可能な限り直接的に表現できる照査指標を用いて，限界値と応答値の比較を行うことが原則であるが，限界状態を明確に定めることが困難な性能に対しては，適切な方法により照査することとする。たとえば，環境性に関しては，供用性，安全性，耐久性などの照査を満足した構造物の模型やパースを用いて景観に対する性能を照査するなどの方法がある。

2.3.5　性能照査の基本

(１)　構造物の性能照査においては，構造物が確保すべき機能を満たすことを適切な照査指標を用いて照査することを原則とする。

(２)　構造物の性能照査は，設計供用期間中および施工中の構造物あるいは構成部材ごとに限界状態を設定し，設計で仮定した形状・寸法・配筋などの構造詳細を有する構造物あるいは構成部材の応答が限界状態に至らないことを確認することで行ってよい。

（3） 性能照査における安全係数は，構造物の機能を満足するか判断する上で重要な要因であり，各限界状態に対して2.3.7項に従い適切に設定するものとする。

【解　説】

（1），（2）について　　構造物やその構成部材が，限界状態と呼ばれる状態に達すると，供用性や安全性が急激に低下し，場合によっては破壊を生じる。この状態では，構造物はさまざまな不都合を生じて機能を果たすことができなくなる。本規準では，各限界状態に対する照査によって性能照査を行うこととする。限界状態を設定する場合，構造物や構成部材の状態，材料の状態に関する適切な指標を選定し，機能に応じた限界値を設定する。さらに荷重や環境の影響により生じる応答値を算定し，これが限界値を超えないことで照査を行う。

2.3.6 性能照査の方法

（1） 性能照査は，原則として材料強度および作用の特性値ならびに2.3.7項に規定する安全係数を用いて行うものとする。

（2） 性能照査は一般に式(2.3.1)により行うものとする。

$$\gamma_i \cdot I_{Rd}/I_{Ld} \leqq 1.0 \qquad (2.3.1)$$

ここに，I_{Rd}：設計応答値

I_{Ld}：設計応答限界値

γ_i ：構造物係数で，2.4.3項によるものとする。

【解　説】

（2）について　　性能照査は，一般には経時変化の影響を考慮し，設計供用期間終了時点あるいは補修・補強直前のもっとも性能が低下した状態で式(2.3.1)により行う必要がある。本規準で取り扱う設計限界値の例は4章に示しており，その照査方法は解説 図2.3.2および6章に示してい

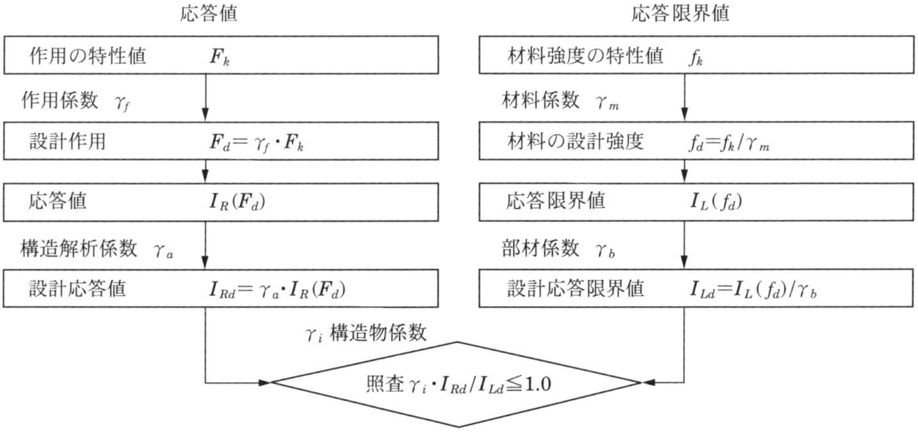

解説 図2.3.2　性能照査の方法

る。各限界状態に対する設計応答値は5章に示す荷重による応答値に，2.3.7項に示す安全係数を乗じて求めた値とする。

2.3.7　安全係数

（1）　安全係数は，構造物が設計供用期間を通じて想定される荷重に対して，供用性と安全性を保持し，かつ経済的であるように適切に設定しなければならない。また，施工時においては，荷重の変化や構造系の変化に対して，適切な安全係数を設定するものとする。

（2）　安全係数は，材料係数 γ_m，作用係数 γ_f，構造解析係数 γ_a，部材係数 γ_b および構造物係数 γ_i とする。

（3）　材料係数 γ_m は，材料強度の特性値からの望ましくない方向への変動，供試体と構造物中との材料特性の差異，材料特性が限界状態に及ぼす影響，材料特性の経時変化などを考慮して定めるものとする。

（4）　作用係数 γ_f は，作用の特性値からの望ましくない方向への変動，荷重の算定方法の不確実性，設計供用期間中の荷重変化，荷重特性が限界状態におよぼす影響，環境の変動などを考慮して定めるものとする。

（5）　構造解析係数 γ_a は，断面力算定時の構造解析の不確実性などを考慮して定めるものとする。

（6）　部材係数 γ_b は，部材耐力の計算上の不確実性，部材寸法のばらつきの影響，部材の重要度，すなわち対象とする部材がある限界状態に達したときに構造物全体に与える影響などを考慮して定めるものとする。また，部材係数 γ_b は，断面力算定式に対応して，それぞれ定めるものとする。

（7）　構造物係数 γ_i は，構造物の重要度，限界状態に達したときの社会的影響などを考慮して定めるものとする。

【解　説】

（1）について

1．安全係数について

性能創造では，安全係数も創造的に設定することが重要であり，設計者は安全係数の意味を十分理解し，安全かつ経済的な構造物となるように安全係数を適切に設定する必要がある。

これまでの許容応力度設計法は，材料や構造のもつ強度や荷重のばらつきを材料強度の安全率のみでまとめたものであり，明確な設計法として長年用いられてきた。しかし，材料特性のばらつきや構造の規模の違いによる安全度を一定にできないことから，合理的な設計が行える限界状態設計法や性能照査型設計法へ移行してきた。これらの設計法では，荷重や強度は，構造物が一定の安全度を確保するように，信頼性理論を基本とした確率論的手法により決定される。許容応力度設計法からこれらの設計法へ移行する際に，信頼性理論に基づいて安全性指標を決めるというキャリブレーション手法がとられ，従来設計法の構造物と大きく異なる構造物とならないよう信頼度レベルの整合が図られている。したがって，これまでと同様の構造物や経験により容易に取り扱うことができる構造物に対しては，上述の方法により決定された安全係数を適用することで，従来構造物と同様の安全性レベルを確保することができる。しかしながら，性能を創造的に付与した構造物，たとえば新材料を適用した構造物や新形式構造物，あるいはきわめて先進的な技術を導入した構造物では，荷重や材料特性のばらつきや耐荷性能評価方法の精度，モデル化の誤差，限界状態と各要因との関係などがこれまでの構造物とは異なるので，安全係数の設定に当たっては，安全度の低い構造物や逆に過度に安全側で不経済な構造物とならないよう，十分な検討が必要である。

2．施工時について

施工時においては，荷重の変化や構造の変化，設計と実際の施工との条件や状況の差などを考慮して，本体構造物だけでなく仮設構造物に対しても，適切な安全係数を設定することが重要である。

技術が進歩したといわれる現在でも，施工中の事故はなくなっていない。これまでの設計では，施工時は再現期間が短いということで，安全率を低く設定したり，比較的簡易な照査方法を用いたりしていた。しかし，これから新材料や新技術を適用したり，施工時の安全性を確実に確保したりするためには，この思想は改める必要があり，架設荷重などを正確に把握し，安全度を適切に決める必要がある。たとえば，使用材料が高強度になればなるほど，計算仮定からのずれに対して敏感に反応するようになるので，耐力側の精度よいシミュレーションと境界条件（端部が固定かピンかなど）や荷重条件（等分布か不均等かなど）の変化に対する堅牢性（ロバストネス）と適切な安全率とを設定することが重要である。

（2）について　　各限界状態に対する安全性の照査においては，荷重から設計応答値 I_{Rd} を求める過程で γ_f と γ_a の 2 つの安全係数を，また，材料強度から設計限界値 I_{Ld} を求める過程で γ_m と γ_b の 2 つの安全係数を設定し，さらに設計応答値と設計限界値を比較する段階で構造物係数としての安全係数 γ_i を設定することとした（解説 図 2.3.2 参照）。式（2.3.1）を書き換えることで式（解 2.3.1）のように表すことができる。

$$\gamma_i \cdot I_{Rd}(\gamma_f, \gamma_a) / I_{Ld}(\gamma_m, \gamma_b) \leqq 1.0 \qquad \text{(解 2.3.1)}$$

これらの各設計変数に割当てられた安全係数の目的から，終局限界状態や疲労限界状態では，作用係数 γ_f および構造解析係数 γ_a は設計応答値 I_{Rd} を増加させる方向に寄与するのに対し，材料係数 γ_m および部材係数 γ_b は設計限界値 I_{Ld} を低減させる方向に寄与することになる。

（4）について　　作用係数 γ_f は荷重の種類によって変化するとともに，限界状態の種類および検討の対象としている設計応答値への作用の影響（たとえば，最大値，最小値のいずれかが不利な影響を与えるかなど）によっても異なる。

（6）について　　部材の重要度とは，たとえば主部材が 2 次部材より重要であるというように，構造物中に占める対象部材の役割から判断される。曲げ破壊安全度とせん断破壊安全度とに意図的に差を与える場合や，特定の部材で破壊を生じさせる必要のある場合には，部材係数 γ_b で考慮することができる。

（7）について　　構造物の重要度に関する構造物係数 γ_i の中には，対象とする構造物が限界状態に至った場合の社会的影響や，防災上の重要性，再建あるいは補修に要する費用などの経済的要因も含まれる。

2.3.8　修正係数

（1）　修正係数は，材料修正係数 ρ_m および作用修正係数 ρ_f とする。

（2）　材料修正係数 ρ_m は，材料強度の特性値と規格値との相違を考慮して定めるものとする。

（3）　作用修正係数 ρ_f は，作用の特性値と規格値または公称値との相違を考慮して，それぞれの限界状態に応じて定めるものとする。

【解　説】

材料強度および荷重に関して，特性値とは別の体系の規格値または公称値が定まっている場合，これらの特性値は，規格値または公称値を修正係数によって変換することで求められる。また，作用修正係数 ρ_f は，それぞれの限界状態に応じて求められる。

2.4　性能創造による施工の基本

2.4.1　一　　般

施工は，構造物の機能を設計供用期間にわたって確保できるように，設計図と施工計画に則って適切な品質管理で確実に実施され，創造された性能を確保することを目的とする。また，施工中は構造物の安全性に対して十分考慮しなければならない。

【解　説】

施工は設計図と施工計画に則って行われるが，施工時の品質管理がその後の構造物の性能に大きく影響を与えることから，性能にかかわる要求事項の実現のほとんどが，施工という過程で確保されるといえる。また，施工中は最終構造形式でないことも多く，構造，補強レベル，荷重などを考慮して，逐一変化する施工段階での安全性を確保しなければならない。

2.4.2　施工段階における性能の創造

（1）　施工段階における性能の創造とは，条件に変更があった場合に，1章1.4節に規定される性能にかかわる要求事項を満足するための性能を設計にもどって，施工時の性能をあらたに付与することをいう。

（2）　施工段階における性能の創造で，新しい技術を採用する場合は，実験や精度が検証されている解析によって構造物の施工時の挙動を把握し，それに付随する不確実性を適切に考慮して，設計で付与された性能を確保しなければならない。

（3）　施工段階において創造された性能は，設定した限界値に至らないことを適切な指標を用いて照査することを原則とする。

【解　説】

（1）～（3）について　　施工段階で創造する性能に関して，設計時と条件が変更になった場合に設計にもどって新たな性能を付与する場合のことについて述べたものである。そして，架設構造物については，条件が変更になった場合などは特に注意が必要である。

2.5　性能創造による保全の基本

2.5.1　一　　般

保全は，構造物の機能を設計供用期間にわたって確保できるように，保全計画に則って確実に実施され，創造された性能が確保されているか診断することを目的とする。そして，保全で得られた情報は記録として残され，将来の同種の構造のために，設計，施工にフィードバックされなければならない。

【解　説】

保全は保全計画に則って行われ，構造物の設計供用期間のほとんどの時間をこの保全が占める。保全は，構造物が設計で付与された性能における要求事項をきちんと満足しているかを診断するとともに，特に耐久性が確保されているかについての点検が重要である。創造された性能を検証する過程は，この保全に限られ，得られた知見は記録として残される。そして，必要に応じて将来の同種の構造物のために，設計，施工にフィードバックすることが重要である。

2.5.2　保全段階における性能の創造

（1）　保全段階における性能の創造とは，性能にかかわる要求事項が変化した場合に，それを満足するために，構造物に新たな性能を付与することをいう。

（2）　保全段階における性能の創造で，新しい技術を採用する場合は，設計で付与された性能が確保されていることを，適切な手法を用いて保全の中で監視しなければならない。

（3）　保全段階において創造された性能は，適切な手法により照査することを原則とする。

【解　説】

（1）～（3）について　　保全段階で創造する性能は，供用途中で構造物の性能にかかわる要求事項が変化した場合に付与されるものである。これらの創造された性能は，新しい技術が採用された場合は，その長期挙動を把握するためにモニタリングを実施して，設計で意図した性能が確保されているかどうかを確かめることも，保全の過程での照査として重要である。

2.6　設計，施工，保全の記録

（1）　設計者は，設計･施工･保全で必要な設計図書を，記録として作成しなければならない。

（2）　設計計算書には，性能にかかわる要求事項，構想設計において創造した性能や性能照査結果を明記し，施工における注意事項や施工要領，保全計画などを施工者，管理者にそれぞれ伝えなければならない。

（3）　数量計算書には，使用材料，仕様および算出過程を含めた数量を明記するものとする。

（4）　設計図には，設計条件，施工を考慮した構造寸法や補強材，設備の配置などを明記するものとする。

（5）　構造物には，保全に最低限必要な事項を記載した竣工板を取り付けるものとする。
（6）　施工者は，設計者や管理者に伝える施工情報の記録を残さなければならない。
（7）　管理者は，保全記録を残し，必要と判断された場合は設計，施工記録に基づいて保全方法の見直しを実施しなければならない。

【解　説】

（1）について　　設計図書は，設計計算書，設計図，数量計算書，施工計画，保全計画などにより構成され，設計時に設定した施工や保全方法および照査結果などを考慮し，それぞれ作成する必要がある。また設計図書には，構造物の選定経緯や設計に対する検証（レビュー）に必要な情報も記録するのがよい。なお設計図書は，構造物の管理者が構造物を供用する期間中保管することが重要である。

（2）について　　設計における構造計算は電算汎用ソフトを用いることが一般的となっており，この場合には使用した電算汎用ソフト名と入力値（その意味も含む）を記録すれば設計値が復元可能になることから，この記録が照査の過程として代替できる。

一般に，コンクリート構造物は，解説 図2.6.1に示す設計，施工，保全の順に進められる。各段階は相互に関連するため，上流側で設定した条件であっても，下流側の条件により変更を余儀なくされる場合には，その前段階に戻り再検討を行うこととなる。よって，記録を含めた情報の伝達は各段階で確実に実施することが重要である。

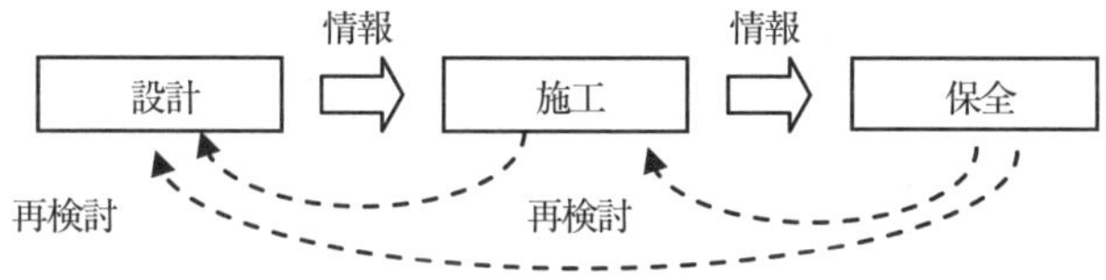

解説 図2.6.1　コンクリート構造物の設計から保全までの流れ

また，供用性，安全性，耐久性などの性能は，設計段階では施工方法や保全方法を設定した上，適切な照査手法を用いて照査することになる。しかしながら，施工段階や保全段階で，設計時に設定した施工方法や保全方法と異なった場合には，照査手法，照査結果が変わってくる。したがって，設計段階で設定した施工方法や保全方法を施工者，管理者へ伝えるために施工要領や保全計画を設計図書に明示する必要がある。

（4）について　　設計者は，設計段階で作成する設計図に設計計算の基本事項，施工および保全の条件などを明示する必要がある。設計図の記載項目のうち，設計計算の基本事項，施工および保全の条件などを以下に示す。設計図には（**i**）～（**viii**）は明示することを原則とし，必要に応じて（**a**）～（**h**）も記載する。

（**i**）　構造物の名称および使用箇所
（**ii**）　適用した規準類の名称
（**iii**）　設計供用期間
（**iv**）　構造諸元
（**v**）　使用材料（コンクリート，鋼材，その他），材料強度および特性値

（vi）　作用の特性値

（vii）　設計会社名，設計責任技術者名

（viii）　その他施工および保全上の必要な事項

（a）　環境条件

（b）　地質条件（地質縦断図，柱状図，地盤定数，想定支持層）

（c）　安全係数

（d）　使用材料の限界値

（e）　設計作用の組合わせ

（f）　主要箇所の照査項目と照査結果一覧（設計応答値と設計限界値）

（g）　打継目の位置，打設順序

（h）　架設要領

（5）について　　竣工板に記載すべき事項については，8 章 8.4 節に示す。

（6）について　　施工に関する記録については，8 章 8.4 節に従う。

（7）について　　保全に関する記録については，9 章 9.6 節に従う。

参考文献

1）　前田晴人，春日昭夫，池田尚治：構造コンクリートにおける性能創造型設計法の提案，第 17 回プレストレストコンクリートの発展に関するシンポジウム論文集，2008. 11

2）　IKEDA，Shoji，Akio KASUGA：Basic concept of the Performance－Creative Design Method for Concrete Structures, Proc. 4th International Conference on Concrete Future, 17－19 June, 2009, Coimbra, Portugal

3）　池田尚治：プレストレストコンクリート規準委員会報告，性能創造型設計法（性能創造型設計法に基く），第 18 回プレストレストコンクリートの発展に関するシンポジウム　ワークショップ（米子）冊子，2009. 10

4）　上杉泰右：コンクリート構造設計施工規準作成委員会報告，第 19 回プレストレストコンクリートの発展に関するシンポジウム ワークショップ（鹿児島）冊子，2010. 10

5）　池田尚治，上杉泰右：性能創造型設計によるコンクリート構造設計施工規準の作成について，プレストレストコンクリート，Vol. 53, 2011. 5

6）　*fib* Model Code 2010

3章　使用材料

3.1　一　　般

コンクリート構造に使用する材料は，所要の性能を満足することを確認しなければならない。

【解　説】

コンクリート構造に使用する材料として，コンクリート，鋼材およびその他の材料がある。その他の材料としては，定着具・接続具および偏向具，シース，PCグラウトのようにPC構造物に特有なものや，樹脂被覆鋼材やステンレス鋼材のような高耐久材料を用いることにより構造物の耐久性を向上させるものなどがある。

これらの材料については，強度だけでなく耐久性や保全の容易さなど求められる性能を有することを確認することが必要である。

3.2　コンクリート

3.2.1　コンクリートの基本事項

（1）　コンクリートは，所要の性能を満足することが確認されたものを選定するとともに，諸特性を十分把握したうえで適切に使用しなければならない。

（2）　コンクリートの材料および配合は，所要の性能を満足するように定めなければならない。

（3）　コンクリートは，設計基準強度により次のように分類する。

・普通強度コンクリート：設計基準強度が80 N/mm^{2}以下のコンクリート

・高強度コンクリート：設計基準強度が80 N/mm^{2}を超え160 N/mm^{2}以下のコンクリート

・超高強度繊維補強コンクリート：設計基準強度が150 N/mm^{2}以上の繊維補強セメント質複合材

（4）　上記コンクリートは，構造の合理性などを考慮し，性能に応じて選択する。ただし，普通強度コンクリート以外を使用する場合は，使用する材料に応じた規準類に従うか，必要に応じて実験を行うなどして諸特性を検討しなければならない。

【解　説】

（2）について　　コンクリートの材料および配合は，製造プラントの制約条件および材料の入手のしやすさや輸送コストを含めた経済性や施工性などを考慮して定めるものとする。

（3）について　　従来の規準類では，普通強度コンクリートは60 N/mm^{2}を上限としていた。しかし，本規準や「2017年制定 コンクリート標準示方書［設計編］」などの規準類では80N/mm^{2}までのコンクリートについて標準の物性値が記述されており，通常の使用において特別な配慮をしなくても使用できることとなっている。したがって，本規準では80 N/mm^{2}までのコンクリートを普通強度コンクリート，80 N/mm² を超えるコンクリートを高強度コンクリートと定義した。高強度コンクリートについては，「高強度コンクリートを用いたPC構造物の設計施工規準」を参考にするとよい。

わが国においては，建築分野では設計基準強度が 100 N/mm² を超える高強度コンクリートの適用例が増えており，また，土木分野においても実用化のレベルに達してきたことに伴い，実構造物への適用例が増えてきている。高強度コンクリートを橋梁などの構造物に適用することにより，部材の軽量化，地震時の慣性力の低減，長スパン化，低桁高化および耐久性の向上などが可能となり，付加価値の高い構造物や経済的な構造物が実現可能となる。これらの状況をうけ，高強度コンクリートの設計施工規準が整備されたものである。

一方，超高強度繊維補強コンクリートについては，コンクリートライブラリー第 113 号「超高強度繊維補強コンクリートの設計・施工指針（案）」を参考にするとよい。近年，設計基準強度が 150～200 N/mm² の超高強度繊維補強コンクリートが開発されており，適用事例も増えている。超高強度繊維補強コンクリートは，粒径 2.5 mm 以下の骨材，短繊維，セメント，ポゾランなどからなるセメント系複合材料であり，部材内部に鉄筋を配置せず，短繊維を構造材として設計曲げ耐力や設計せん断耐力に見込むため，特有の設計が必要となる。そこで，これらの状況を鑑み，超高強度繊維補強コンクリートの設計・施工指針（案）が整備されたものである。

3.2.2　強　　度

（1）　コンクリート強度の特性値は，原則として材齢 28 日における試験強度に基づいて定める。ただし，構造物の供用目的，主要な荷重の作用する時期および施工計画などに応じて，適切な材齢における試験強度に基づいて定めてもよい。

（2）　JIS A 5308 に適合するレディーミクストコンクリートを用いる場合には，購入者が指定する呼び強度を一般に圧縮強度の特性値 f'_{ck} としてよい。

（3）　コンクリートの付着強度および支圧強度の特性値は，適切な試験により求めた試験強度に基づいて定めるものとする。

（4）　コンクリートの引張強度の特性値 f_{tk}，付着強度の特性値 f_{bok} および支圧強度の特性値 f'_{ak} は，普通強度コンクリートに対して，圧縮強度の特性値 f'_{ck}（設計基準強度）に基づいて求めてよい。

（5）　コンクリートの曲げひび割れ強度 f_{bck} は，引張強度の特性値 f_{tk} により求めてよい。

（6）　コンクリートの材料係数 γ_c は，2 章 2.3.7 項により適切に定めるものとする。

【解　説】

（1）について　　コンクリートの強度試験は，一般に下記によってよい。

圧縮試験：JIS A 1108「コンクリートの圧縮強度試験方法」

引張試験：JIS A 1113「コンクリートの割裂引張強度試験方法」

（4）について　　コンクリートの引張強度，付着強度および支圧強度の特性値は，普通強度コンクリートに対して，圧縮強度の特性値 f'_{ck}（設計基準強度）に基づいて，それぞれ式（解 3.2.1）～式（解 3.2.3）により求めてよい。なお，骨材の全部が軽量骨材である軽量骨材コンクリートに対しては，これらの値の70％としてよい。ここで，強度の単位はN/mm^2である。

引張強度　$f_{tk}=0.23f'_{ck}{}^{2/3}$　(解3.2.1)

付着強度　JIS G 3112の規定を満足する異形鉄筋について，

$f_{bok}=0.28f'_{ck}{}^{2/3}$　(解3.2.2)

ただし，$f_{bok} \leqq 4.2\ N/mm^2$

普通丸鋼の場合は，異形鉄筋の場合の40％とする。ただし，鉄筋端部に半円形フックを設けるものとする。

支圧強度　$f'_{ak}=\eta \cdot f'_{ck}$　(解3.2.3)

ただし，$\eta=\sqrt{A/A_a} \leqq 2$

ここに，A　：コンクリート面の支圧分布面積

A_a：支圧を受ける面積

(5)について　コンクリートの曲げひび割れ強度は，引張特性と部材の幾何学的条件に依存した部材特性である。そこで，供用限界状態の検討などではひび割れ発生限界，すなわち曲げひび割れ強度を求めることが必要となるので，引張軟化特性と部材の高さをパラメータとした曲げ強度の解析を行い，式(解3.2.4)により求めてよいこととした。同式は，曲げひび割れ強度に寸法効果があり，寸法が大きくなると引張強度に漸近することを意味するものである。なお，部材の斜め引張や局部応力に対するひび割れの検討では，式(解3.2.1)で求まる引張強度を用いるのがよい。

曲げひび割れ強度　$f_{bck}=k_{0b}k_{1b}f_{tk}$　(解3.2.4)

ここに，$k_{0b}=1+\dfrac{1}{0.85+4.5(h/l_{ch})}$　(解3.2.5)

$k_{1b}=\dfrac{0.55}{\sqrt[4]{h}}$　$(\geqq 0.4)$　(解3.2.6)

k_{0b}：コンクリートの引張軟化特性に起因する引張強度と曲げ強度の関係を表す係数

k_{1b}：乾燥，水和熱など，その他の原因によるひび割れ強度の低下を表す係数

h　：部材の高さ(m)　(>0.2)

l_{ch}　：コンクリートの特性長さ(m)　($=G_F E_c/f_{tk}^2$，E_c：ヤング係数，G_F：破壊エネルギー，f_{tk}：引張強度の特性値。ただし，この場合の破壊エネルギーおよびヤング係数は，3.2.4項および3.2.5項に従って求めるものとする)

(6)について　コンクリートの材料係数γ_cは，一般に終局限界状態の検討においては1.3とし，供用限界状態の検討においては1.0としてよい。

3.2.3 疲労強度

(1)　コンクリートの疲労強度の特性値は，コンクリートの種類，構造物の露出条件などを考慮して行った試験による疲労強度に基づいて定めるものとする。

(2)　コンクリートの圧縮，曲げ圧縮，引張および曲げ引張の設計疲労強度f_{rd}は，一般に，疲労寿命Nと永続作用による応力度σ_pの関数として求めてよい。

(3)　コンクリートの材料係数γ_cは，2章2.4.3項により適切に定めるものとする。

【解　説】

（2）について　　コンクリートの疲労強度は，疲労寿命と永続作用による応力度の関数として，式（解 3.1.7）により求めてよい。

$$f_{rd}=k_{1f}f_d\left(1-\frac{\sigma'_{cp}}{f_d}\right)\left(1-\frac{\log N}{K}\right) \qquad \text{（解 3.2.7）}$$

ただし，$N \leqq 2\times10^6$

ここに，f_d：コンクリートのそれぞれの設計強度で，材料係数 γ_c を 1.3 として求めてよい。

ただし，f_d は $f'_{ck}=50\ \mathrm{N/mm^2}$ に対する各設計強度を上限とする。$50\ \mathrm{N/mm^2}$ を超えるものは実験で確認することを原則とするが，$50\ \mathrm{N/mm^2}$ に対する値を用いてもよい。

（i）　普通強度コンクリートで継続してあるいはしばしば水で飽和される場合，および軽量骨材コンクリートの場合は，K を 10 とする。

その他の一般の場合は，K を 17 とする。

（ii）　k_{1f} は一般に以下のように定めてよい。

圧縮および曲げ圧縮の場合，$k_{1f}=0.85$

引張および曲げ引張の場合，$k_{1f}=1.0$

（iii）　σ'_{cp} は永続作用によるコンクリートの応力度であるが，交番荷重を受ける場合には，一般に 0 とする。

（3）について　　コンクリートの材料係数 γ_c は，一般に疲労限界状態の検討においては 1.3 としてよい。

3.2.4　応力-ひずみ曲線

（1）　限界状態の検討の目的に応じて，コンクリートの応力-ひずみ曲線を仮定するものとする。

（2）　供用限界状態に対する検討においては，コンクリートの応力-ひずみ曲線を直線としてよい。この場合のヤング係数は，3.2.6 項に従って定めるものとする。

（3）　二軸および三軸応力状態下では，コンクリートの応力-ひずみ曲線が一軸応力状態下とは異なるので，終局限界状態に対する検討においては，必要に応じてその影響を考慮するものとする。ただし，供用限界状態に対する検討においては弾性体とし，ヤング係数およびポアソン比を 3.2.6 項および 3.2.7 項に規定した値としてもよい。

【解　説】

（1）について　　曲げモーメントおよび軸方向力を受ける部材の断面破壊の終局限界状態に対する検討において，「2017 年制定 コンクリート標準示方書［設計編］」では，以下の挙動を適切に表現できるモデルを使用しなければならないとしている。

（i）　最大圧縮応力に至るまでの非線形性

（ii）　最大圧縮応力以降のひずみ軟化挙動

（iii）　除荷，再載荷による繰返し応力履歴の影響

（iv）　経験最大圧縮ひずみの増加による再載荷時の弾性剛性の低下

（v）　多軸応力の影響

しかしながら，これらの影響を適切に考慮するようにモデル化すると，実用上の計算では複雑なものとなってくる。

はりのような曲げモーメントの影響が大きい部材において破壊抵抗曲げモーメントを算出する場合は，解説 図 3.2.1 および解説 表 3.2.1 に示す「道路橋示方書・同解説［Ⅲコンクリート橋・コンクリート部材編］」における応力-ひずみ関係を用いてもよい。

軽量骨材コンクリートの場合も，この検討には解説 図 3.2.1 の応力-ひずみ曲線を用いてよい。ただし，この応力-ひずみ関係は長期挙動に対するモデルであるため，地震時の時刻歴応答解析のような短期挙動での解析に用いてはならない。

部材断面の破壊を対象とする終局限界状態による安全性照査においては，応力-ひずみ曲線のモデル化の他に，材料係数，作用係数などの安全係数を含めて検討するものである。安全係数の考え方からすると，モデル化は実際の挙動により近いものが望ましく，解説 図 3.2.1 に示すモデルは，これまでのモデルに $f'_{ck}=50\ \mathrm{N/mm^2}$ を超える強度についてその特性を加味して延長したものである。

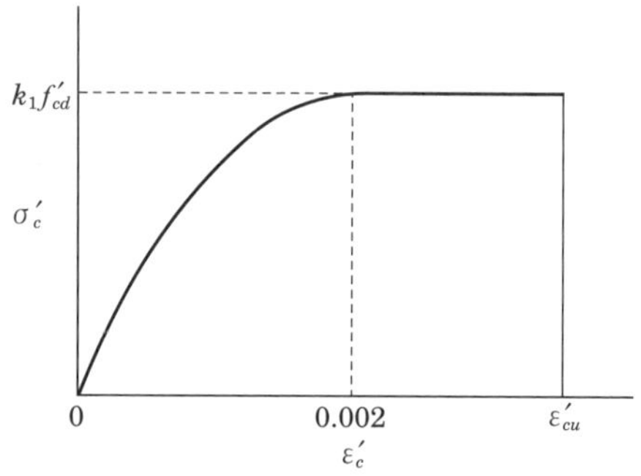

$$f'_{cd}=f'_{ck}/\gamma_c\quad(\gamma_c=1.3)$$

$$k_1=1-0.003f'_{ck}\quad\leqq 0.85$$

$$\varepsilon'_{cu}=\frac{155-f'_{ck}}{30\,000}\qquad 0.0025\leqq\varepsilon'_{cu}\leqq 0.0035$$

ここで，f'_{ck} の単位は $\mathrm{N/mm^2}$

曲線部の応力ひずみ式

$$\sigma'_c=k_1 f'_{cd}\times\frac{\varepsilon'_c}{0.002}\times\left(2-\frac{\varepsilon'_c}{0.002}\right)$$

解説 図 3.2.1　コンクリートの応力-ひずみ曲線

解説 表 3.2.1　道路橋示方書を適用する場合の応力-ひずみ曲線設定値

コンクリートの設計基準強度 $f'_{cd}=f'_{ck}$ ($\mathrm{N/mm^2}$)	$f'_{ck}\leqq 50$	$50<f'_{ck}\leqq 60$	$60<f'_{ck}\leqq 80$
終局ひずみ ε'_{cu}	0.0035	0.0035 から 0.0025 の間を直線補間	0.0025
k_1	0.85		

3.2.5　引張軟化特性

コンクリートの破壊エネルギーは，試験により求めることを原則とする。

【解　説】

「2017 年制定 コンクリート標準示方書［設計編］」に準拠した。

コンクリートの破壊エネルギー G_F は，「JCI-SFR1 プレーンコンクリートの破壊エネルギー試験方法（案）」に定められた試験により求めることができる。

試験によらない場合，式（解 3.2.8）により求めてよい。

$$G_F=10(d_{\max})^{1/3}f'^{\,1/3}_{ck}\quad(\mathrm{N/m})\qquad（解 3.2.8）$$

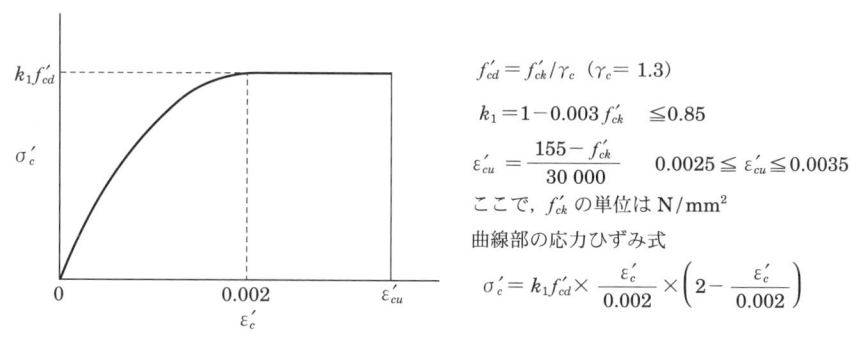

ここに，d_{max}：粗骨材の最大寸法（mm）

f'_{ck}：圧縮強度の特性値（設計基準強度）（N/mm^2）

コンクリートのモデル化された引張軟化曲線は，たとえば解説 図 3.2.2 に示したものがある。

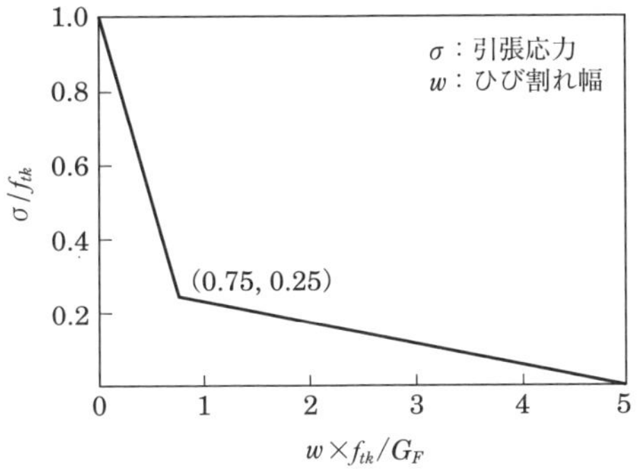

解説 図 3.2.2　コンクリートの引張軟化曲線

3.2.6　ヤング係数

コンクリートのヤング係数は，原則として，JIS A 1149「コンクリートの静弾性係数試験方法」によって求めるものとする。

【解　説】

「2017 年制定 コンクリート標準示方書［設計編］」に準拠した。

供用限界状態や疲労限界状態における弾性変形または不静定力の計算には，一般に解説 表 3.2.2 の値を用いてよい。なお，軽量骨材コンクリートについては，使用する骨材ごとにヤング係数が異なるため，試験によりヤング係数を定めることとする。

解説 表 3.2.2　コンクリートのヤング係数

f'_{ck} (N/mm^2)	30	40	50	60	70	80
E_c (kN/mm^2)	28	31	33	35	37	38

3.2.7　ポアソン比

コンクリートのポアソン比は，弾性範囲内では一般に 0.2 としてよい。ただし，引張を受け，ひび割れを許容する場合には 0 とする。

【解　説】

「2017 年制定 コンクリート標準示方書［設計編］」に準拠した。

3.2.8　熱　物　性

コンクリートの熱物性は，実験あるいは既往のデータに基づいて定めることを原則とする。

【解 説】

「2017 年制定 コンクリート標準示方書［設計編］」に準拠した。

コンクリートの熱物性は，一般に体積の大部分を占める骨材の特性によって大きく影響され，また，同一配合のコンクリートでも，その含水状態や温度によってかなりの幅で変動する。

骨材に天然の岩石を使用した，ポルトランドセメントを用いた一般のコンクリートの熱物性の参考値を解説 表 3.2.3 に示す。

解説 表 3.2.3 一般のコンクリートの熱物性の参考値

熱伝導率		2.6 W/m℃
比熱		1.05 kJ/kg℃
熱拡散率		0.83×10^{-6} m^2/s
熱膨張係数	ポルトランドセメント	10×10^{-6}/℃
	高炉セメント B 種	12×10^{-6}/℃

骨材に天然の岩石を使用した高炉スラグ微粉末を用いたコンクリートの熱物性の参考値は，解説 表 3.2.3 における高炉セメント B 種の値を用いてもよい。ただし，高炉スラグ微粉末を用いたコンクリートの熱物性は，骨材や高炉スラグ微粉末の種類，配合などにより，広い幅をもつ分布となっていることが報告されているので，実験あるいは既往のデータに基づいて熱物性の値を定めることが望ましい。

3.2.9 収 縮

（1） コンクリートの収縮は，構造物の周辺の湿度，部材断面の形状寸法，使用骨材，セメントの種類，コンクリートの配合などの影響を考慮して，これを定めることを原則とする。

（2） 不静定力を弾性理論により計算するために用いるコンクリートの収縮ひずみは，コンクリートのクリープの影響などを考慮して低減した値を用いてよい。ただし，この値を用いる場合はクリープの影響を加算してはならない。

【解 説】

（1）について　コンクリートの収縮は，乾燥収縮，自己収縮，炭酸化収縮を含み，構造物の周辺の温度・湿度，部材断面の形状・寸法，コンクリートの配合のほか，骨材の性質，セメントの種類，コンクリートの締固め，養生条件などの種々の要因によって影響を受ける。骨材の性質には地域特性が認められることがあり，場合によっては $1\,000\times10^{-6}$ を超える大きな収縮を示す場合がある。したがって，検討に用いるコンクリートの収縮ひずみは，使用するコンクリートの収縮ひずみの試験値や既往の資料や実績をもとに定めることを原則とした。

収縮ひずみの試験は，「2017 年制定 コンクリート標準示方書［設計編］」に準拠して求めることとして，7 日間水中養生を行った 100×100×400 mm の角柱供試体を用い，温度（20 ± 2）℃，相対湿度（60 ± 5）% の環境条件で，JIS A 1129 試験「モルタル及びコンクリートの長さ変化測定方法」に従い測定された乾燥期間 6 か月（182 日）における値とする。

これらのデータがない場合は，道路橋では「道路橋示方書・同解説［Ⅲ コンクリート橋・コンクリート部材編]」を，鉄道橋については，「鉄道構造物等設計標準・同解説［コンクリート構造物]」を参照するとよい。ただし，道路橋示方書・同解説の収縮ひずみの進行はコンクリートそのものの収縮量ではなく，鉄筋コンクリート部材としてモデル化されたものの収縮量であるため，部材寸法や鉄筋量が極端に異なる場合は取扱いに注意が必要である。

3.2.10 クリープ

（1） コンクリートのクリープひずみは，作用応力による弾性ひずみに比例するとして求めてよい。

（2） コンクリートのクリープ係数は，構造物の周辺の湿度，部材断面の形状寸法，コンクリートの配合，応力が作用するときのコンクリートの材齢などの影響を考慮して，これを定めることを原則とする。

【解　説】

(1)について　　コンクリートのクリープひずみは，「2017年制定 コンクリート標準示方書［設計編：本編]」に準拠して，一般に式(解 3.2.9)により求めてよい。

コンクリート応力度が圧縮強度の40 % 以下の場合，コンクリートのクリープひずみは作用応力による弾性ひずみに比例すると考えてよい。

$$\varepsilon'_{cc}=\phi\sigma'_{cp}/E_{ct} \quad \text{(解 3.2.9)}$$

ここに，ε'_{cc}：コンクリートの圧縮クリープひずみ

ϕ　：クリープ係数

σ'_{cp}：作用する圧縮応力度

E_{ct}　：載荷時材齢のヤング係数

(2)について　　コンクリートのクリープは，構造物の周辺の温度･湿度，部材断面の形状･寸法，コンクリートの配合，作用を受けるときのコンクリートの材齢のほか，骨材の性質，セメントの種類，コンクリートの締固め，養生条件などの種々の要因によって影響を受ける。したがって，コンクリートのクリープ係数の設計値は，試験結果，既往の試験あるいは実際の構造物についての測定結果などを参考にして定める必要がある。

試験などによらない場合は，道路橋では「道路橋示方書･同解説［Ⅲ コンクリート橋･コンクリート部材編]」，鉄道橋については，「鉄道構造物等設計標準・同解説［コンクリート構造物]」を参照するとよい。

3.3 鋼　　材

3.3.1 鋼材の基本事項

（1） 鉄筋は，所要の性能を満足することが確認されたものを選定するとともに，諸特性を十分把握したうえで適切に使用しなければならない。

（2） 鉄筋は降伏強度により次のように分類する。

・普通強度鉄筋：降伏強度が235～625 N/mm^2 の構造用鉄筋

・高強度鉄筋：降伏強度が 625 N/mm^2 を超える構造用鉄筋

上記鉄筋は，構造の合理性などを考慮して選択する。

（3） PC 鋼材は，所要の性能を満足することが確認されたものを選定するとともに，諸特性を十分把握したうえで適切に使用しなければならない。

（4） PC 鋼材は強度により次のように分類する。

・普通強度 PC 鋼材：JIS G 3536 に適合する範囲内の強度を有する PC 鋼材

・高強度 PC 鋼材：JIS G 3536 に適合する範囲を超える強度を有する PC 鋼材

上記 PC 鋼材は，構造の合理性などを考慮して選択する。

（5） 高強度鉄筋および高強度 PC 鋼材を使用する場合は，使用する材料に応じた規準類に従うか，必要に応じて実験を行うなどして諸特性を検討しなければならない。

【解　説】

（2）について　高強度鉄筋については，「高強度鉄筋 PPC 構造設計指針」を参考にするとよい。RC 構造では，供用限界状態におけるコンクリートのひび割れ幅の制限値で設計が支配されることが多い。この場合，高強度鉄筋をそのまま梁などの引張側に用いても，その特徴を発揮させることは困難であるが，PPC 構造としてプレストレスと組み合わせれば，その特徴を大いに発揮させられると考えられる。そのような状況の下，高強度鉄筋 PPC 構造に関する設計指針がまとめられたものである。

（4）について　高強度 PC 鋼材については,「高強度 PC 鋼材を用いた PC 構造物の設計施工指針」を参考にするとよい。近年，JIS G 3536 に規定される PC 鋼材に比較し，強度が 10～20 % 程度向上した PC 鋼材が開発されている。高強度コンクリートを使用した構造物の設計をする上で，高強度 PC 鋼材を使用することによって，必要な PC 鋼材本数を少なくできること，または配置スペースを小さくできることにより，高強度コンクリートの構造特性を有効に活用できること，省資源化にも適するなどの利点を有する。そこで，これらの状況を鑑み，「高強度 PC 鋼材を用いた PC 構造物の設計施工指針」が整備されたものである。

3.3.2 強　　度

（1） 鋼材の引張降伏強度の特性値 f_{yk} および引張強度の特性値 f_{uk} は，それぞれの試験強度に基づいて定めるものとする。

（2） JIS 規格に適合するものは，特性値 f_{yk} および f_{uk} を JIS 規格の下限値としてよい。また，限界状態の検討に用いる鋼材の断面積は，一般に公称断面積としてよい。

（3） 鋼材の圧縮降伏強度の特性値 f'_{yk} は，鋼材の引張降伏強度の特性値 f_{yk} に等しいものとしてよい。

（4） 鋼材のせん断降伏強度の特性値 f_{vyk} は，一般に式（3.3.1）により求めてよい。

$$f_{vyk}=f_{yk}/\sqrt{3} \tag{3.3.1}$$

（5） 鋼材の材料係数 γ_s は，一般に次の値としてよい。

鉄筋および PC 鋼材の場合，1.0

上記以外の鋼材の場合，1.05

また，一般に疲労限界状態の検討においては 1.05，供用限界状態の検討においては 1.0 としてよい。

【解　説】

「2017 年制定 コンクリート標準示方書［設計編］」に準拠した。

（1）について　　鋼材の引張試験は，一般に JIS Z 2241「金属材料引張試験方法」によってよい。

3.3.3 疲労強度

（1）　鋼材の疲労強度の特性値は，鋼材の種類，形状および寸法，継手の方法，作用応力の大きさと作用頻度，環境条件などを考慮して行った試験による疲労強度に基づいて定めるものとする。

（2）　鉄筋の設計疲労強度 f_{srd} は，疲労寿命 N と永続作用による鋼材の応力度 σ_{sp} の関数として，一般に式 (3.3.2) により求めてよい。

$$f_{srd}=190\frac{10^{a}}{N^{k}}\left(1-\frac{\sigma_{sp}}{f_{ud}}\right)/\gamma_{s}\quad (\mathrm{N/mm^2}) \tag{3.3.2}$$

ただし，$N \leqq 2\times10^{6}$

ここに，f_{ud}：鉄筋の設計引張強度で，材料係数を 1.05 として求めてよい。

N ：疲労寿命

σ_{sp}：永続作用による鉄筋の応力度

γ_s ：鉄筋に対する材料係数で，一般に 1.05 としてよい。

（i）　a および k は，試験により定めるのを原則とする。

（ii）　疲労寿命が 2×10^{6} 回以下の場合は，a および k を，一般に式 (3.3.3) の値としてよい。

$$a=k_{0f}(0.81-0.003D) \tag{3.3.3}$$

$$k=0.12$$

ここに，D ：鉄筋直径 (mm)

k_{0f}：鉄筋のふしの形状に関する係数で，一般に 1.0 としてよい。

（3）　PC 鋼材の疲労強度 f_{prd} は，実際に使用する PC 鋼材および定着具を用いた疲労試験によって定めるのを原則とするが，試験データや信頼できる資料が得られない場合には，疲労寿命 N と永続作用による鋼材の応力度 σ_{pp} の関数として求めてもよい。

（4）　ガス圧接部の設計疲労強度は，一般に母材の場合の 70 % としてよい。

【解　説】

（1），（2）について　　「2017 年制定 コンクリート標準示方書［設計編］」に準拠した。

（3）について　　PC 鋼材の設計疲労強度は，疲労寿命と永続作用による鋼材の応力度の関数として，式 (解 3.3.1) および (解 3.3.2) により求めてよい。ただし，一般に鋼材母材よりも定着部の方が疲労強度は小さくなる傾向にあるので，特に，アンボンド PC 鋼材や外ケーブル方式を用いる場合には，定着部に対する疲労の検討が必要となる場合がある。

PC 鋼線および PC 鋼より線

$$f_{prd}=280\frac{10^{a_r}}{N^k}\left(1-\frac{\sigma_{pp}}{f_{pud}}\right)/\gamma_s \quad (\mathrm{N/mm^2}) \qquad (解 3.3.1)$$

PC 鋼棒

$$f_{prd}=270\frac{10^{a_r}}{N^k}\left(1-\frac{\sigma_{pp}}{f_{pud}}\right)/\gamma_s \quad (\mathrm{N/mm^2}) \qquad (解 3.3.2)$$

ここに，f_{prd}：PC 鋼材の設計疲労強度

N　：疲労寿命

σ_{pp}　：永続作用による PC 鋼材の応力度

f_{pud}：PC 鋼材の設計引張強度

a_r および k：解説 表 3.3.1 に示す値としてよい。

γ_s　：PC 鋼材の材料係数で，一般に 1.05 としてよい。

解説 表 3.3.1　a_r および k

	PC 鋼線および PC 鋼より線	PC 鋼棒
a_r	1.14	0.96
k	0.19	0.16

3.3.4　応力-ひずみ曲線

鋼材の応力-ひずみ曲線は，検討の目的に応じて適切な形を仮定するものとする。

【解　説】

「2017 年制定 コンクリート標準示方書［設計編］」に準拠した。

終局限界状態の検討においては，解説 図 3.3.1 に示すように，鋼材の種類ごとにモデル化した応力-ひずみ曲線を用いてよい。

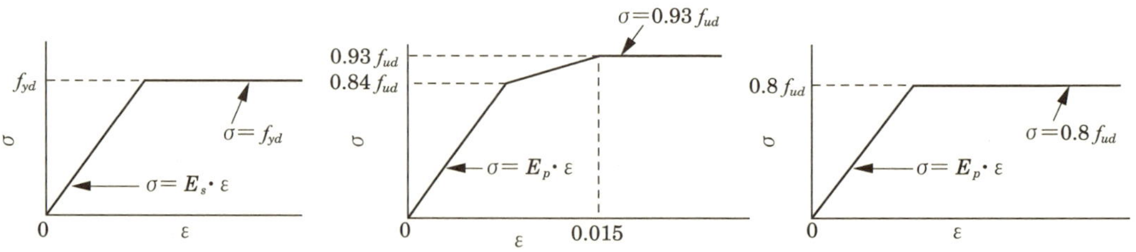

（a）　鉄筋および構造用鋼材の応力-ひずみ曲線

（b）　PC 鋼線，PC 鋼より線および PC 鋼棒 1 号の応力-ひずみ曲線

（c）　PC 鋼棒 2 号の応力-ひずみ曲線

解説 図 3.3.1　鋼材のモデル化された応力-ひずみ曲線

3.3.5　ヤング係数

鋼材のヤング係数は，JIS Z 2241「金属材料引張試験方法」によって引張試験を行い，応力-

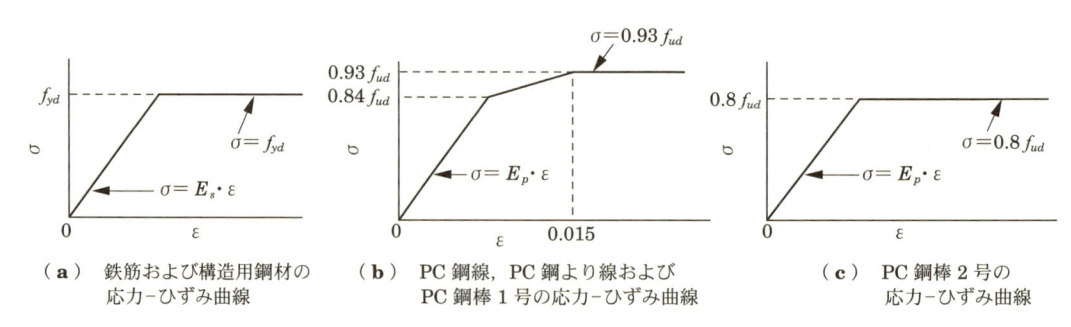

ひずみ曲線を求め，この結果に基づいて定めることを原則とする。

【解　説】

「2017年制定 コンクリート標準示方書[設計編]」に準拠した。

鋼材のヤング係数は測定方法などの要因でばらつくが，一般に190～210 kN/mm^{2}の範囲にある。また，これまでは鉄筋および構造用鋼材とPC鋼材とでは異なるヤング係数が用いられてきた。しかし，一般に鋼材のヤング係数の値の相違が，部材断面の応力度，部材の変形などの計算結果に及ぼす影響は比較的小さい。したがって，いずれの鋼材のヤング係数に対しても200 kN/mm^{2}の値を用いてよい。

3.3.6　ポアソン比

鋼材のポアソン比は，原則として試験あるいは実績によって求めるものとする。

【解　説】

鋼材のポアソン比は，試験あるいは実績によって求めるものとした。ただし，通常使用される鋼材については，「2017年制定 コンクリート標準示方書[設計編]」に準拠して，一般に0.3としてよい。

3.3.7　熱膨張係数

鋼材の熱膨張係数は，一般にコンクリートの熱膨張係数と同じとしてよい。

【解　説】

「2017年制定 コンクリート標準示方書[設計編]」に準拠した。

3.3.8　PC鋼材のリラクセーション率

PC鋼材の純リラクセーション率は，リラクセーション試験により求めた1 000時間試験値の3倍の値としてよい。

【解　説】

「2017年制定 コンクリート標準示方書[設計編]」に準拠した。

プレストレスの減少を計算するために用いるPC鋼材の見掛けのリラクセーション率γは，一般に解説 表3.3.2に示した値としてよい。

解説 表3.3.2　PC鋼材の見掛けのリラクセーション率γ

PC鋼材の種類	見掛けのリラクセーション率：γ
PC鋼線およびPC鋼より線	5%
PC鋼棒	3%
低リラクセーションPC鋼材	1.5%

3.4 その他材料

3.4.1 その他の材料の基本事項

構造物に使用する材料は，所要の強度および性能を満足することが確認されたものを選定するとともに，諸特性を十分把握したうえで適切に使用しなければならない。

【解 説】

本規準の適用範囲の構造物に使用する材料は，一般のコンクリートおよび鋼材の他に，PC鋼材の定着具などのように従来から用いられているもの，およびエポキシ樹脂塗装鉄筋などのように従来から用いられている材料にある性能を付与し，新たに開発されたものなどがある。また，使用目的としては，構造物の機能を確保するためのもの，および構造物の性能を向上するためのものがある。

これら新しく開発された材料の中には，構造物の合理的な設計を行うために有効なものもあり，必要に応じて使用することができる。ただし，その場合は，材料自体の諸特性を把握するだけでなく，構造物に与える影響も十分把握する必要がある。したがって，必要に応じて実験を行うなどして諸特性を検討するか，別途，使用する材料に応じた規準類に従わなければならない。

3.4.2 定着具・接続具および偏向具

（1） 定着具および接続具は，定着または接続されたPC鋼材が規格に定められた引張荷重値に達する前に破壊したり，著しい変形を生じることのないような構造および強さを有するものでなければならない。

（2） 外ケーブル構造に用いる偏向具は，作用するケーブルの偏向力に対して十分な強度を有し，緊張材を損傷させないものでなければならない。

【解 説】

(1)について　定着具および接続具の性能を確認する場合には，土木学会規準 JSCE-E 503「PC工法の定着具および接続具の性能試験方法」に基づいて確かめられていることを基本とする。

定着具または接続具の性能を確認する場合には，定着具をコンクリートと組み合わせた試験，定着具および接続具を緊張材と組み合わせた試験により性能を確かめるのがよい。

その試験結果は次の項目を満足するものとする。

（i） 定着具をコンクリートと組み合わせた試験

定着具は緊張材の規格引張荷重の100％以上に耐えることとする。

（ii） 定着具および接続具を緊張材と組み合わせた試験

付着のない状態での静的引張試験で，定着具の定着効率および接続具の接続効率は，緊張材の規格引張荷重の95％以上とする。ただし，PC鋼材に加工を施したために定着効率および接続効率が95％未満の場合には，それが90％以上ならば新たに規格値を定めて使用してよい。

これらの定着具や接続具の標準的な試験方法として土木学会規準 JSCE-E 503「PC工法の定

着具および接続具の性能試験方法」が定められているので，これに基づいて試験することを基本とした。ただし，これらの試験は新しい形式のものを用いる場合に行うものであって，コンクリートライブラリー第66号「プレストレストコンクリート工法設計施工指針」の「各工法指針編」で規定され試験データのあるもの，または品質が保証され実績のあるものは省略できる。

(2)について　「外ケーブル構造・プレキャストセグメント工法設計施工規準」に準拠した。

3.4.3　シ　ー　ス

(1)　シースは，その取扱い中あるいはコンクリートの打込み時に，容易に変形しないことが確認されたものでなければならない。また，その合わせ目，継目などからセメントペーストが入り込まない構造であることを確認しなければならない。

(2)　シースの形状・寸法は，緊張材の挿入性，PCグラウトの充てん性，付着の確保および緊張材との摩擦などに配慮して定めることを標準とする。

(3)　塩害対策など，特に耐久性が要求される場合には，耐食性の確認されたシースを用いることを原則とする。

【解　説】

(1)について　シースの選定においては，取扱い中あるいはコンクリートの打込みの時，シースが変形したり，シース中にセメントペーストが入り込むと，緊張時の摩擦が著しく増大するので，衝撃や振動機との接触などによって容易に変形したり，つぶれたりしないものでなければならない。また，シースの合わせ目，継目からのセメントペーストがシース内に漏れないような構造であることを確認しなければならない。

(2)について　シースの形状や寸法は，要求される機能を満足するものでなければならない。シースの径は，緊張材の挿入性やPCグラウトの充てん性から定まるものであるが，PC構造物の耐久性上，PCグラウトの充てん性がもっとも重要であることから，このことに十分配慮してその寸法を定める必要がある。

(3)について　塩害対策など，特に耐久性が要求される場合には，通常のシースの性能要求事項に加えて，塩化物イオン，水，空気などに対する遮断性を高めておくことが，PC鋼材を腐食から保護するうえできわめて重要である。したがって，それらの効果が確認されているプラスティック製シースあるいは同等の性能を有するシースを用いることを原則とした。

なお，プラスティック製シースの材質としては，ポリエチレンとポリプロピレンがある。ポリエチレンには，高密度，中密度，低密度の3種類がある。PC構造物に用いるポリエチレンシースには，強度，すり減り抵抗などの性能を満足する硬質の高密度ポリエチレンシースの使用が望ましい。ただし，高温によって変形しやすいので，シースの接続部や取付け部などが，蒸気養生などの熱の影響で変形しないように配慮しなければならない。ポリエチレンシースを用いるPC橋の設計施工にあたっては，「PEシースを用いたPC橋の設計施工指針（案）」を参考にするとよい。

3.4.4　PCグラウト

PCグラウトは，品質のばらつきが少なく，ダクト内を充てんしてPC鋼材を被覆し，鋼材を腐食させないように保護するとともに，部材コンクリートと緊張材とを付着により一体とするものでなければならない。

【解　説】

「2017年制定 コンクリート標準示方書［設計編］」に準拠した。

PCグラウトの機能は，PC鋼材を腐食から保護すること，ならびに部材コンクリートとPC鋼材を一体化することである。したがって，十分にダクト内を充填する必要があり，PC鋼材の配置形状やダクトの空隙状況に応じて，高粘性，低粘性および超低粘性の材料の中から適切なものを選定する必要がある。なお，PCグラウトの設計施工に関しては，「PCグラウトの設計施工指針」を参考にするとよい。

3.4.5　樹脂被覆鋼材

樹脂被覆鋼材を使用する場合は，所要の品質および性能を満足することが確認されたものを選定するとともに，諸特性を十分把握したうえで適切に使用しなければならない。

【解　説】

樹脂被覆鉄筋および樹脂被覆PC鋼材は，構造物の合理的な設計に有用な場合など，必要に応じて使用することができる。ただし，その場合は，実験を行うなどして諸特性を検討するか，別途，使用する材料に応じた規準類に従わなければならない。

樹脂被覆鉄筋には，エポキシ樹脂塗装鉄筋やポリアミド系樹脂被覆鉄筋などがあり，構造物の合理的な設計に有用な場合など，必要に応じて使用することができる。

エポキシ樹脂塗装鉄筋は，土木学会規準 JSCE-E 102「エポキシ樹脂塗装鉄筋の品質規格」に適合したもの，あるいは，実験などによって所要の品質が確認されたものでなければならない。また，その使用にあたっては，コンクリートライブラリー第112号「エポキシ樹脂塗装鉄筋を用いる鉄筋コンクリートの設計施工指針」に準拠するか，別途検討しなければならない。

樹脂被覆鉄筋は，鉄筋の腐食環境下におけるコンクリート構造物の劣化対策のひとつとして開発された。たとえば，過酷な塩害環境下においては，コンクリートの配合による調整やかぶりの増厚による対策では，不経済になるばかりでなく構造的にも不利になることがある。このような場合，樹脂被覆鉄筋の使用は有効な対策となる。

しかし，樹脂被覆による鉄筋の防食効果は，塗膜の品質，塗膜厚，損傷の有無などによって著しく相違するので，樹脂被覆鉄筋を用いる場合には，品質の確保されたものでなければならない。設計においては，一般に，樹脂被覆鉄筋のコンクリートとの付着強度は，無塗装の鉄筋のそれに比べて劣る。したがって，鉄筋の定着などにおいては，注意が必要である。また，運搬や貯蔵など取扱いにおいては，塗膜を損傷させないよう注意を払うとともに，塗膜の損傷部は適切に補修しなければならない。

一方，樹脂被覆PC鋼材には，エポキシ樹脂被覆PC鋼材やポリエチレン系樹脂被覆PC鋼材などがあり，構造物の合理的な設計に有用な場合など，必要に応じて使用することができる。

エポキシ樹脂被覆PC鋼材は，実験などによって所要の品質が確認されたもの，あるいは，土木学会規準 JSCE-E 141「内部充てん型エポキシ樹脂被覆 PC 鋼より線の品質規格（案）」に適合したものでなければならない。また，その使用にあたっては，コンクリートライブラリー第 133 号「エポキシ樹脂を用いた高機能 PC 鋼材を使用するプレストレストコンクリート設計施工指針（案）」に準拠するか，別途検討しなければならない。

エポキシ樹脂は，優れた耐食性を有する強固な被覆を形成することが可能であることから，塗装鉄筋や鋼橋の防食塗装などの土木・建築分野，また電気・電子，宇宙開発などすでに広い用途で用いられている。エポキシ樹脂被覆 PC 鋼材は，約 20 数年にわたって多くの使用実績があり，すでに PC 構造物において一般的に使用される材料になっており，今後も，新たな用途拡大が見込まれる。

このような状況を考慮して，エポキシ樹脂を用いた PC 鋼材に関する設計から施工および検査において，これらを用いる際に特に必要となる事項や，エポキシ樹脂を用いた PC 鋼材に求められる品質について，コンクリートライブラリー第 133 号「エポキシ樹脂を用いた高機能 PC 鋼材を使用するプレストレストコンクリート設計施工指針（案）」がまとめられたものである。

また，全素線塗装型の PC 鋼より線も開発されており，これらの品質，設計および施工に関する事項は，「全素線塗装型 PC 鋼より線を使用した PC 構造物の設計・施工ガイドライン」（土木研究センター）を参考にするとよい。

3.4.6 ステンレス鋼材

ステンレス鋼材を使用する場合は，所要の品質および性能を満足することが確認されたものを選定するとともに，諸特性を十分把握したうえで適切に使用しなければならない。

【解　説】

ステンレス鉄筋およびステンレス PC 鋼材は，構造物の合理的な設計に有用な場合など，必要に応じて使用することができる。ただし，その場合は，実験を行うなどして諸特性を検討するか，別途，使用する材料に応じた規準類に従わなければならない。

ステンレス鉄筋は，JIS G 4322「鉄筋コンクリート用ステンレス異形棒鋼」に適合したもの，あるいは，実験などによって所要の品質が確認されたものでなければならない。また，その使用にあたっては，コンクリートライブラリー第 130 号「ステンレス鉄筋を用いるコンクリート構造物の設計施工指針（案）」に準拠するか，別途検討しなければならない。

海岸・海洋環境に建設される橋梁，あるいは冬季に凍結防止剤が使用される橋梁など，過酷な腐食環境下では，鉄筋の腐食によってその性能が大幅に低下することがある。ステンレス鉄筋は，耐食性に優れたクロム酸化物の不動態皮膜が形成されるため，コンクリート用補強鋼材として使用することで，このような構造物の耐久性を大幅に向上させることができる。

ステンレス鉄筋の応力-ひずみ関係や腐食に対する抵抗性などは，その種類ごとに特性が異なっている。したがって，ステンレス鉄筋を用いたコンクリート構造物の設計および施工は，ステンレス鉄筋の特性を十分に把握したうえで実施することが重要である。

一方，ステンレス PC 鋼材はステンレス鋼 SUS 304 N1 から製造される高耐食性のものがあり，鉄道構造物（防音壁）に適用された事例がある。しかし，その実績は少ないため，使用する場合は実験などによって所要の品質および性能を満足することを確認しなければならない。

ステンレス鉄筋やステンレスPC鋼材は，紫外線にも強く，耐食性に優れたクロム酸化物の不動態被膜が形成されるため，海岸・海洋環境に建設される橋梁，あるいは凍結防止剤が多量に散布される橋梁など，過酷な腐食環境下で使用することにより，耐久性を大幅に向上させることができる。しかし，高い耐腐食性をもつステンレス鋼材であっても，厳しい塩害環境下では不動態皮膜が破壊され，孔食が生じる可能性もあることに留意しなければならない。一方で，ステンレスPC鋼材SUS 304 N1の耐食性と遅れ破壊に関して実施された最近の試験報告[1)]によれば，その孔食電位は，張力負荷の有無にかかわらずステンレス鉄筋SUS304の孔食電位より高く，ステンレスPC鋼材SUS 304 N1はステンレス鉄筋SUS 304と同等以上の耐食性を有するとともに，遅れ破壊に対する感受性は低いことを確認したとしている。

ステンレス鋼材と普通鉄筋との組合わせは，電極電位が異なる金属が接触した際に発生する異種金属接触腐食と呼ばれる電解腐食も懸念されるため，その採用に当たっても留意すべき事項となるが，その一方で，コンクリート中の塩化物イオン濃度が9 kg/m^{3}以下の条件であれば，普通鉄筋とステンレス鉄筋の接触が普通鉄筋の腐食を加速させることはないという報告[2)]もある。

3.4.7 プレグラウトPC鋼材

プレグラウトPC鋼材を使用する場合は，所要の品質および性能を満足することが確認されたものを選定するとともに，諸特性を十分把握したうえで適切に使用しなければならない。

【解 説】

プレグラウトPC鋼材には，グラウト材料による分類としてエポキシ樹脂系やセメント系のものなどがあり，構造物の合理的な設計に有用な場合など，必要に応じて使用することができる。ただし，その場合は，実験を行うなどして諸特性を検討するか，別途，使用する材料に応じた規準類に従わなければならない。

エポキシ系のプレグラウトPC鋼材は，実験などによって所要の品質が確認されたもの，あるいは，土木学会規準JSCE-E 145「プレグラウトPC鋼材の品質規格（案）」に適合したものでなければならない。また，その使用にあたっては，コンクリートライブラリー第133号「エポキシ樹脂を用いた高機能PC鋼材を使用するプレストレストコンクリート設計施工指針（案）」に準拠するか，別途検討しなければならない。

エポキシ樹脂系のプレグラウトPC鋼材は，PC鋼材の表面に未硬化の常温硬化エポキシ樹脂を塗装した上に，高密度ポリエチレンで被覆し，その表面を凹凸形状に加工したものである。エポキシ樹脂は，緊張作業時までは未硬化の状態を維持し，その後硬化する。このことにより部材コンクリートとPC鋼材が一体化され，現場でのグラウト作業が不要となるものである。

エポキシ樹脂系のプレグラウトPC鋼材に使用するエポキシ樹脂の種類は，近年開発された湿気硬化型と従来から用いられている熱硬化型に大別される。湿気硬化型樹脂は，硬化に及ぼす温度の影響が少なく，広い範囲の温度条件に適用可能である。熱硬化型樹脂は，温度履歴および時間の経過とともに硬化する特性を有しているので，現場における使用環境や条件に応じた適切な樹脂を選定することが必要である。

3.4.8　構造用鋼材

複合構造などに使用する構造用鋼材は，所要の品質および性能を満足することが確認されたものを選定するとともに，諸特性を十分把握したうえで適切に使用しなければならない。

【解　説】

複合構造などに使用する構造用鋼材は，実験などによって所要の品質が確認されたもの，あるいは，JIS 規格，土木学会の規準などにしたがって品質が確認されたものでなければならない。また，その使用にあたっては，「複合橋設計施工規準」に準拠するか，別途検討しなければならない。

波形鋼板ウェブ構造に用いる波形鋼板の材質は，JIS G 3101，JIS G 3106 および JIS G 3114 に適合するもの，または実験を行うなどして諸特性が確認された同等品を標準とする。ただし，溶接を行う場合は原則として溶接構造用圧延鋼材（SM 材）を使用しなければならない。

鋼トラス材は，鋼管または角型鋼管を使用するのを標準とし，JIS G 3444 および JIS G 3466 に適合するもの，または実験を行うなどして諸特性が確認された同等品を標準とする。ただし，必要があれば構造用鋼材 JIS G 3101，JIS G 3106，JIS G 3114 などを使用してもよい。

3.4.9　新しい構造材料

本規準に記述されていない材料をコンクリート構造に使用する場合は，その特性を十分把握したうえで適切に使用しなければならない。

【解　説】

新しい材料を使用する場合は，適切な試験方法を定めて性能を確認するとともに，作用・使用環境・材料特性を考慮して適切に使用することとした。本規準に記述されていない新しい材料としては，繊維強化ポリマー（FRP：Fiber Reinforced Polymers）の補強材や緊張材などがあげられる。

腐食しない鋼材として鉄筋や PC 鋼材の代替品として FRP の補強材や緊張材は，近年，さまざまな用途でコンクリート構造物に適用されている。その中の代表的な事例とし，アラミド繊維（AFRP），炭素繊維（CFRP），ガラス繊維（GFRP）の素材があり，ロッド，ストランド，グリッドといった加工形状との組合わせで用途別に分類すると，主に，**解説 表 3.4.1** に示す用途で使用されている。

この FRP 補強材は，塩化物イオンの浸透により腐食することがないため，大量の塩化物供給が見込まれ，かぶりの増厚やエポキシ樹脂塗装鉄筋などでは，設計供用期間内に機能を確保するための性能を保持できない場合の代替として有効となる。ただし，FRP 補強材は，用いられる繊維の

解説 表 3.4.1　FRP の主な用途別分類

使用目的	繊維強化ポリマー
プレテンション部材の緊張材	CFRP ストランドや AFRP 異形ロッド
鉄筋の代替品	CFRP ロッドや AFRP 異形ロッド
薄肉部材やかぶり部の補強材	CFRP あるいは GFRP グリッド

種類，繊維量，断面形状，表面状態により物理的性質が異なるため，所要の品質および性能を満足することが確認されたものを選定し，諸特性を十分把握したうえで適切に使用することとする。特に，非金属製の緊張材の付着応力度は各補強材で異なってくるケースもあり，この影響で押し抜きせん断耐力が炭素繊維で 82～85 % に低下するとの報告もあり，注意が必要となる[3)]。また，付着性を高めたエポキシ樹脂被覆 PC 鋼材と同様に付着特性が高くなることから，桁端部の定着部付近に割裂引張によるひび割れが生じることが懸念される。そのため，定着部付近の鉄筋配置を密にするとともに，格子状の補強鉄筋の配置を検討することが望ましい。

参考文献

1） 今井，田所，吉村，横松：ステンレス PC 鋼材の耐食性に関する検証，プレストレストコンクリート，Vol. 60, No. 3, pp. 61–64, 2018

2） 安藤智史，河野広隆，服部篤史，石川敏之：塩化物イオン高含有コンクリート中の SUS 鉄筋との接触が普通鉄筋の腐食に与える影響，コンクリート工学年次論文集，Vol. 36, No. 1, pp. 1246–1251, 2014

3） FRP 緊張材を用いたプレストレストコンクリート道路橋の設計・施工指針（案）：総合技術開発プロジェクト建設事業への新素材・新材料利用技術の開発

4章　限　界　値

4.1　一　　般

コンクリート構造物が設計供用期間中に必要な機能を果たすためには，各限界状態，施工時および耐久性に関して適切に限界値を設定して保有すべき性能を照査しなければならない。なお，限界値の設定においては，材料の経年劣化などによる影響を適切に考慮しなければならない。

【解　説】

コンクリート構造物が，設計供用期間中および施工中に供用性，安全性，耐久性などの所要の性能を保持するためには，供用限界状態，終局限界状態，疲労限界状態の各限界状態，施工時および耐久性に関して，構造物の種類と供用目的，環境条件，部材の条件などを考慮し適切に限界値を設定し照査するものとする。

4.2　供用限界状態における限界値

4.2.1　一　　般

供用限界状態において構造物が保持すべき性能は，応力度，ひび割れ，変位・変形，振動などに対する限界値を設定して検討しなければならない。

【解　説】

供用限界状態とは，コンクリート構造物が設計供用期間中に走行性，水密性などの機能が損なわれる限界の状態である。供用限界状態における限界値は，構造物の応力度，ひび割れ，変位・変形，振動などに対して適切に設定するものとする。

なお供用限界状態における限界値は6章6.3節を参照するものとする。

4.2.2　応力度に対する限界値

供用限界状態における応力度に対する限界値は，コンクリート，PC鋼材，鉄筋に対して適切に設定するものとする。

【解　説】

「2017年制定 コンクリート標準示方書［設計編］」に準拠した。

構造物に作用する曲げモーメント，軸力，せん断力，ねじりモーメントなどの設計断面力に対するコンクリート，PC鋼材，鉄筋の応力度の限界値は構造物の種類，荷重条件などに応じ適切に設定するものとする。

4.2.3 ひび割れに対する限界値

構造物または部材のひび割れ幅の限界値は，構造物の種類と供用目的，環境条件，部材の条件などを考慮して定めるものとする。

鋼材の腐食に対するひび割れ幅の限界値は，環境条件，かぶりおよび鋼材の種類に応じて求めるものとする。

【解 説】

「2017年制定 コンクリート標準示方書［設計編］」に準拠した。

ひび割れを許容する構造または部材においては，構造物のおかれる環境条件（一般環境，腐食性環境）や構造物に対する機能（水密性，外観など）に応じ適切にその限界値を定めるものとする。

4.2.4 変位・変形に対する限界値

構造物または部材の変位・変形量の限界値は，構造物の種類と供用目的，荷重の種類などを考慮して定めるものとする。

【解 説】

「2017年制定 コンクリート標準示方書［設計編］」に準拠した。

構造物または部材の変位・変形は，走行性，外観などの供用性に関するものであり，構造物の種類や供用目的，荷重の種類などに応じ適切にその限界値を定めるものとする。

4.2.5 振動に対する限界値

構造物または部材の振動の限界値は，構造物の種類と供用目的，荷重の種類などを考慮して設定するものとする。

【解 説】

構造物または部材において変動作用による振動の影響を無視し得ない場合には，振動の限界値を適切に検討し設定するものとする。

4.3 終局限界状態における限界値

終局限界状態においては，構造物の破壊，崩壊などに対する安全性に関して適切に限界値を設定し検討しなければならない。

【解 説】

終局限界状態とは最大耐荷性能に対する限界状態であり，構造物または部材が設計供用期間中に破壊したり，転倒，座屈，大変形などにより安定が失われる状態である。終局限界状態における限界値は構造物の種類や荷重条件に応じて適切に設定するものとする。

なお終局限界状態における限界値は，6 章 6.4 節を参照するものとする。

4.4　疲労限界状態における限界値

疲労限界状態においては，変動作用に対する安全性に関して適切に限界値を設定し検討しなければならない。

【解　説】

疲労限界状態とは，構造物または部材が設計供用期間中に変動作用による繰返作用により疲労破壊を生じて安全性が損なわれる状態である。疲労限界状態における限界値は，構造物の種類や荷重条件に応じて適切に設定するものとする。

疲労に対する検討は，一般に繰返し引張応力を受ける鋼材の破断について照査すれば良く，供用限界状態にひび割れを許容しない構造においては検討を省略してよい。

なお疲労限界状態における限界値は，6 章 6.5 節を参照するものとする。

4.5　耐久性に関する限界値

4.5.1　一　　　般

コンクリート構造物は，設計供用期間中に所要の機能を確保するために必要な耐久性の限界値を適切に設定して検討しなければならない。

【解　説】

「2017 年制定 コンクリート標準示方書［設計編］」に準拠した。

コンクリート構造物は，設計供用期間中に中性化と水の浸透および塩害による鋼材腐食，凍害，化学的侵食によるコンクリート劣化により供用性や安全性など，所要の機能を確保するために必要な耐久性を損なわないよう，これに関する限界値を環境条件に応じ適切に設定し照査するものとする。

またアルカリシリカ反応に対する耐久性は材料選定の段階で検討するのがよい。

4.5.2　中性化と水の浸透に対する限界値

コンクリート構造物は，設計供用期間中に中性化と水の浸透により所要の水準の性能を損なわないよう適切に限界値を設定し照査しなければならない。

【解　説】

「2017 年制定 コンクリート標準示方書［設計編］」に準拠した。

コンクリート構造物は，設計供用期間中に大気中の二酸化炭素などの侵入による中性化の進行や水の浸透に伴う鋼材腐食により耐久性を損なわないよう，適切に限界値を設定し照査しなければならない。

4.5.3 塩害に対する限界値

コンクリート構造物は，設計供用期間中に塩害により所要の水準の性能を損なわないよう適切に限界値を設定し照査しなければならない。

【解　説】

「2017年制定 コンクリート標準示方書［設計編］」に準拠した。

コンクリート構造物は，設計供用期間中に塩化物イオンの侵入による鋼材腐食により耐久性を損なわないよう適切に限界値を設定しなければならない。

4.5.4 凍害に対する限界値

コンクリート構造物は，設計供用期間中に凍害により所要の水準の性能を損なわないよう適切に限界値を設定し照査しなければならない。

【解　説】

「2017年制定 コンクリート標準示方書［設計編］」に準拠した。

コンクリート構造物が設計供用期間中に凍結するおそれがある場合には，凍害に対する適切な限界値を設定し照査しなければならない。

4.5.5 化学的侵食に対する限界値

コンクリート構造物は，設計供用期間中に化学的侵食により所要の水準の性能を損なわないよう適切に限界値を設定し照査しなければならない。

【解　説】

「2017年制定 コンクリート標準示方書［設計編］」に準拠した。

コンクリート構造物が設計供用期間中に化学的侵食の影響を受ける場合には，化学的侵食に対し適切に限界値を設定し照査しなければならない。

4.6 施工時における限界値

4.6.1 一　　般

コンクリート構造物の施工時には，本体構造物および仮設構造物の安全性に関し，適切に限界値を設定して検討しなければならない。

【解　説】

施工時における限界値は，施工中における本体構造物および仮設構造物の安全性を照査するための限界の値であり，構造物の種類や荷重条件に応じ適切に設定するものとする。また，施工時の限界値は，構造物完成後の供用性，耐久性にも影響を与えかねない値であることから，設定においては留意を要する。

4.6.2　本体構造物の限界値

本体構造物の安全性に対する限界値は，構造物の種類や荷重の種類などに応じ適切に定めるものとする。

【解　説】

施工時においては，本体構造物の施工時における安全性および完成後の供用性・耐久性に影響を与えないよう適切に限界値を設定し検討するものとする。

4.6.3　仮設構造物の限界値

仮設構造物の安全性に対する限界値は，構造物の種類と供用目的，荷重の種類などに応じて適切に定めるものとする。

【解　説】

施工時においては，仮設構造物本体の安全性が，仮設構造物のみならず本体構造物の施工時の安全性，さらには本体構造物完成後の供用性，耐久性にも影響を与えかねないことから，仮設構造物の応力度，変位・変形などに対して適切な限界値を設定し検討するものとする。

5章　作　　用

5.1　一　　般

構造物の性能照査には，施工中および設計供用期間中に想定される作用を，性能にかかわる要求事項に対する限界状態に応じて，適切な組合せの下に考慮しなければならない。作用は，構造物または部材に応力および変形の増減，材料特性に変化をもたらす全ての働きを含むものとする。

（1）　設計作用は，作用の特性値に作用係数を乗じて定めるものとする。

（2）　設計作用は，一般に表 5.1.1 に示すように組み合わせるものとする。

表 5.1.1　設計作用の組合せ

性能にかかわる要求事項	限界状態	考慮すべき組合せ
耐久性	全ての限界状態	永続作用 ＋ 変動作用
安全性	断面破壊など	永続作用 ＋ 主たる変動作用 ＋ 従たる変動作用 永続作用 ＋ 偶発作用 ＋ 従たる変動作用
	疲　労	永続作用 ＋ 変動作用
供用性	全ての限界状態	永続作用 ＋ 変動作用
復旧性	全ての限界状態	永続作用 ＋ 偶発作用 ＋ 従たる変動作用

【解　説】

「2017 年制定 コンクリート標準示方書［設計編］」に準拠した。

作用は，持続性，変動の程度および発生頻度によって，一般に，永続作用，変動作用，偶発作用に分類される。

永続作用は，その変動がきわめてまれか，平均値に比して無視できるほどに小さく，持続的に生じる作用であり，死荷重，土圧，水圧，プレストレス力，コンクリートの収縮およびクリープの影響などがある。

変動作用は，連続あるいは頻繁に生じ，平均値に比してその変動が無視できない作用であり，活荷重，温度変化の影響，風荷重，雪荷重などがある。

偶発作用は，設計供用期間中に生じる頻度がきわめて小さいが，生じるとその影響が非常に大きい作用であり，地震の影響，津波の影響，衝突荷重，強風の影響，および火災の影響などがある。ただし，巨大地震後に襲来する巨大津波に対する安全性を照査する場合には，偶発作用としての地震の影響を含めて，偶発作用としての津波の影響を考慮する必要がある。

5.2　作用の特性値

（1）　作用の特性値は，検討すべき性能にかかわる要求事項に対する限界状態について，それぞれ定めなければならない。
（2）　安全性に関する照査に用いる永続作用，主たる変動作用および偶発作用の特性値は，構造物の施工中および設計供用期間中に生じる最大値の期待値とする。ただし，小さい方が不利となる場合には，最小値の期待値とする。また，従たる変動作用の特性値は，主たる変動作用および偶発作用との組合せに応じて定めるものとする。なお，疲労の照査に用いる作用の特性値は，構造物の設計供用期間中の作用の変動を考慮して定めるものとする。
（3）　供用性に関する照査に用いる作用の特性値は，構造物の施工中および設計供用期間中に比較的しばしば生じる大きさのものとし，検討すべき性能にかかわる要求事項に対する限界状態および作用の組合せに応じて定めるものとする
（4）　復旧性に関する照査に用いる作用の特性値は，構造物の設計供用期間中に生じる最大値の期待値を上限値として，設定された性能の限界状態に応じた値とする。
（5）　耐久性に対する照査に用いる作用の特性値は，構造物の施工中および設計供用期間中に比較的しばしば生じる大きさのものとする。
（6）　作用の規格値または公称値がその特性値とは別に定められている場合には，作用の特性値は，その規格値または公称値に作用修正係数 ρ_f を乗じた値とする。

【解　説】

「2017年制定 コンクリート標準示方書［設計編］」に準拠した。

（2）について　　安全性に関する照査に用いる永続作用，主たる変動作用および偶発作用の特性値としては，設計供用期間を上回る再現期間における作用の最大値または最小値が用いられるのであるが，作用に関するデータが必ずしも十分になく，そのような特性値を判断する資料に乏しい事情を勘案して，この示方書では最大値または最小値の期待値を特性値とすることにした。

従たる変動作用は，主たる変動作用や偶発作用と組み合わせて，付加的に考慮すべき作用である。したがって，その特性値は，同じ変動作用を主たる変動作用とした場合よりも一般に小さい値に設定してよい。

（3）について　　供用性に関する照査に用いる「比較的しばしば生じる大きさ」の作用とは，その頻度で生じる作用の下では，ひび割れ，変形などの限界状態に達しないこととする作用である。したがって，それぞれの構造物の特性や作用の種類，検討すべき限界状態に応じて定める必要がある。

（6）について　　活荷重などにおいて，作用の規格値などが法令などで定められている場合は，規格値などに作用修正係数を乗じて作用の特性値としてよいこととした。

5.3 作用係数

設計作用として作用の特性値に乗じる作用係数は，一般に表 5.3.1 により定めてよい。

表 5.3.1　作用係数

性能にかかわる要求事項	限界状態	作用の種類	作用係数
耐久性	全ての限界状態	全ての作用	1.0
安全性	断面破壊など	永続作用	1.0～1.2＊
		主たる変動作用	1.1～1.2
		従たる変動作用	1.0
		偶発作用	1.0
	疲　労	全ての作用	1.0
供用性	全ての限界状態	全ての作用	1.0
復旧性	全ての限界状態	全ての作用	1.0

＊　永続作用が小さい方が不利となる場合には，永続作用に対する作用係数を 0.9～1.0 とするのがよい

【解　説】

「2017 年制定 コンクリート標準示方書［設計編］」に準拠した。

プレストレス力の設計計算での取扱いとしては，一般に供用限界状態に対する検討においてはプレストレス力を作用と考え，その作用係数は 1.0 とする。終局限界状態に対する検討においてはプレストレス力の効果を PC 鋼材の初期ひずみとして断面の耐力算定に含めるので，作用としては不静定力のみを考えればよい。不静定力など強制変形による拘束力は，部材剛性の低下に伴い終局時には減少するものと考えられるが，これらの定量的な把握は未だ明確ではなく，ここではプレストレスによる不静定力の作用係数を 1.0 として用いることとした。この場合，不静定力が有利に働く断面（自重による断面力と不静定力の符号が正負相反する断面）では，終局時に不静定力が減少することによって設計断面力を過小に評価する結果となる。しかし実際には，断面の回転性能が十分である場合，塑性ヒンジ形成によって自重による断面力が再分配され，不静定力によって働く断面力と相殺するために，設計断面力を過小評価としてしまうことはない。ただし，断面の回転性能が著しく小さい場合には，自重モーメントの再分配に比べ不静定力の減少が大きくなることもあり，プレストレスによる不静定力の作用係数を 1.0 より小さくする必要がある。

解説 表 5.3.1 に，参考として鉄道構造物等設計標準・同解説による設計作用の組合わせの例を示す。

解説 表 5.3.1　設計作用の組合せの例
（鉄道構造物等設計標準・同解説）

性能にかかわる要求事項	性能項目	永続作用				変動作用				偶発作用	
		D1	D2	SH+CR	T	L	I	C	W	EQ	
供用性	乗り心地	[1.0]	[1.0]			1.0	1.0	1.0			列車荷重によるたわみ
		1.0	1.0	1.0							長期変形
	外　観	1.0	1.0	1.0	1.0						ひび割れ
安全性	破　壊	1.1	1.2	[1.0]	[1.0]	1.1	1.1	1.1	{1.0}		
		1.1	1.2	[1.0]	[1.0]				1.2		
		1.0	1.0	[1.0]	[1.0]	{1.0}				1.0	
	疲労破壊	1.0	1.0			1.0	1.0	1.0			

注）作用の記号は特性値を意味する。
｛ ｝を付けた作用は，従たる変動作用を意味する。
［ ］を付けた作用は，必要に応じて組合せを考慮する。
［記号］ D1：固定死荷重，D2：付加死荷重，T：温度変化の影響，L：活荷重，I：衝撃荷重，SH：コンクリートの収縮の影響，CR：コンクリートのクリープの影響，C：遠心荷重，W：風荷重，EQ：地震の影響

5.4　作用の種類

5.4.1　一　　般

作用は，構造物または部材に応力，変形の増加，材料特性に経時変化をもたらす全ての働きであり，性能照査にあたっては，一般に以下に示す作用を考慮することとする。

・死荷重
・活荷重
・土圧
・水圧
・流体力
・波力
・プレストレス力
・風荷重
・雪荷重
・コンクリートの収縮およびクリープによる影響
・温度の影響および温冷繰返しの影響
・日射の影響
・地震の影響
・湿度，水分の供給
・各種物質の濃度
・施工時荷重
・火災の影響
・その他（衝突荷重や地盤変動・支点移動の影響）

【解　説】

「2017年制定 コンクリート標準示方書[設計編]」に準拠した。

作用は構造物または部材に応力，変形，材料特性に変化をもたらす全ての働きと定義した。一般に，作用は以下のように分類することができる。

直接作用：構造物や部材に直接作用する力

間接作用：構造物や部材の強制変位，構造物中の材料の体積変化など，構造物や部材に力を発生させる原因となるもの

環境作用：温度，水分，物質など，構造物中の材料の変質変化の原因となるもの

個々の作用は，解説 表5.4.1のように区分することができる。なお，本来，間接作用として扱うべき作用でも，設計の簡便さや構造解析法との関係などで，直接作用として扱っているものもある。「2017年制定 コンクリート標準示方書[設計編]」では，これまでの経緯を勘案して，これらは直接作用として扱うこととしている。

解説 表5.4.1　各作用の関係

直接作用	・死荷重 ・活荷重 ・土圧 ・水圧 ・流体力 ・波力 ・プレストレス力 ・風荷重 ・雪荷重 ・その他
間接作用	・コンクリートの収縮およびクリープの影響 ・温度の影響および温冷繰返しの影響 ・地震の影響 ・施工時荷重 ・その他
環境作用	(構造物に対する) ・温度，日射の影響 ・湿度，水分の供給 ・各種物質の濃度，その供給 ・火災の影響 ・その他

注）　その他：衝突荷重や地盤変動・支点移動の影響

ここでは，プレストレス力，コンクリートのクリープおよび収縮の影響，環境作用および施工時荷重について示す。

5.4.2 プレストレス力

プレストレス力は，緊張材の引張力に，経時変化の影響を考慮して求めるものとする。

（1） プレストレッシング直後のプレストレス力は，PC 鋼材の緊張端に与えた引張力に，次の影響を考慮して算出するものとする。

（i） コンクリートの弾性変形

（ii） 緊張材とダクトの摩擦

（iii） 緊張材を定着する際のセット

（2） 有効プレストレス力は，（1）の規定により算出するプレストレッシング直後のプレストレス力に，次の影響を考慮して算出するものとする。

（i） PC 鋼材のリラクセーション

（ii） コンクリートのクリープ

（iii） コンクリートの収縮

（iv） 鉄筋の拘束の影響

（3） 供用限界状態および疲労限界状態でのプレストレス力による不静定力の算定には（2）により求めた有効プレストレス力を特性値としてよい。

（4） 外ケーブルによるプレストレス力の作用をモデル化する場合には，各限界状態に応じた構造解析手法を適切に用いるものとする。

【解　説】

内ケーブルの場合のプレストレッシング直後のプレストレス力の算出は以下による。

なお，外ケーブルの場合のプレストレス力については，「外ケーブル構造・プレキャストセグメント工法設計施工規準」による。

（1）について

（i） コンクリートの弾性変形の影響

プレテンション方式においては，コンクリートの弾性変形による緊張材引張力の減少を必ず考慮しなければならないが（式（解 5.4.1）参照），ポストテンション方式においても，施工上緊張材を順次に引張る場合はコンクリートの弾性変形による緊張材引張力の減少量を考慮しなければならない。この場合の平均引張応力度の減少量は，一般に式（解 5.4.2）により計算してよい。

プレテンション方式の場合　$$\Delta\sigma_p = n_p \cdot \sigma'_{cpg} \tag{解 5.4.1}$$

ポストテンション方式の場合　$$\Delta\sigma_p = \frac{1}{2} n_p \cdot \sigma'_{cpg} \cdot \frac{N-1}{N} \tag{解 5.4.2}$$

ここに，$\Delta\sigma_p$：緊張材の引張応力度の減少量

n_p　：PC 鋼材のコンクリートに対するヤング係数比（$n_p = E_p/E_c$）

σ'_{cpg}：緊張作業による緊張材図心位置のコンクリートの圧縮応力度

N　：緊張材の緊張回数（PC 鋼材の組数）

（ii） 緊張材とダクトの摩擦の影響

摩擦による緊張材の引張力の減少は，ダクトの面内の状態およびPC鋼材の種類，それぞれのさびの程度および配置状態によって異なるものである。

一般に摩擦による緊張材の引張力の減少を，緊張材の図心線の角変化に関する項と，緊張材の長さに関する項とに分ける。設計断面における緊張材の引張力は，式(解 5.4.3)で表すことができる。

$$P_x = P_i \cdot e^{-(\mu\alpha + \lambda x)} \qquad \text{(解 5.4.3)}$$

ここに，P_x ：設計断面における緊張材の引張力

P_i ：緊張材のジャッキ位置の引張力

μ ：角変化1ラジアンあたりの摩擦係数

α ：角変化（ラジアン）（解説 図 5.4.1 参照）

λ ：緊張材の単位長さあたりの摩擦係数

x ：緊張材の引張端から設計断面までの長さ

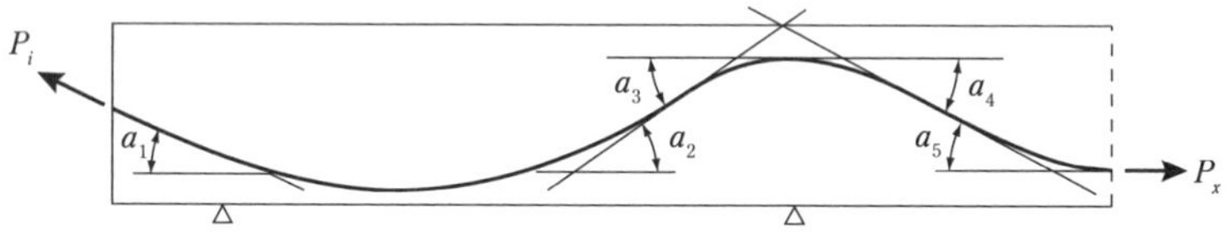

$$a = \sum_{i}^{n} a_i = a_1 + a_2 + a_3 + a_4 + a_5 + \cdots\cdots\cdots + a_n$$

解説 図 5.4.1 緊張材図心線の角変化

μおよびλの値は，試験によって定めなければならないが，鋼製およびポリエチレンシースを用いる場合は，一般に解説 表 5.4.2 に示した値を用いて，緊張材の引張力を計算してよい。

解説 表 5.4.2 摩擦係数

種　類	μ	λ
PC 鋼線，PC 鋼より線	0.3	0.004
PC 鋼棒	0.3	0.003

緊張材の長さが 40 m 程度以下，緊張材の角変化が 30° 程度以下の場合には，次の式(解 5.4.4)によって計算してよい。

$$P_x = P_i \cdot (1 - \mu\alpha - \lambda x) \qquad \text{(解 5.4.4)}$$

また，式(解 5.4.4)中のダクトの波うちの影響を考える項λを，緊張材の長さ 1 m あたりの付加角変化に置き換えてP_xの計算を行うことができる。この場合，式(解 5.4.5)により，λを求めてよい。

$$\lambda = \mu \cdot \Delta\alpha \qquad \text{(解 5.4.5)}$$

ここに，$\Delta\alpha$：緊張材の長さ 1 m あたりの付加角変化（ラジアン）

（iii） 緊張材を定着する際のセットの影響

緊張材の定着の際にセットを生じることがある場合には，これによる緊張材引張力の減少を考慮しなければならない。特に，くさび式定着にあっては比較的大きいセット量を生じることから定着の際のセット量をあらかじめ調査しておき，その値を仮定して，緊張材の引張力の減少量と

その影響範囲とを検討しておかなければならない。なお，セットとは，緊張材を定着具に定着するときに緊張材が定着具のところで引き込まれる現象をいう。セット量については，各種定着具により異なるので，それぞれの定着工法が定める値を使用する。

セットによって生ずる緊張材引張力の減少量は，緊張材とダクトに摩擦がない場合には，式(解 5.4.6)によって求められる。

$$\Delta P=\frac{\Delta l}{l}\cdot E_p\cdot A_p \qquad (解\ 5.4.6)$$

ここに，ΔP：緊張材のセットによる緊張材引張力の減少量

Δl：セット量

l：緊張材の長さ

E_p：緊張材のヤング係数

A_p：緊張材の断面積

緊張材とダクトに摩擦がある場合には，次のようにして緊張材の引張力減少量を求めてよい。緊張作業中の摩擦とゆるめる際の摩擦とが同じ値と仮定すると，解説 図 5.4.2 のような緊張材引張力の分布となる。緊張材を a 端で引っ張った場合，緊張材の引張力は，定着直前では a′ b′ co′ となり，定着直後の引張端における引張力は，P_t に低下した状態になる。この場合，a′ b′ c と a″b″c は水平軸 ce に対して対称となり，a′ b′ cb″a″によって囲まれる面積 A_{ep} を $E_p A_p$ で除したものが，定着具のセット量を表すものである。

$$\Delta l=\frac{A_{ep}}{E_p\cdot A_p} \qquad (解\ 5.4.7)$$

したがって，A_{ep} が $E_p\cdot A_p\cdot \Delta l$ と等しくなる c 点を図上で求め，cb″a″線を定めればよい。

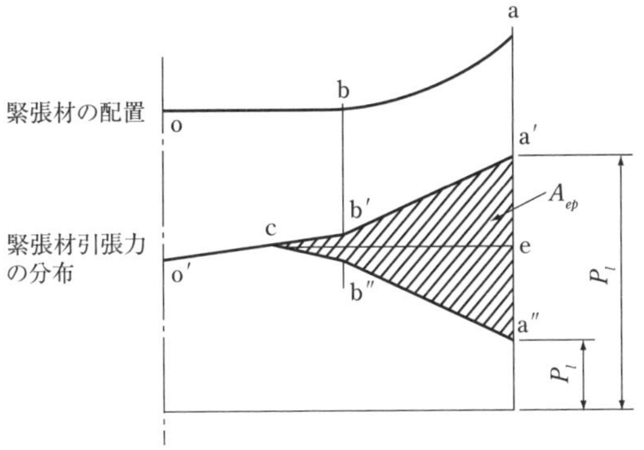

解説 図 5.4.2　緊張材引張力の分布形状

(2) について

(i)　PC 鋼材のリラクセーションの影響

リラクセーションによる緊張材引張応力度の減少量は，式(解 5.4.8)により求めてよい。

$$\Delta\sigma_{pr}=\gamma\cdot\sigma_{pt} \qquad (解\ 5.4.8)$$

ここに，$\Delta\sigma_{pr}$：PC 鋼材のリラクセーションによる PC 鋼材引張応力度の減少量

γ：PC 鋼材の見掛けのリラクセーション率（3 章解説 表 3.3.2 参照）

σ_{pt}：緊張作業直後の PC 鋼材の引張応力度

（ii）　コンクリートのクリープ，（iii）　コンクリートの収縮，（iv）　鉄筋の拘束の影響

コンクリートとPC鋼材との間に付着がある場合，クリープ・収縮の影響によるPC鋼材の引張応力度減少量は次により算定してよい。

①　PC構造の場合

PC構造においては，鉄筋の拘束の影響を考慮しなくてもよい。この場合，PC鋼材の引張応力度の減少量は，式（解5.4.9）により算定してよい。

$$\Delta\sigma_{pcs}=\frac{n_p\cdot\phi\cdot\left(\sigma'_{cpt}+\sigma'_{cdp}\right)+E_p\cdot\varepsilon'_{cs}}{1+n_p\cdot\dfrac{\sigma'_{cpt}}{\sigma_{pt}}\cdot\left(1+\dfrac{\phi}{2}\right)} \qquad \text{（解 5.4.9）}$$

ここに，$\Delta\sigma_{pcs}$：コンクリートのクリープおよび収縮によるPC鋼材の引張応力度の減少量

ϕ　：コンクリートのクリープ係数

ε'_{cs}　：コンクリートの収縮ひずみ

n_p　：PC鋼材のコンクリートに対するヤング係数比（$n_p=E_p/E_c$）

σ_{pt}　：緊張作業直後のPC鋼材の引張応力度

σ'_{cpt}：緊張作業直後のプレストレス力によるPC鋼材位置のコンクリートの圧縮応力度

σ'_{cdp}：永続作用によるPC鋼材位置のコンクリートの圧縮応力度

②　PPC構造の場合

PPC構造においては，鉄筋の拘束の影響も考慮している。この場合，PC鋼材の引張応力度の減少量および引張鉄筋の応力度の変動量は，式（解5.4.10）および式（解5.4.11）により算定してよい。一方，永続作用時でひび割れが生じない場合のコンクリート応力度は，引張鉄筋に作用する圧縮力の反力の影響を考慮して求めることができる。

$$\{1+a_{pp}(1+\phi/2)\}\cdot\Delta\sigma_{pcs}+a_{sp}(1+\phi/2)\cdot\Delta\sigma_{scs}$$
$$=n_p\cdot\{\phi(\sigma'_{cpt}+\sigma'_{cds})+E_c\cdot\varepsilon'_{cs}\} \qquad \text{（解 5.4.10）}$$

$$\{1+a_{ps}(1+\phi/2)\}\cdot\Delta\sigma_{pcs}+a_{ss}(1+\phi/2)\cdot\Delta\sigma_{scs}$$
$$=n_s\cdot\{\phi(\sigma'_{cps}+\sigma'_{cds})+E_c\cdot\varepsilon'_{cs}\} \qquad \text{（解 5.4.11）}$$

ただし，$a_{pp}=n_p\cdot A_p\cdot(1/A_c+e_p^2/I_c)$

$a_{ps}=n_s\cdot A_p\cdot(1/A_c+e_pe_s/I_c)$

$a_{sp}=n_p\cdot A_s\cdot(1/A_c+e_pe_s/I_c)$

$a_{ss}=n_s\cdot A_s\cdot(1/A_c+e_s^2/I_c)$

ここに，$\Delta\sigma_{pcs}$　：コンクリートのクリープおよび収縮によるPC鋼材の引張応力度の減少量

$\Delta\sigma_{scs}$　：コンクリートのクリープおよび収縮による引張鉄筋の応力度の変動量

ϕ　：コンクリートのクリープ係数

ε'_{cs}　：コンクリートの収縮ひずみ

n_p，n_s：PC鋼材，鉄筋のコンクリートに対するヤング係数比

$n_p=E_p/E_c$，$n_s=E_s/E_c$

σ'_{cpt}：緊張作業直後のプレストレス力によるPC鋼材位置のコンクリートの圧縮応力度

σ'_{cps}：緊張作業直後のプレストレス力による引張鉄筋位置のコンクリートの圧縮応力度

σ'_{cdp}：永続作用によるPC鋼材位置のコンクリートの圧縮応力度

σ'_{cds}：永続作用による引張鉄筋位置のコンクリートの圧縮応力度

A_p, A_s：PC 鋼材，引張鉄筋の断面積

e_p, e_s：部材断面の図心軸から PC 鋼材，引張鉄筋の図心までの距離

A_c：コンクリート全断面の断面積

I_c：コンクリート全断面の断面二次モーメント

また，鉄筋拘束の影響を近似的に考慮する方法として，鋼材図心における釣合い式を用い，式(解 5.4.9)を拡張した式(解 5.4.12)がある。この方法は，式(解 5.4.10)および式(解 5.4.11)の連立方程式を解く厳密な解法に比べ簡便であり，PC 鋼材と鉄筋の図心に大きな差のない場合に有用である。

$$\Delta\sigma_{pcs}=\frac{n_p\cdot\psi\cdot\left(\sigma'_{cpt}+\sigma'_{cdp}\right)+E_p\cdot\varepsilon'_{cs}}{1+n_p\cdot A_{p+s}\cdot\left(\dfrac{1}{A_c}+\dfrac{e_{p+s}^2}{l_c}\right)\left(1+\dfrac{\psi}{2}\right)} \quad \text{(解 5.4.12)}$$

ここに，A_{p+s}：PC 鋼材および鉄筋の換算断面積

$$A_{p+s}=A_p+\frac{E_s}{E_p}A_s$$

E_p　：PC 鋼材のヤング係数

E_s　：鉄筋のヤング係数

A_p　：PC 鋼材の断面積

A_s　：鉄筋の断面積

e_{p+s}：鋼材重心位置の断面図心との偏心距離

A_c　：コンクリート全断面の断面積

I_c　：コンクリート全断面の断面二次モーメント

ただし，σ'_{cdp} および σ'_{cpt} は鋼材図心位置のコンクリートの圧縮応力度とする。

したがって，鉄筋の応力変化量は簡易式(解 5.4.13)として求まる。

$$\Delta\sigma_{scs}=\frac{E_s}{E_p}\cdot\Delta\sigma_{pcs} \quad \text{(解 5.4.13)}$$

ここに，$\Delta\sigma_{scs}$：コンクリートのクリープおよび収縮による鉄筋応力度の変化量

$\Delta\sigma_{pcs}$：コンクリートのクリープおよび収縮による PC 鋼材の引張応力度の減少量

(4)について　外ケーブルのプレストレス力による断面力の算出に際して，外ケーブルの作用をモデル化する場合，解説 図 5.4.3 に示す 3 通りの方法が考えられる。

① 部材評価法は，外ケーブルを弦部材（一次元の線材要素）として直接モデル化し，初期引張力を等価な軸ひずみとして与えるものである。桁の変形に弦部材の変形が追随するため，コンクリートのクリープおよび収縮の影響および各作用の影響を弦部材の張力変化として直接解析することができる。

② 外力評価法は，外ケーブルの定着位置および偏向位置において，プレストレス力を集中荷重もしくは分布荷重として解析モデルに作用させるものである。荷重の作用点および作用方向が明確であり，自由長部でプレストレス力を明瞭に外力評価することができる。

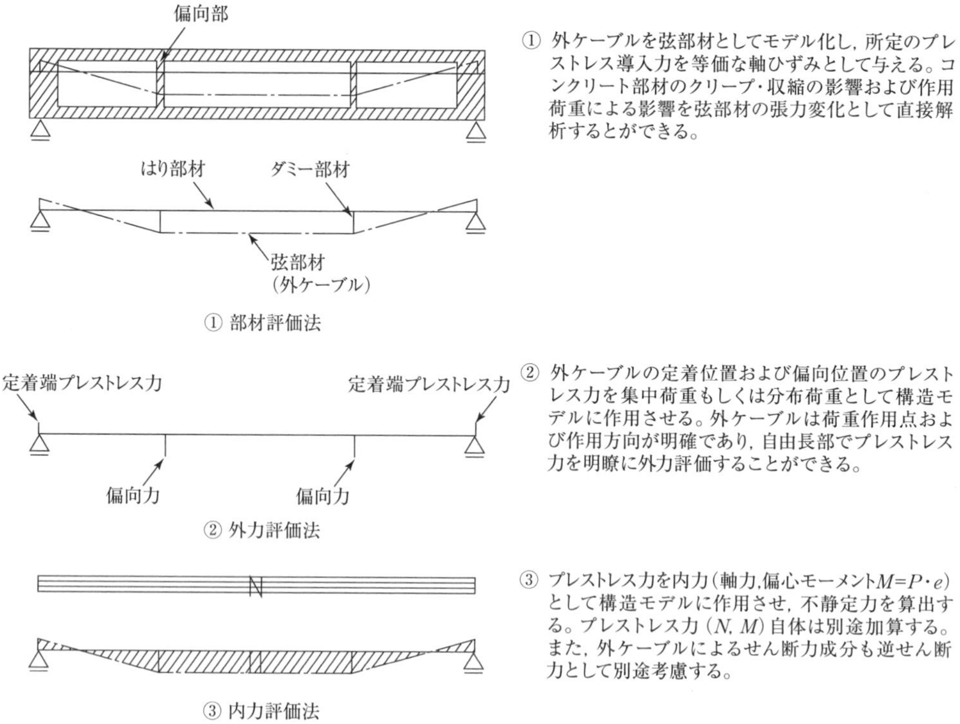

① 部材評価法

② 外力評価法

③ プレストレス力を内力（軸力，偏心モーメント$M=P\cdot e$）として構造モデルに作用させ，不静定力を算出する。プレストレス力（N, M）自体は別途加算する。また，外ケーブルによるせん断力成分も逆せん断力として別途考慮する。
③ 内力評価法

解説 図 5.4.3　外ケーブル対応解析モデル

③　内力評価法は，プレストレス力を内力（軸力 N，偏心モーメント M）として解析モデルに作用させ，プレストレス力による不静定力を算出するものである。通常の内ケーブルの方法に基づいたものであり，外ケーブルによるプレストレス力（内力）および逆せん断力は，別途考慮する必要がある。

一般には，供用限界状態においては，外ケーブル構造においても内ケーブル構造同様平面保持が成立すると仮定して実用上問題ないため，③内力評価法によって行ってもよい。ただし，主桁剛性が小さく主桁の変形が大きくなると予想される場合や，外ケーブル緊張材の応力変動を詳細に把握したい場合などにおいては，①部材評価法を用いるのが望ましい。

5.4.3　コンクリートの収縮およびクリープの影響

（1）　コンクリートの収縮およびクリープの影響は，材料，環境条件，部材の寸法などを考慮して定めなければならない。なお，施工中と施工後の構造系に変化がある場合は，その影響を考慮しなければならない。その値は，3 章 3.2.9 項および 3.2.10 項によるものとする。

（2）　ラーメン，アーチなどの不静定構造物の設計では，一般に，構造物の断面に一様に収縮およびクリープの影響があるものとしてよい。

（3）　不静定力を弾性理論により計算するために用いるコンクリートの収縮ひずみは，コンクリートのクリープの影響を考慮して低減した値を用いてよい。ただし，この値を用いる場合はクリープの影響を加算してはならない。

【解　説】

収縮およびクリープの影響は，一般に，供用性に関する照査および疲労破壊の照査において考えればよい。なお，不静定構造物では，コンクリートの収縮およびクリープの影響による部材の変形により不静定力が生じるため，この影響を考慮しなければならない。静定構造物においても，自由な変形が拘束される場合や，同一断面で収縮変形に大きな差がある場合には，この影響を考慮する必要がある。

(1)について　　収縮およびクリープの影響は，一般に，供用限界状態および疲労限界状態の検討において考えればよい。

(2)について　　コンクリートのクリープにより生じる不静定力に対しては次の2つの考え方に分類することができ，施工時の構造系の特性に応じてクリープの影響を考慮することが望ましい。

(i)　構造系に変化がない場合

連続桁などを一度に施工する場合のように，施工期間中と施工後の構造系に変化がない場合には，コンクリートのクリープ特性は構造物全体を通じて同一とみなすことができる。この場合，クリープひずみと応力度の関係は，一般に式(解 3.2.9)で表されているため，クリープによる影響は，コンクリートのヤング係数が一様に減少したと考えることができる。すなわち，クリープによって変形が増大するのみで，クリープによる断面力が生じない。よって，コンクリートのクリープの影響は一般に考慮しなくてよい。

(ii)　構造系に変化がある場合

施工中に静定構造系から不静定構造系に変化したり，あるいは，不静定次数が変化したりする場合，構造系が変化した後では，変化する前の構造系におけるクリープ変形が拘束されるため，クリープ進行するとともに，新しく不静定力が生じる。このクリープによる不静定力は厳密には構造系が変化する時のコンクリートの材令から構造系各部のクリープ係数を求め，持続荷重による断面力を考慮して算出されるものである。

しかし，厳密な方法は，構造系が変化する回数が増えるに従って複雑になる。

クリープによる不静定力を近似的に計算する方法として，式(解 5.4.14)によりクリープによる反力の変化量を計算し不静定力を算出する方法がある。

$$\Delta R_{\phi}=(R_0-R_1)\,(1-e^{-\phi})\qquad\text{(解 5.4.14)}$$

ここに，ΔR_{ϕ}：コンクリートのクリープによる反力の変化量

R_0　：最終構造系を一度に施工すると仮定した場合の死荷重およびプレストレス力による反力

R_1　：最終構造系になる前の構造における死荷重およびプレストレス力による反力

ϕ　：最終構造系が完成した後の各部材におけるクリープ係数の平均値

(3)について　　コンクリートの収縮によって，ラーメン，アーチなどの不静定構造物に生じる不静定力は，部材がその軸方向に一様に収縮するものとして弾性理論によって計算するのが普通である。実際に生じる不静定力の大きさは，コンクリートのクリープのために弾性理論で求めた値よりもかなり小さくなることが認められている。このことから，不静定力を求めるときの収縮ひずみは，コンクリートのクリープの影響を考慮して低減した値を用いてよいこととした。したがって，この値を用いる場合には，クリープの影響を加算してはならない。なお，この値は，通常の骨材を

用いた普通コンクリートに対しては 150×10^{-6} としてよい。

5.4.4 環境作用

（1） 温度変化の影響は，構造物周囲の温度，およびその経時変化を考慮して定めるものとする。

（2） 水分の影響は，構造物周囲の相対温度，水分の供給，およびそれらの経時変化を考慮して定めるものとする。

（3） 構造物に影響を及ぼす物質の影響は，構造物周囲における濃度，供給状況，およびそれらの経時変化を考慮して定めるものとする。

【解　説】

（1）について　温度変化は供用中の構造物に温度応力を導入するほか，初期にはコンクリート中のセメントの水和発熱による温度ひび割れの発生に影響し，長期的には温度は種々の劣化現象の進行速度や進行度合いに影響する。

ラーメン，アーチなどの不静定構造物の設計では，一般に構造物の断面に一様な温度の昇降があるものとしてよい。ただし，部材間あるいは部材各部における温度差による影響が無視できないような構造物の場合はこの影響を考慮するものとする。温度の昇降の特性値は，年平均気温と月平均気温の最高と最低の差より定めるものとする。

年平均気温と月平均気温の最高および最低との差は，わが国においては概ね ± 15 ℃ の範囲にあるので，一般に ± 15 ℃ を温度昇降の特性値としてよい。

日照の影響を受ける部材と日陰の部材間では温度差が生じる。この温度差により生じる不静定力が無視できない構造物の場合には，構造物の立地条件，気象条件などを考慮して温度差の特性値を定めるものとする。また，低温・高温容器などの場合は，部材の内外で著しい温度差が生じるので温度差による影響を考慮しなければならない。

構造物の施工完了時期の気温は，年平均気温に一致しないこともある。夏季あるいは冬季に施工が完了するときは，最初はこの項に示された温度変化と異なるが，コンクリートのクリープによって，温度応力は年平均気温を基準として上下に変化すると考えてもよい。したがって，不静定構造物の設計では，一般に施工時については考えなくてもよい。しかし，上げ越し，伸縮量などの計算をするときは，施工時の気温を基準にとる必要がある。

氷点下に至る温度の繰返しが起こる地域では，凍害によるコンクリートの劣化が懸念される。凍害の発生および進行の主要因は，凍結融解作用とコンクリートの含水状態である。したがって，凍害に対する検討においては，その環境作用として，最低温度，凍結融解繰返し回数，およびコンクリートに水を供給する気象作用を考慮する必要がある。

（2）について　コンクリートの乾燥の進行は乾燥収縮の原因となる。また，コンクリートの含水状態は，中性化，凍害，塩化物イオンの浸入，コンクリート中の鋼材腐食に影響する。コンクリートの含水状態は，周囲の相対湿度のみならず，降雨，日射，地盤からの水分の影響を受ける。それらは，構造物の部位により異なる場合があるので，構造物中のコンクリートの含水状態を精密に求める場合はこのことに留意する必要がある。

塩化物イオンの影響を受けない環境下でのコンクリート中の鋼材腐食は，水分の供給に伴う鋼材周囲のコンクリートの含水状態に影響を受ける。このため，構造物への水分の供給の状況を的確に把握する必要がある。また，鋼材の腐食に対する抵抗性を低下させるコンクリートの中性化は，コンクリートの乾燥の程度に大きく影響を受ける。コンクリートの中性化は，大気中の二酸化炭素が侵入することで進行する。この場合，降雨の影響を受ける環境や乾燥しにくい環境よりも，日射を比較的多く受けて乾燥しやすい面に曝されたコンクリートの方が中性化の進行は速くなる。土木構造物は，屋外に建設されることが多いので，中性化に対する検討においては，環境作用の影響として，二酸化炭素の侵入に影響を及ぼすコンクリートの乾燥の程度を考慮する必要がある。ただし，コンクリートが乾燥しやすい環境では中性化の進行は速いが，鋼材の腐食に必要な水分が少ないため，腐食速度は小さくなる。

(3)について　コンクリート中への塩化物イオンの浸入には，飛来塩分，海水飛沫，潮汐，あるいは凍結防止剤などによるコンクリート表面への塩化物イオンの供給が大きく影響する。

塩害に対する検討において，その環境作用の影響を，コンクリート表面の塩化物イオン濃度により考慮する方法が用いられる。コンクリート表面塩化物イオン濃度に影響を与える構造物への飛来塩分量は，海岸からの距離や高さだけでなく，現実には日本海側であるか太平洋側であるかなどの地域特性の影響を受けることが知られている。これまでの調査によれば，北海道，東北，北陸地方における日本海に面した地域では，特に冬季における季節風の影響を受けるために，また，台風の強襲地帯である沖縄県も，他の地方の海岸に面した地域に比較して飛来塩分量が多い。さらには，同一の地域であっても，雨水の当たり方によって大きく異なる。したがって，コンクリート表面における塩化物イオン濃度は，対象とする地域の気象条件と構造物が置かれる状況に応じて設定するのが合理的である。

化学的侵食に対する検討が必要な場合には，コンクリートを侵食する化学物質の種類および化学物質の濃度，温湿度条件などを考慮して侵食強さを化学的侵食に関する環境作用として定める必要がある。

5.4.5 施工時荷重

施工時には施工方法と施工中の構造系，施工期間の長短を考慮して，自重，作業重量，施工機材，風，地震などの影響に対して施工時荷重を定めなければならない。

【解　説】

施工時荷重とは，構造物の施工時に生じる作用である。施工時に完成時と異なる作用が生じる場合には，その施工時の構造と施工方法とを考慮して施工時の作用を定める必要がある。

6章　性能照査

6.1　一　　般

（１）　構造物の性能照査は，構造物あるいは構成部材が限界状態に至らないことを確認することで行ってよい。
（２）　性能照査のための応答値の算定は構造解析により求めてよいが，構造解析により応答値の算定が困難な照査指標は，適切な方法により応答値を求めることとする。
（３）　構造解析により応答値の算定が可能な照査指標は，6.3 節以降の規定に従って照査することで機能を満たす性能を有しているとみなしてよい。

【解　説】

（１）について　　構造物の性能照査を合理的に行うためには，性能項目を可能な限り直接表現することができる照査指標を用いて，限界値と応答値の比較を行うことが原則であり，本章では構造物の性能照査の一例を紹介する。

1章 1.4 節に示す構造物の性能にかかわる要求事項のうち，構造物が果たすべき機能に対して設定される供用性，安全性，耐久性，構造物に求められる制約条件に対して設定される復旧性に対する照査項目および照査指標と限界状態の関係の例を解説 表 6.1.1 に示す。なお，性能にかかわる要求事項のうち，構造物に求められる制約条件に対して設定される経済性，環境性，維持管理性，および，復旧性のうち解説 表 6.1.1 に示すもの以外については本章において規定しないが，コストなどにより，適切に性能の照査を行うのがよい。

解説 表 6.1.1　本章で取り扱う照査項目・指標と限界状態

性能	照査項目・照査指標	限界状態	備　考
供用性	外観＝ひび割れ幅，応力度 走行性＝変位・変形，応力度 水密性＝ひび割れ幅，応力度	供用限界状態	6 章 6.3
安全性	断面破壊＝断面力	終局限界状態	6 章 6.4
	疲労破壊＝断面力，応力度	疲労限界状態	6 章 6.5
	偶発作用に対する構造物の堅牢性，安定性 ＝構造冗長性，堅牢性，変位・変形	構造の倒壊など避けるべき状態	6 章 6.1
耐久性	鉄筋・PC 鋼材の腐食＝ひび割れ幅，応力度，中性化，塩化物イオン コンクリートの劣化＝ ASR，凍害，化学的侵食	—	6 章 6.1
復旧性	偶発作用に対する構造物の修復性 ＝応力度，ひび割れ幅，断面力，変位・変形	損傷に関する限界状態	6 章 6.1

（ｉ）　耐久性

1章 1.2 節で示したとおり，本規準では，構造物が果たすべき機能を達成するために，設計・施工・保全というライフサイクル全般（建設→供用→保全→更新→撤去）において，設計者が構造物の状態を想像して，必要な性能を創造し，最適な構造物を構築することを基本理念としている。つまり，構造物のライフサイクルにおける最適化が正解であり，そのような場合に構造物が持続可能である。したがって，性能創造による設計・施工・保全では，建設から設計供用期間の間（ライフサイクル）の構造物の性能を担保する必要があり，ライフサイクルにおける性能を考えるにあたっては解説 図 1.2.2 に示したとおり，時間軸上の性能の推移についても考える必要がある。しかしながら，一方で，かぶりの増加や水セメント比の低減など，劣化を防止するための対策は建設時点で比較的容易に講ずることができるのに対し，補修・補強は技術的にも経済的にも容易ではない。また，「2017 年制定 コンクリート標準示方書［設計編］」によると，耐久性は，構造物が設計供用期間にわたり安全性，供用性，および復旧性を保持する性能であり，現状の技術レベルにおける現実的な方法の一つとして，想定しうる構造物の設計供用期間において材料劣化を一定レベル以内に抑えることにより，そのほかの性能の経時変化を考慮しないで照査する方法がある。

しかしながら，一般的に設計供用期間中，構造物において劣化，腐食は生じることから，耐久性については，独立した性能としてではなく，材料劣化を考慮した性能を算定することで，構造物のライフサイクルにおける最適化が実現できる可能性があると考えられる。したがって，本規準では最終的には材料劣化を考慮した性能についても評価することを目指すものの，統一された方向性が示されていない現状を鑑み，本章においては，所定のかぶりを確保することにより性能の経時変化を考慮しないで照査することとし，耐久性は独立させた性能として取り扱うこととした。

なお，劣化，腐食による鋼材およびコンクリートの性状，断面寸法などの経時変化による構造物の性能低下を，構造物のライフサイクルにおける最適化において考慮する場合は，性能低下の影響を直接考慮できる手法を用いて照査を行うのがよい。たとえば，材料劣化を生じたコンクリート構造物の耐荷性能を非線形有限要素解析において鉄筋の断面減少，機械的性質の変化，付着性状の変化を考慮することにより評価する試みも行われており，このような手法により性能を算出することもできるが，解析とあわせて実験などによりその信頼性と精度を検証するのがよい。

本章においては個々の影響因子に対する具体的な耐久性の照査ではなく，供用限界状態において，ひび割れを照査指標とする場合として，従来使用されてきた塩化物イオンの侵入や中性化などに伴う鋼材の腐食に対するひび割れ幅の照査を 6.3 節に示すものとした。耐久性に関して，所定のかぶりが指示されていない場合など，構造物の設計供用期間中における経時変化として，鋼材の腐食，コンクリートの劣化など，耐久性を具体的に照査する場合には，個々の影響因子に対する性能照査の方法は「2017 年制定 コンクリート標準示方書［設計編］」および「2017 年制定 コンクリート標準示方書［施工編］」に記載されているので，以下の照査を行うことが望ましい。

i）　中性化と水の浸透に伴う鋼材腐食に対する照査

ii）　塩害に対する照査

iii）　凍害に対する照査

iv）　化学的侵食に対する照査

v）　アルカリ骨材反応および練混ぜ時よりコンクリート中に存在する塩化物イオンによる塩害に対する照査

なお，コンクリート構造物の耐久性に影響を与える因子は，それらが単独で作用する場合のほか，複数の因子が複合して作用するのが一般的であるが，卓越する因子の影響を独立に評価することで十分な場合も多い。また，現時点では複合作用の影響を考慮した照査技術が十分には確立されていないものの，複合作用を受ける場合には，単独作用の場合に比べて構造物の劣化が進むことが多いことから，その影響が著しい場合には，安全係数を大きく取るなどの対応が望まれる。

（ii） 復旧性

復旧性は，地震の影響などの想定を超える偶発作用，環境作用などにより構造物の性能低下が生じた場合の，性能回復の難易度を表す性能である。

構造物の性能照査は，ある設定した条件のもとに行われるものであり，その条件における性能の有無を判定するものであることから，実際には，その設定した条件を超えた事象が生じうることを認識しておく必要がある。そのため，設定した条件を超えた事象の対応は，構想設計段階で行う必要があり，構想設計では，性能照査での設定を超える事象に対しても構造物が急激に破局的な状態に至らない危機耐性を有するように，安全性として冗長性や堅牢性を持たせる構造物を設計することが必要である。

想定を超える作用に対しては，想定を超える作用に対する力学的な能力のみならず，想定を超える作用が生じた後の点検のしやすさ，復旧資材の確保，復旧技術の向上などのハード面や，復旧体制などソフト面の整備の有無などに大きく左右されるため，構想設計ではそれらも考慮するとよい。このうち，コンクリート構造物の想定を超える作用に対する力学的な要求性能の設定に関しては，修復しないで供用可能な状態や，機能が短期間で回復できる程度の修復が必要な状態などを念頭において，作用の規模に応じた要求性能のレベルを設定するのがよく，たとえば，「2017年制定 コンクリート標準示方書［設計編］」によると，構造要素ごとに以下の損傷の程度に基づく限界値を設定し，これらを超えないことで構造物の性能を確認することができる。

i） 機能が健全に維持され，ひび割れが発生しても補修を要せず継続供用が可能な状態

ii） 簡易な補修により性能回復でき，補強工事を必要としない状態

iii） 耐力や変形性能などの構造特性の回復に補強工事が必要となる状態

iv） 人命や財産の損失には至らずとも壊滅的な損傷が発生し，構造物全体系を修復できなくなる状態

（2）について　1章1.4節に示す構造物の性能にかかわる要求事項のうち，構造物が果たすべき機能に対して設定される供用性，安全性，耐久性，構造物に求められる制約条件に対して設定される復旧性の照査における限界状態を検討するための応答値の算定は，6.2節に示す構造解析によることを基本とした。これら解析手法を用いることが困難な照査指標は，実験やFEM解析などにより応答値を算定してもよい。たとえば，ラーメン橋脚柱頭部の温度応力やPC鋼材定着部の局部応力などは，適切な解析モデルおよび解析理論を用いたFEM解析により応答値を算出する必要がある。また，新しい構造形式を採用するなど，既存の解析理論を用いることが困難な場合は，FEM解析とあわせて実験などによりその信頼性と精度を検証するのがよい。

（3）について　各限界状態における照査は，6.3節以降に示す照査手法によることを基本とした。この照査手法は十分に立証され「2017年制定 コンクリート標準示方書［設計編］」などでも用いられている。ただし，設計基準強度80 N/mm^{2}を超える高強度コンクリートに関しては，既往の研究成果が少なく，載荷実験などにより適切な検討を行った上で各耐力を定めることを標準としている。

したがって，本章に示す照査手法も普通強度コンクリートを対象とし，普通強度コンクリート以

上の強度を有するコンクリートを使用する場合には，「高強度コンクリートを用いたPC構造物の設計施工規準」や「高強度鉄筋PPC構造設計指針」，「超高強度繊維補強コンクリートの設計・施工指針（案）」などを参考に，適切な方法により照査を行うのがよい。

コンクリート部材は，縁引張応力の状態により，次の i ），ii ）の部材に区分して取り扱うものとした。

i ）ひび割れ発生限界部材：供用限界状態において曲げモーメントおよび軸方向力によりコンクリートの縁引張応力度が引張応力度の制限値以内となり，ひび割れが発生しない部材。

ii ）ひび割れ幅限界部材：供用限界状態において曲げモーメントおよび軸方向力によりコンクリートの縁引張応力度が引張応力度の制限値を超え，ひび割れが発生するが，そのひび割れ幅がひび割れ幅の限界値を超えない部材。

なお，本章で対象とする部材は，既往の研究や実施例の比較的多い橋梁などの梁部材とし，耐震上の特別な注意を要する柱部材や面部材については適用外とした。

これを踏まえ，各限界状態における照査では，コンクリート構造物をひび割れ制御の方法の違いにより，PC構造，PPC構造とRC構造に区分して取り扱う。

PC構造は，供用限界状態においてひび割れの発生を許さないことを前提とし，プレストレスの導入により，コンクリートの縁応力を制御する構造である。

RC構造は，供用限界状態においてひび割れ幅または引張鉄筋応力度を制御する構造である。

PPC構造は，プレストレス力と鉄筋によりコンクリートに生じるひび割れを制御する構造で，Partially Prestressed Concrete構造の略称である。また，プレストレス力と鉄筋により補強した，PC構造とRC構造の中間に位置し，双方の長所を有効に利用できる合理的なPRC（Prestressed Reinforced Concrete）構造があり，PPC，PRC，3種PCのすべてを含んだ広義の意味で用いられる場合もある。

従来からの鉄筋コンクリート理論とプレストレストコンクリート理論は，クリープの取扱い方や材料の限界値など，設計的なアプローチに差がある。これらの中間に位置するPPC構造は，プレストレス力を導入する量により，いずれかの理論を用いて設計を行うことが可能であり，PPC構造はプレストレス力を導入する量によりRC構造からPC構造に至るまでコンクリート構造を包括するものであることから，統一された理論で設計することが望まれる。たとえば，曲げモーメントに対して，RC構造における応力度の算出では，使用されるヤング係数比として15が用いられることがあるが，これは実ヤング係数比ではなく，クリープの影響を考慮したものである。したがって，供用限界状態の照査において用いるヤング係数比に実ヤング係数を用いる，鉄筋拘束力やクリープの取扱いを統一する，コンクリートの引張強度を期待せずに応力計算を行うなどにより，統一された理論で設計することが可能である。

しかしながら，せん断力およびねじりモーメントに対しては，たとえばPC構造の供用限界状態における斜め引張応力度のように，曲げひび割れを発生させないコンクリート構造と曲げひび割れを許容するコンクリート構造では異なる理論が取り入れられており，統一された理論とするには研究課題が多く残されている。

したがって，本規準では，最終的にはすべて統一された理論とすることを目指すものの，本章では現状を鑑みて従来使用されてきた照査手法を6.3節以降に示すものとした。

6.2 構造解析

6.2.1 一　般

（1） 応答値の算定においては，各限界状態に応じて，構造物をモデル化し，信頼性と精度があらかじめ検証された解析モデルを用いて構造解析を行い，照査指標に応じて断面力やたわみなどの応答値を算定するものとする。

（2） 作用は，作用の特性ならびに考慮する各限界状態に及ぼす影響に応じ，適切にモデル化するものとし，その分布状態を単純化したり，動的作用を静的作用に置き換えたりするなど，実際のものと等価または安全側のモデル化を行ってよい。

（3） 荷重は応答値の算定において，照査結果に対してもっとも不利になるように考慮するものとする。

【解　説】

「2017年制定 コンクリート標準示方書［設計編］」に準拠した。

「外ケーブル構造・プレキャストセグメント工法設計施工規準」，「複合橋設計施工規準」，「PC斜張橋・エクストラドーズド橋設計施工規準」には，それぞれの構造特性を考慮した構造解析手法が詳細に規定されているので，参考にするのがよい。

6.2.2 構造解析手法

（1） 構造解析では，照査指標が得られる構造解析法を用いることを原則とする。ただし，照査指標が直接構造解析から得られない場合には，適切な方法で照査指標に変換できる構造解析法を用いてよいこととする。

（2） 構造物を構成する部材には，応答に応じて，非線形性の影響を考慮することとする。ただし，部材の非線形性の影響が断面力などの照査指標に影響を及ぼさないか，安全側かつ合理的な評価を与えることが明らかな場合は，部材を線形として扱ってよい。

【解　説】

「2017年制定 コンクリート標準示方書［設計編］」に準拠した。

6.2.3 各限界状態を検討するための構造解析手法

（供用限界状態に対する検討に用いる応答値の算定）

（1） 供用限界状態に対する検討に用いる応答値の算定には，一般に線形解析を用いてよい。この場合の剛性は，通常，全断面有効と仮定して求めてよい。ただし，温度変化および収縮による応答値は，供用限界状態においてひび割れの発生する部材では，ひび割れ発生による部材の剛性低下を考慮して求めてよい。

（2） 構造物の変位および変形は，コンクリート構造物を弾性体と仮定し，ひび割れによる剛性低下，設計供用期間中に発生する収縮およびクリープを考慮して求めることを標準とする。

(終局限界状態に対する検討に用いる応答値の算定)
(3) 断面破壊の終局限界状態を検討するための応答値の算定には，一般に線形解析を用いてよい。
(4) モーメント再分配を行う場合は，6.2.4 項によるものとする。
(5) 通常の温度変化，収縮およびクリープなどの影響による断面力は，これを無視することができる。ただし，施工時と完成時で構造系が変化する場合には，収縮およびクリープによる断面力の変化を考慮しなければならない。
(疲労限界状態に対する検討に用いる応答値の算定)
(6) 疲労限界状態に対する検討に用いる応答値の算定には，一般的に線形解析を用いてよい。ただし，疲労限界状態においてひび割れの発生する部材では，ひび割れ発生による部材の剛性低下を考慮して求めてよい。

【解　説】
「2017 年制定 コンクリート標準示方書［設計編］」に準拠した。
(5)について　温度変化，収縮およびクリープなどの影響による断面力を無視する場合，すべての断面における鉄筋比を釣合鉄筋比の 50 % 以下としなければならない。

6.2.4 モーメント再分配
(1) 連続ばり，連続スラブ，ラーメンなどの支点あるいは節点上の曲げモーメントは，線形解析の値をもとに再分配を行ってもよい。
(2) 線形解析以外の方法を用いてモーメントの再分配を行う場合には，その解析手法の妥当性を確かめなければならない。

【解　説】
(1)について　鋼構造の極限解析で考えられているものと同様に，コンクリート不静定構造物に対しても，塑性ヒンジの生成によるモーメントの再分配が期待され，弾性解析によって求められる構造物の耐荷力より，さらに大きな外力に抵抗できる。しかしながら，コンクリート構造では，最初に降伏した断面の塑性回転性能が少なければ，構造体が崩壊機構（メカニズム）を形成する時点までに断面の破壊が生じること，また，プレストレストコンクリート構造では，供用限界状態に生じていたプレストレスによる不静定力が終局限界状態には喪失するという再分配挙動が同時に生じ，この影響が PC 構造物の崩壊機構に及ぼす影響が非常に大きいことなどから，構造設計へのモーメント再分配の考慮には，これらに対する十分な検討が必要である。プレストレスによる不静定力など変形拘束による断面力は，崩壊状態に近づくにつれて減少するが，これらの挙動を正確に把握するためには，材料非線形による断面剛性の低下（塑性ヒンジの生成）を，非線形解析に反映させる必要がある。線形解析の値をもとに再分配を行う場合，「2017 年制定 コンクリート標準示方書［設計編］」に基づいて，再分配される曲げモーメントは線形解析の値の最大 15 % の範囲内とし，すべての断面の曲げモーメントは再分配される前の 70 % 以上とするのがよい。この場合，すべての断面における鉄筋比を釣合鉄筋比の 50 % 以下としなければならない。

（2）について　近年，不静定構造物に対する実用的な非線形解析手法が種々提案され，大型実験による検証もなされている。必要に応じて，これらの手法による検証を行うことが望ましい。

6.2.5 非線形解析

（1） 材料非線形を考慮した非線形解析を行う場合，解析対象となる構造物あるいは構成部材の特性を考慮し，構造系の挙動を適切に表現しうる解析手法を選ばなければならない。

（2） 解析に用いる材料の構成式は，解析方法に応じて適切なモデルを選ばなければならない。

（3） 変形による2次的効果が問題となる場合には，材料非線形に加え，幾何学的非線形を考慮した非線形解析を行う必要がある。

6.2.6 FEM 解析

（1） FEM解析における部材は，構造物の応答特性に応じ，適切な有限要素の集合によりモデル化するものとする。

（2） 要素寸法は，考慮する各限界状態ならびに使用する材料モデルとの整合性を確認して適切に設定しなければならない。

（3） 面部材において，面外力に比べて面内力が卓越し，かつ応力の分布が均一に近い領域では，板厚の数倍程度の広がりを有する比較的大きめの要素を用いてよい。

【解　説】

「2017年制定 コンクリート標準示方書［設計編］」に準拠した。また，「PC定着部の破壊解析に基づく性能設計」[1)]には，非線形性を考慮したPC定着部のFEM解析事例が詳細に記されているので，参考にするのがよい。

6.3 供用限界状態に対する検討

6.3.1 一　　般

（1） 供用性の限界状態は，外観，振動などの利用上の快適性や水密性，耐火性などの構造物に求められる機能など，供用目的に応じて，応力，ひび割れ，変位・変形などの物理量を指標として設定することを原則とする。

（2） 限界状態の照査は，構造物の供用状態において，過度な変形，有害なひび割れの発生を防ぐために，曲げモーメントおよび軸方向力によるコンクリートの圧縮応力度，鉄筋の引張応力度は適切な制限値を設定し，それ以下となるようにしなければならない。

（3） そのほか，必要に応じて供用性に関する限界状態を設定し，適切な方法によって検討を行うものとする。

【解　説】

「2017年制定 コンクリート標準示方書［設計編］」に準拠した。

（1）について　本章で示されない水密性や火災などの損傷に対する照査項目に対しては，必要に応じて，適切な方法で照査する必要がある。

6.3.2　応力度の算定

供用限界状態における部材断面に生じるコンクリートおよび鋼材の応力度の算定は，次の仮定に基づくものとする。

（1）　維ひずみは，断面の中立軸からの距離に比例するものとする。

（2）　コンクリートおよび鋼材は弾性体とする。

（3）　コンクリートの引張応力度の算出は全断面を有効とする。コンクリートの圧縮応力度および鋼材の応力度の算出において，コンクリートの引張応力度は一般に無視するものとするが，供用限界状態においてコンクリートの縁引張応力度が引張応力度の限界値以内となり，ひび割れが発生しない場合には，コンクリートは全断面有効としてよい。

（4）　コンクリートおよび鋼材のヤング係数は，それぞれ3章3.2.6項および3.3.5項によるものとする。

（5）　付着がある鋼材のひずみ増加量は，同位置のコンクリートのそれと同一とする。

（6）　部材軸方向のPC鋼材用ダクトは，有効断面とはみなさない。

（7）　鋼材とコンクリートとが一体化した後の断面定数は，鋼材とコンクリートのヤング係数比を考慮して求める。

（8）　PC構造およびPPC構造におけるコンクリートおよび鋼材の応力度は，PC鋼材のリラクセーション，コンクリートのクリープ・収縮，鉄筋の拘束の影響を考慮して求めることを原則とする。

【解　説】

「2017年制定 コンクリート標準示方書［設計編］」に準拠した。

（3）について　　コンクリート構造物はコンクリートの縁引張応力度の違いにより，抵抗断面の設定を使い分けることで，PC構造とPPC構造とRC構造を統一された理論で設計することが可能である。

（7）について　　供用限界状態の照査において用いるヤング係数比は，一般に実ヤング係数を用いて算出することを基本とする。ただし，「道路橋示方書・同解説［Ⅲ コンクリート橋・コンクリート部材編］」に準拠して設計を行うRC構造で，クリープの影響を別途考慮しない場合，ヤング係数比は15としてもよい。

6.3.3　曲げモーメントおよび軸方向力に対する検討

（1）　曲げモーメントおよび軸方向力によるコンクリートの圧縮応力度および鉄筋の引張応力度は，次の（ⅰ）～（ⅲ）に示す限界値を超えてはならない。

（ⅰ）　コンクリートの曲げ圧縮応力度および軸方向圧縮応力度の限界値は，永続作用時において，$0.4f'_{ck}$の値とする。ここに，f'_{ck}はコンクリートの圧縮強度の特性値である。常時，多軸拘束を受けるコンクリートについては，多軸圧縮応力状態に応じて，この限界値を割増ししてよい。ただし，割増しは2軸拘束の場合で10％，3軸拘束の場合で20％を超えてはならない。

（ii）　鉄筋の引張応力度の限界値はf_{yk}とし，コンクリートのひび割れ幅などの限界値に関連する値とする。ここで，f_{yk}は鉄筋の降伏強度の特性値を上限とする。

（iii）　永続作用と変動作用を組み合わせた場合の緊張材の引張応力度は，$0.7 f_{puk}$以下とする。ここに，f_{puk}は緊張材の引張強度の特性値である。

（2）　永続作用と変動作用を組み合わせた場合のPC構造のコンクリート縁引張応力度限界値は，曲げひび割れ強度の値とする。ただし，プレキャスト部材の継目に対しては引張応力度を発生させないものとする。コンクリートの曲げひび割れ強度は，3章3.2.2項による。

（3）　PPC構造およびRC構造に対する曲げひび割れの照査は，適切な方法により求めたひび割れ幅wに関して，鋼材の腐食に対するひび割れ幅および外観に対するひび割れ幅に対して照査を行うこととする。ここで，コンクリートの縁引張応力度が曲げひび割れ強度より小さい場合，曲げひび割れの照査は行わなくてよい。

普通強度コンクリートの材料を用いる場合のひび割れ幅は，一般に式(6.3.1)により求めてよい。

$$w = 1.1k_1k_2k_3\left\{4c + 0.7(c_s - D)\right\}\left[\frac{\sigma_{se}}{E_s}\left(\text{または}\ \frac{\sigma_{pe}}{E_p}\right) + \varepsilon'_{csd}\right] \tag{6.3.1}$$

ここに，k_1：鋼材の表面形状がひび割れ幅に及ぼす影響を表す係数で，一般に，異形鉄筋の場合に1.0，普通丸鋼およびPC鋼材の場合に1.3としてよい。

k_2：コンクリートの品質がひび割れ幅に及ぼす影響を表す係数で，式(6.3.2)による。

$$k_2 = \frac{15}{f'_c + 20} + 0.7 \tag{6.3.2}$$

f'_c：コンクリートの圧縮強度(N/mm^2)，一般に，設計圧縮強度f'_cを用いてよい。

k_3：引張鋼材の段数の影響を表す係数で，式(6.3.3)による。

$$k_3 = \frac{5(n+2)}{7n+8} \tag{6.3.3}$$

n　：引張鋼材の段数

c　：かぶり(mm)

c_s　：鋼材の中心間隔(mm)

D　：鋼材径(mm)

ε'_{csd}：コンクリートの収縮およびクリープなどによるひび割れ幅の増加を考慮するための数値で，標準的な値として表6.3.1に示す値としてよい。

σ_{se}　：鋼材位置のコンクリートの応力度が0の状態からの鉄筋応力度の増加量(N/mm^2)

σ_{pe}　：鋼材位置のコンクリートの応力度が0の状態からのPC鋼材応力度の増加量(N/mm^2)

表 6.3.1　収縮およびクリープなどの影響によるひび割れ幅の増加を考慮する数値

環境条件	常時乾燥環境	乾湿繰返し環境	常時湿潤環境
	(雨水の影響を受けない桁下面など)	(桁上面，海岸や川の水面に近く湿度が高い環境など)	(土中部材など)
自重でひび割れが発生(材齢 30 日を想定)する部材	450×10^{-6}	250×10^{-6}	100×10^{-6}
永続作用時にひび割れが発生(材齢 100 日を想定)する部材	350×10^{-6}	200×10^{-6}	100×10^{-6}
変動作用時にひび割れが発生(材齢 200 日を想定)する部材	300×10^{-6}	150×10^{-6}	100×10^{-6}

(4)　鋼材の腐食に対する照査

(i)　鋼材の腐食に対するひび割れ幅の限界値は，鉄筋コンクリートの場合，0.005c(c はかぶり)としてよい。ただし，0.5 mm を上限とする。

(ii)　PC 鋼材の腐食に対するひび割れ幅の限界値は，PPC 構造の場合，0.004c(c はかぶり)としてよい。また，鉄筋および定着具，偏向具などの鋼材の腐食に対しては(i)と同様とする。

(iii)　鉄筋コンクリート部材は，永続作用による鋼材応力度が，表 6.3.2 に示す鋼材応力度の制限値を満足することにより，ひび割れ幅の検討を満足しているとしてよい。

表 6.3.2　ひび割れ幅の検討を省略できる部材における永続作用による鉄筋応力度の制限値 $\sigma_{s/l}$ (N/mm^2)

常時乾燥環境 (雨水の影響を受けない桁下面など)	乾湿繰返し環境 (桁上面，海岸や川の水面に近く湿度が高い環境など)	常時湿潤環境 (土中部材など)
140	120	100

(5)　外観に対するひび割れ幅の照査

(i)　ひび割れ幅が適切に算定できない場合は，鉄筋の応力度により照査してもよい。

(ii)　外観に対するひび割れ幅の照査に関して，ひび割れ幅により照査する場合は，ひび割れ幅の設計限界値に対する構造物に生じるひび割れ幅の設計応答値の比に構造物係数 γ_i を乗じた値が，1.0 以下であることを確かめることにより行うものとする。

(iii)　一般的な鉄筋コンクリート構造，PRC 構造の場合，外観に対するひび割れ幅の設計限界値は，一般に 0.3 mm 程度としてよい。

(iv)　PC 構造においては，一般に，ひび割れが生じないことを確認することによりひび割れによる外観に対する照査に代えてよい。

【解　説】

「2017 年制定 コンクリート標準示方書[設計編]」に準拠した。

(1)について　　鉄筋の引張応力度はひび割れ幅や他の限界状態の制約を受けるため，それらの考慮した適切な限界値を設定するのがよい。

(2)について　　コンクリートの縁応力度が引張応力となる場合には，「2017 年制定 コンクリート標準示方書[設計編]」に基づき，式(解 6.3.1)により算定される断面積以上の引張鋼材を配置する。ただし，異形鉄筋を用いることを原則とする。

$$A_s = T_c / \sigma_{sl} \qquad (解 6.3.1)$$

ここに，A_s：引張鋼材の断面積

T_c：コンクリートに作用する全引張力

σ_{sl}：引張鋼材の引張応力度増加量の限界値

引張鋼材の引張応力度増加量の限界値は，使用材料をもとに適切に定めるものとする。

ここで，JIS G 3536 に規格化された PC 鋼材ならびに JIS G 3112 に規格化された棒鋼を用いる場合には，「2017 年制定 コンクリート標準示方書［設計編］」を参考に，異形鉄筋に対しては 200 N/mm^2 としてよい。ただし，引張応力が生じるコンクリート部分に配置されている付着がある PC 鋼材は，引張鋼材とみなしてよい。この場合，プレテンション方式の PC 鋼材に対しては 200 N/mm^2，ポストテンション方式の PC 鋼材に対しては 100 N/mm^2 とするのがよい。

（3）について　高強度コンクリートおよび超高強度繊維補強コンクリートなど，普通強度コンクリート以外のコンクリートを使用する場合には，ひび割れ幅算出式の適用性に留意し，適切な方法で照査するものとする。

（4）について　かぶりに過大なひび割れが存在すると，劣化因子の侵入などにより鋼材の腐食が助長され，局部的な鋼材の腐食を生じる場合がある。このため，鋼材腐食に対するひび割れ幅の限界値を設定したが，この値は確定的なものではなく，構造物が置かれる環境条件，対象とする部材の条件（劣化因子の侵入方向など）やひび割れ幅の算定方法と併せて実情に応じて限界値を設定するとよい。

（5）について　外観に対するひび割れ幅の照査において用いる構造物係数 γ_i は，2 章 2.3.7 項により適切に定めるものとするが，一般に 1.0 としてよい。

6.3.4　せん断およびねじりに対する検討

（1）　斜め引張応力度の検討

永続作用と変動作用を組み合わせた場合の PC 構造および PPC 構造の斜め引張応力度は，次の（**i**）～（**v**）により制限することとする。

（**i**）　せん断力またはねじりモーメントを考慮する場合の斜め引張応力度の限界値は，コンクリートの設計引張強度の 75 % の値とする。

（**ii**）　せん断力とねじりモーメントを考慮する場合の斜め引張応力度の限界値は，コンクリートの設計引張強度の 95 % の値とする。

（**iii**）　コンクリートの斜め引張応力度の計算は，一般に部材断面図心位置と垂直応力度が 0 の位置で行えばよい。

（**iv**）　部材が直接支持される場合，支承前面から部材の全高さの半分までの区間においては，一般に斜め引張応力度の計算を行う必要はない。ただし，この区間には，支承前面から部材の全高さの半分だけ離れた断面において必要とされる量のせん断補強鋼材を配置するものとする。

（**v**）　せん断力およびねじりモーメントによるコンクリートの設計斜め引張応力度は，コンクリートの全断面を有効として，式（6.3.4）により算定してよい。

$$\sigma_l = \frac{(\sigma_x + \sigma_y)}{2} + \frac{1}{2}\sqrt{(\sigma_x - \sigma_y)^2 + 4\tau^2} \tag{6.3.4}$$

ここに，σ_l ：コンクリートの設計斜め引張応力度

σ_x ：垂直応力度

σ_y ：σ_x に直交する応力度

τ ：せん断力とねじりモーメントによるせん断応力度

（2）　せん断に対する検討

PPC 構造および RC 構造のせん断に対しては，次の（ⅰ）～（ⅱ）により制限することとする。

（ⅰ）　せん断力によるせん断補強鋼材の設計応力度は，式 (6.3.5) および式 (6.3.6) により算定することとする。

$$\sigma_{wrd} = \frac{(V_{pd} + V_{rd} - k_r \cdot V_{cd})s}{A_w \cdot z \cdot (\sin\theta + \cos\theta)} \cdot \frac{V_{rd}}{V_{pd} + V_{rd} + V_{cd}} \tag{6.3.5}$$

$$\sigma_{wpd} = \frac{(V_{pd} + V_{rd} - k_r \cdot V_{cd})s}{A_w \cdot z \cdot (\sin\theta + \cos\theta)} \cdot \frac{V_{pd} + V_{cd}}{V_{pd} + V_{rd} + V_{cd}} \tag{6.3.6}$$

ここに，σ_{wrd} ：せん断補強鉄筋の設計変動応力度

σ_{wpd} ：永続作用によるせん断補強鉄筋の設計応力度

V_{pd} ：永続作用による設計せん断力

V_{rp} ：変動作用による設計せん断力

V_{cd} ：せん断補強鋼材を用いない棒部材の設計せん断力で 6.4.3.3 項の式 (6.4.6) による。

k_r ：変動係数の影響を考慮するための係数で，一般に 0.5 としてよい。ただし，変動作用の繰返しが問題とならない部材では 1.0 とする。

s ：せん断補強鉄筋の配置間隔

A_w ：区間 s におけるせん断補強鉄筋の総断面積

θ ：せん断補強鉄筋が部材軸となす角度

z ：圧縮応力の合力の載荷位置から引張鋼材の図心までの距離で，一般に $d/1.15$ とする。

d ：有効高さ

（ⅱ）　鉄筋コンクリート部材において，せん断力によるひび割れが鋼材腐食に与える影響を考慮する場合，永続作用による鋼材応力度が，**表 6.3.2** に示す鋼材応力度の制限値を満足することにより，ひび割れ幅の検討を満足しているとしてよい。

（3）　ねじりに対する検討

PPC 構造および RC 構造のねじりに対しては，次の（ⅰ）～（ⅱ）により制限することとする。

（ⅰ）　ねじりによるねじり補強鉄筋の設計応力度は，式 (6.3.7) により算定することとする。

$$\sigma_{wpd} = \frac{M_{tpd} - 0.7M_{t1}}{M_{t2} - 0.7M_{t1}} \cdot f_{wyd} \tag{6.3.7}$$

ここに，σ_{wpd}：永続作用による横方向ねじり補強鉄筋の設計応力度

M_{tpd}：永続作用による設計ねじりモーメント

$M_{t1}=M_{tcd}\cdot(1-0.8V_{pd}/V_{yd})$

$M_{t2}=0.2M_{tcd}\cdot V_{pd}/V_{yd}+M_{tyd}\cdot(1-V_{pd}/V_{yd})$

M_{tcd}：ねじり補強鉄筋がない場合の設計純ねじり耐力で，6.4.4.2 項の式 (6.4.23) による。

（ii）　鉄筋コンクリート部材において，ねじりモーメントによるひび割れが鋼材腐食に与える影響を考慮する場合，永続作用による鋼材応力度が，表 6.3.2 に示す鋼材応力度の制限値を満足することにより，ひび割れ幅の検討を満足しているとしてよい。

【解　説】

「2017 年制定 コンクリート標準示方書［設計編］」に準拠した。

（1）について　　PPC 構造においてせん断力およびねじりモーメントによるコンクリートの設計斜め引張応力度を算出する場合は，コンクリートの全断面を有効とみなせる応力状態に限り，式 (6.3.4) により算定してよい。ただし，PPC 構造における斜め引張応力度の限界値は作用状態や材料強度をもとに適切に定めるものとする。

（2）について　　せん断の検討において用いる部材係数 γ_b は，2 章 2.3.7 項により適切に定めるものとするが，一般に供用性に対する照査では 1.0 を用いてよい。

PPC 構造においては，設計せん断力 V_d が 6.4.3.3 項の式 (6.4.6) より求められるコンクリートのせん断耐力 V_{cd} の 70 % より小さい場合，せん断ひび割れによる鋼材腐食への影響は考慮しなくてもよい。

（3）について　　ねじりの検討において用いる部材係数 γ_b は，2 章 2.3.7 項により適切に定めるものとするが，一般に供用性に対する照査では 1.0 を用いてよい。

PPC 構造においては，設計ねじりモーメント M_{td} が，6.4.4.2 項の式 (6.4.23) より求められるねじり補強鉄筋のない場合の設計ねじり耐力 M_{tud} の 70 % より小さい場合，ねじりひび割れが鋼材腐食に与える影響は考慮しなくてもよい。

6.3.5　変位・変形に対する検討

（1）　構造物に要求される機能性や快適性の照査を，変位・変形を照査指標として照査する場合は，機能性や快適性から定まる変位・変形の限界値に対する構造物の着目位置に生じる変位・変形の応答値の比に構造物係数 γ_i を乗じた値が，1.0 以下であることを確かめることにより行うものとする。

（2）　構造物あるいは構成部材の変位・変形量の設計限界値は，機能性や快適性を満足できるように，構造物の供用目的や機能に応じて定めるものとする。

（3）　短期の変位・変形の算定

（i）　ひび割れが発生しないコンクリート部材の短期の変位・変形量は，全断面有効として弾性理論を用いて計算してよい。

（ii）　曲げひび割れが発生したコンクリート部材の短期の曲げ変位・変形量は，ひび割れによる剛性低下を考慮して求めるものとする。

（iii）ひび割れが発生したコンクリート部材の短期のせん断変位あるいは変形量は，ひび割れによる剛性低下を考慮して求めるものとする。

（4）　長期の変位・変形の算定

（ｉ）コンクリート部材の長期の変位・変形を精度良く算定するには，コンクリートの使用材料・配合，構造物の形状・寸法・配筋，構造物の架設順序，温度や湿度などの環境作用およびその経時変化，荷重，拘束条件を入力値とし，構造物中のコンクリートの水和反応の進行，水分移動，熱伝導，これらに伴う構造物中のコンクリートの物性，水分量，収縮の時間的，空間的変化，クリープの影響を適切に考慮できる解析手法によるのがよい。

（ii）コンクリート部材の長期の変位・変形を簡易的に求めるには，適切な収縮予測手法を用いて構造物の各境界面における温度・湿度に基づき構造物中の収縮の空間分布を評価し，鉄筋やPC鋼材による収縮の拘束および，クリープを考慮し，断面の平面保持を仮定して算定してよい。

【解　説】

「2017年制定 コンクリート標準示方書［設計編］」に準拠した。

（1）について　　構造物に要求される機能性や快適性の照査において用いる構造物係数は，2章2.3.7項により適切に定めるものとするが，一般に1.0としてよい。

6.3.6　振動に対する検討

利用上の快適性に対する供用性の照査を振動の検討によって行う場合は，変動作用による振動が，構造物の供用性を損なわないことを，適切な方法によって検討しなければならない。

【解　説】

「2017年制定 コンクリート標準示方書［設計編］」に準拠した。

6.4　終局限界状態に対する検討

6.4.1　一　　般

断面破壊の終局限界状態に対する照査は，式(6.4.1)により行ってよい。

$$\gamma_i S_d / R_d \leqq 1.0 \qquad (6.4.1)$$

ここに，S_d：設計断面力で，設計作用 F_d を用いて断面力 $S(F_d)$ を算定し，これに γ_a を乗じた値を合計したものとする。

R_d：設計断面耐力で，設計強度 f_d を用いて部材断面の耐力 $R(f_d)$ を算定し，これを γ_b で除した値とする。

γ_b：部材係数

γ_i：構造物係数

γ_a：構造解析係数

【解　説】

「2017年制定 コンクリート標準示方書［設計編］」に準拠した。

(1)について　安全性に対する照査において用いる構造物係数 γ_b，構造物係数 γ_i，構造解析係数 γ_a は，2章2.3.7項により適切に定めるものとする。

6.4.2　曲げモーメントおよび軸方向力に対する検討

6.4.2.1　一　般

(1)　曲げモーメントと軸方向力を受ける部材で軸方向力の影響が小さい場合，断面破壊の終局限界状態に対する安全性の検討は，軸方向力が作用する曲げ部材として求めた設計曲げ耐力 M_{ud} が設計曲げモーメント M_d に対して，6.4.1項の条件を満たす方法により行うことを原則とする。

(2)　曲げモーメントと軸方向圧縮力を受ける部材で軸方向圧縮力の影響が大きい場合，断面破壊の限界状態に対する安全性の検討は，設計曲げ耐力 M_{ud} が設計曲げモーメント M_d に対して，かつ設計軸方向圧縮耐力 N'_{ud} が設計軸方向圧縮力 N'_d に対して，6.4.1項の条件を満たす方法により行うことを原則とする。

(3)　軸方向力が支配的な場合，断面破壊の限界状態に対する安全性の検討は，設計軸方向圧縮耐力の上限値 N'_{oud} が設計軸方向圧縮力 N'_d に対して，6.4.1項の条件を満たす方法により行うことを原則とする。

【解　説】

(1)について　設計曲げモーメント M_d と設計曲げ耐力 M_{ud} は，同一の軸に対して求めなければならない。M_d は部材断面の図心軸に関して求められるのが一般的であるので，M_{ud} も同じく断面図心に関して算定する必要がある。

(2)について　曲げモーメントと軸方向力を受ける場合の設計曲げ耐力 M_{ud} と設計軸方向圧縮耐力 N'_{ud} の関係は，解説 図6.4.1に示すような曲線として求められる。そのため，設計曲げモーメント M_d と設計軸方向力 N'_d を受ける部材で，軸方向力の影響が大きい場合には，解説 図6.4.1に示すように，点 $(\gamma_i M_d,\ \gamma_i N'_d)$ が $(M_{ud},\ N'_{ud})$ 曲線の内側，すなわち原点側に入ることが照査方法の基本的な考え方である。

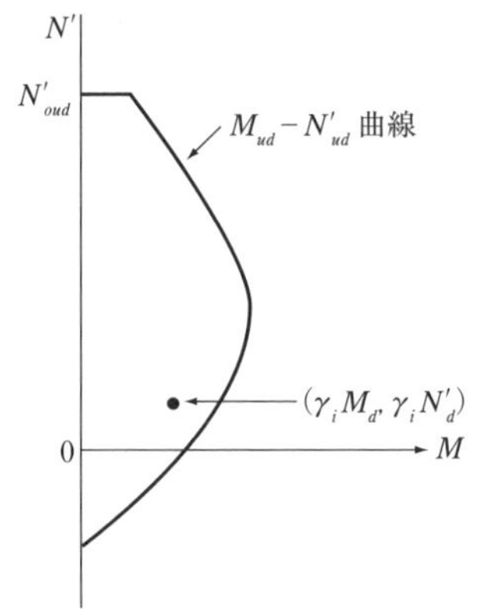

解説 図6.4.1　軸方向耐力と曲げ耐力の関係

6.4.2.2　設計断面耐力

（1）　軸方向圧縮力を受ける部材においては，軸方向圧縮耐力の上限値 N'_{oud} は，帯鉄筋を使用する場合は式(6.4.2)により，また，らせん鉄筋を使用する場合は，式(6.4.2)と式(6.4.3)のいずれか大きい方により，それぞれ算定するものとする。

$$N'_{oud}=(k_1 f'_{cd}A_c+f'_{yd}A_{st})/\gamma_b \quad (6.4.2)$$

$$N'_{oud}=(k_1 f'_{cd}A_c+f'_{yd}A_{st}+2.5f_{pyd}A_{spe})/\gamma_b \quad (6.4.3)$$

ここに，A_c ：コンクリートの断面積

A_e ：らせん鉄筋で囲まれたコンクリートの断面積

A_{st} ：軸方向鉄筋の全断面積

A_{spe}：らせん鉄筋の換算断面積（$=\pi d_{sp}A_{sp}/s$）

d_{sp} ：らせん鉄筋で囲まれた断面の直径

A_{sp} ：らせん鉄筋の断面積

s ：らせん鉄筋のピッチ

f'_{cd} ：コンクリートの設計圧縮強度

f'_{yd} ：軸方向鉄筋の設計圧縮降伏強度

f_{pyd} ：らせん鉄筋の設計引張降伏強度

k_1 ：強度の低減係数（$=1-0.003f'_{ck}\leqq 0.85$，ここで，$f'_{ck}$：コンクリート強度の特性値（N/mm^2））

γ_b ：部材係数

（2）　曲げモーメントおよび曲げモーメントと軸方向力を受ける部材の設計断面耐力を，断面力の作用方向に応じて，部材断面あるいは部材の単位幅について算定する場合，以下の（i）～（iv）の仮定に基づいて行うものとする。

（i）　維ひずみは，断面の中立軸からの距離に比例する。

（ii）　コンクリートの引張応力は無視する。

（iii）　コンクリートの応力-ひずみ曲線は，3章3.2.4項によるのを原則とする。

（iv）　鋼材の応力-ひずみ曲線は，3章3.3.4項によるのを原則とする。

（3）　二軸曲げモーメントと軸方向力とを同時に受ける部材の設計断面耐力は，（2）に示した仮定に基づいて算定してよい。

（4）　軸方向力の影響が小さい場合には，曲げ部材として断面耐力を算定してよい。ここに，軸方向力の影響が小さい場合とは，$e/h\geqq 10$ の場合としてよい。h は断面の高さ，偏心量 e は，設計曲げモーメント M_d の設計軸方向圧縮力 N'_d に対する比である。

（5）　設計断面耐力の算出において，アンボンドPC鋼材や外ケーブルを使用する場合は，部材の変形に伴う張力増加を適切に評価するものとする。

【解　説】

「2017年制定 コンクリート標準示方書［設計編］」に準拠した。

（1）について　　設計断面耐力の算出において式(6.4.2)および式(6.4.3)を用いる場合の部材係数

γ_bは，2章2.3.7項により適切に定めるものとするが，一般に1.3としてよい。

(2) について　曲げモーメントおよび曲げモーメントと軸方向力を受ける部材の設計断面耐力を，断面力の作用方向に応じて，部材断面あるいは部材の単位幅について算定する場合の部材係数γ_bは，2章2.3.7項により適切に定めるものとするが，一般に1.1としてよい。

中立軸が部材断面内にある場合は，コンクリートの圧縮応力度の分布を解説 図6.4.2に示す長方形圧縮応力度の分布（等価応力ブロック）と仮定してよい。なお，解説 図6.4.2に示した等価応力ブロックは，3章3.2.4項に示される応力-ひずみ曲線より定めたものである。

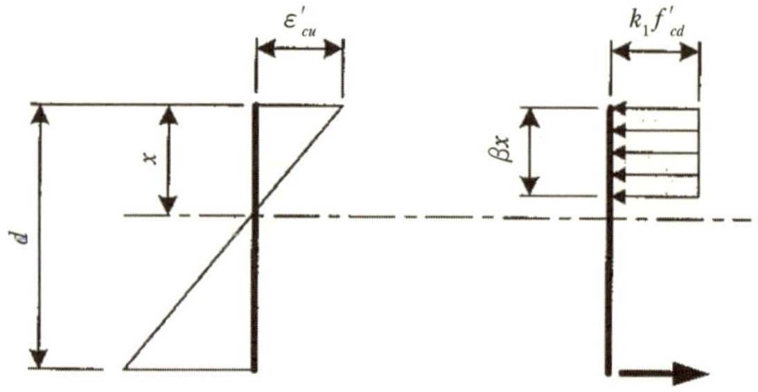

$$k_1 = 1 - 0.003f'_{cd} \quad \leqq 0.85$$

$$\varepsilon'_{cu} = \frac{155 - f'_{ck}}{30\,000} \quad \leqq 0.0035$$

ただし，$f'_{ck} \leqq 80\text{N/mm}^2$

$$\beta = 0.52 + 80\varepsilon'_{cu}$$

解説 図6.4.2　等価応力ブロック

(5) について　外ケーブルの応力度増加量の算定方法は，「外ケーブル構造・プレキャストセグメント工法設計施工規準」を参考にするのがよい。

6.4.3　せん断力に対する検討

6.4.3.1　一　　般

(1)　せん断力に対する安全性の照査は，棒部材，面部材などの種類，せん断力の作用方向などを考慮して行わなければならない。

(2)　棒部材においては，6.4.3.3項により求められる設計せん断耐力V_{yd}および腹部コンクリートのせん断に対する設計斜め圧縮破壊耐力V_{wcd}のおのおのについて安全性を確かめるものとする。

(3)　面部材が面外せん断力を受ける場合には，棒部材に準じて面外せん断力に対する照査を行うとともに，部分的に集中荷重が作用する場合には，集中荷重V_dに対して，6.4.3.4項に従って押抜きせん断破壊に対する照査を行うものとする。

(4)　面部材が面内せん断力を受ける場合には，部材の境界条件，荷重の載荷状態を考慮して非線形有限要素解析を用いてせん断耐力を算出することを原則とする。ただし，6.4.3.5項に示すモデルに適合する場合には，6.4.3.5項に従って面内力について照査を行うものとする。

(5)　ひび割れ発生の可能性の高い面や打継面などでせん断力V_dを伝達する必要がある場合には，6.4.3.6項に従ってせん断面における直接的なせん断伝達に対する照査を行うものとする。

(6)　コンクリート構造物中で力の流れが大きく変化する部位，断面の急変部，隅角部，開口部，鋼材定着部，そのほか，はりや板の理論の適用が困難な部分，いわゆる不連続領域に対して，耐力の実証実験あるいは高精度の解析を行うのがよい。

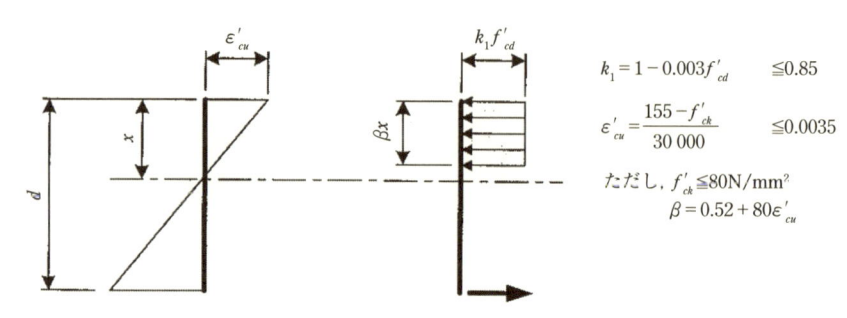

【解　説】

「2017年制定 コンクリート標準示方書［設計編］」に準拠した。

（6）について　　これらの特別な照査を行わない場合は，実験あるいは非線形有限要素解析を行って安全性を照査する手法や，設計作用に耐荷機構をあらかじめ設定しておき，これが達成されるように，鉄筋の配置や材料の強度を決める手法がある。後者の手法を採用するのに有効な手法として，ストラット-タイモデルを適用してもよい。

6.4.3.2　棒部材の設計せん断力

部材高さが変化する棒部材の設計せん断力 V_d は，曲げ圧縮力および曲げ引張力のせん断力に平行な成分 V_{hd} を減じて算定するものとする。V_{hd} は，式(6.4.4)により求めてよい。

$$V_{hd}=(M_d/d)\ (\tan\alpha_c+\tan\alpha_t) \tag{6.4.4}$$

ここに，M_d：設計せん断力作用時の曲げモーメント

d　：部材断面の有効高さ

α_c：圧縮縁が部材軸となす角度

α_t：引張鋼材が部材角となす角度（α_c および α_t は，曲げモーメントの絶対値が増すに従って有効高さが増加する場合には正，減少する場合には負とする。）

【解　説】

部材高さが変化する棒部材は，その影響を適切に考慮して設計せん断力 V_d を算出する必要がある。ただし，式(6.4.4)はせん断スパン比（a/d）が比較的大きい一般的な棒部材を想定したものであり，ディープビームのように設計せん断耐力の算出においてせん断スパン比の影響を考慮した算定式を用いる場合には，本項による低減は考慮してはならない。

6.4.3.3　棒部材の設計せん断耐力

（1）　設計せん断耐力 V_{yd} は，式(6.4.5)によって求めてよい。ただし，せん断補強鉄筋として折曲鉄筋とスターラップを併用する場合は，せん断補強鉄筋が受けもつべきせん断力の50％以上をスターラップで受け持たせるものとする。

$$V_{yd}=V_{cd}+V_{sd}+V_{ped} \tag{6.4.5}$$

※　V_{ped} の項はプレストレストコンクリート構造の場合のみ適用する。

ただし，$p_w\cdot f_{yd}/f'_{cd}\leqq 0.1$ とするのがよい。

ここに，V_{cd}：せん断補強筋を用いない棒部材の設計せん断耐力で，式(6.4.6)による。

$$V_{cd}=\beta_d\cdot\beta_p\cdot\beta_n\cdot f_{vcd}\cdot b_w\cdot d/\gamma_b \tag{6.4.6}$$

$f_{wcd}=0.20\sqrt[3]{f'_{cd}}$　(N/mm²)

$\beta_d=\sqrt[4]{1\,000/d}$　(d：mm)　　ただし，$\beta_d>1.5$ となる場合は1.5とする。

$\beta_p=\sqrt[3]{100p_v}$　　ただし，$\beta_p>1.5$ となる場合は1.5とする。

$\beta_n=\sqrt{1+\sigma_{cg}/f_{vtd}}$　　ただし，$\beta_n>2$ となる場合は2とする。

※ β_n はプレストレストコンクリート構造の場合のみ適用する。

b_w ：腹部の幅（mm）

d ：有効高さ（mm）

$P_v = A_s / (b_w \cdot d)$

A_s ：引張側鋼材の断面積（mm^2）

f'_{cd} ：コンクリートの設計圧縮強度（N/mm^2）

$f_{vtd} = 0.23 f'_{cd}{}^{2/3}$ （N/mm^2）

σ_{cg} ：断面高さの 1/2 の高さにおける平均プレストレス（N/mm^2）

γ_b ：部材係数

V_{sd} ：せん断補強鋼材により受け持たれる設計せん断耐力で，式(6.4.7)による。

$$V_{sd} = [A_w f_{wyd} (\sin\alpha_s \cot\theta + \cos\alpha_s) / s_s + A_{pw} \sigma_{pw} (\sin\alpha_{ps} \cot\theta + \cos\alpha_{ps}) / s_p] z / \gamma_b \qquad (6.4.7)$$

※ $A_{pw}\sigma_{pw}(\sin\alpha_{ps}\cot\theta + \cos\alpha_{ps}) / s_p$ の項はプレストレストコンクリート構造の場合のみ適用する。

A_w ：区間 S_s におけるせん断補強鉄筋の総断面積（mm^2）

A_{pw}：区間 S_p におけるせん断補強用緊張材の総断面積（mm^2）

σ_{pw} ：せん断補強鉄筋降伏時におけるせん断補強用緊張材の引張応力度（N/mm^2）

$\sigma_{pw} = \sigma_{wpe} + f_{wyd} \leqq f_{pyd}$

σ_{wpe}：せん断補強用緊張材の有効引張応力度（N/mm^2）

f_{wyd} ：せん断補強鉄筋の設計降伏強度（N/mm^2）で，$25 f'_{cd}$（N/mm^2）と 800 N/mm^2 のいずれか小さい値を上限とする。

f_{pyd} ：せん断補強用緊張材の設計降伏強度（N/mm^2）

α_s ：せん断補強鉄筋が部材軸となす角度

α_{ps} ：せん断補強用緊張材が部材軸となす角度

θ ：コンクリートの圧縮ストラットの角度で，$\cot\theta = \beta_n$ として計算する。
ただし，$36° \leqq \theta \leqq 45°$ とする。

s_s ：せん断補強鉄筋の配置間隔（mm）

s_p ：せん断補強用緊張材の配置間隔（mm）

z ：圧縮応力の合力の作用位置から引張鋼材図心までの距離で，一般に $d/1.5$ としてよい。

$p_w = A_w / (b_w \cdot s_s) + (A_{pw} \cdot \sigma_{pw} / f_{wyd}) / (b_w \cdot s_p)$

γ_b ：部材係数

V_{ped}：軸方向緊張材の有効引張力のせん断力に平行な成分で，式(6.4.8)による。

$$V_{ped} = P_{ed} \cdot \sin\alpha_{pl} / \gamma_b \qquad (6.4.8)$$

P_{ed} ：軸方向緊張材の有効引張力 （N/mm^2）

α_{pl} ：軸方向緊張材が部材軸となす角度

γ_b ：部材係数

（2） 直接支持された棒部材において，支承前面から部材の全高さ h の半分までの区間については，V_{yd} の照査を行わなくてもよい。ただし，この区間には，支承前面から $h/2$ だけ離れた断面において必要とされる量以上のせん断補強鋼材を配置するものとする。なお，変断面部材では，部材高さとして支承前面における値を用いてよい。ただし，ハンチは1：3より緩やかな部分を有効とする。面外せん断力を受ける面部材を，6.4.3.1項(3)によって棒部材としての照査を行う場合は，部材支持部付近の設計せん断耐力の算定を，十分な根拠に基づいた方法によって行わなければならない。

(3)　腹部コンクリートのせん断に対する設計斜め圧縮破壊耐力 V_{wcd} は，式(6.4.9)により算定してよい。

$$V_{wcd}=f_{wcd}\cdot b_w\cdot d/\gamma_b \tag{6.4.9}$$

ここに，$f_{wcd}=1.25\sqrt{f'_{cd}}$　(N/mm²)

γ_b：部材係数

(4)　部材の腹部幅のとり方

(i)　PC部材で，ダクト一つの直径が腹部幅の1/8以上となる場合には，式(6.4.6)に用いる腹部の幅は実際の腹部幅 b_w よりも小さくとらなければならない。その場合，一般には，腹部の幅はその断面に配置されているダクト直径 D の総和の半分だけ減じて，$b_w-1/2\Sigma D$ としてよい。

(ii)　円形断面以外で部材高さ方向に腹部の幅が変化している場合は，その有効高さ d の範囲での最小幅を b_w とする。複数の腹部をもつ場合はその合計幅を b_w とする。また，中実あるいは中空円形断面の場合は，面積の等しい正方形(等積正方形)の一辺あるいは面積の等しい正方形箱形(等積箱形)の腹部の合計幅を b_w とする。この場合，軸方向引張鋼材断面積 A_s は引張側1/4(90°)部分の鋼材断面積とし，有効高さ d は等積正方形あるいは等積箱形の圧縮縁から A_s として考慮した鋼材の図心までの距離としてよい。

ただし，このような軸方向引張鋼材断面積の定め方を曲げ耐力の計算に用いてはならない。

(5)　設計せん断圧縮破壊耐力は，式(6.4.10)により算定してよい。

$$V_{dd}=\beta_d\cdot\beta_p\cdot\beta_a\cdot f_{dd}\cdot b_w\cdot d/\gamma_b \tag{6.4.10}$$

ここに，V_{dd}：設計せん断圧縮破壊耐力(N)

$f_{dd}=0.19\sqrt{f'_{cd}}$　(N/mm²)

$\beta_d=\sqrt[4]{1\,000/d}$　(d：mm)　ただし，$\beta_d>1.5$ となる場合は1.5とする。

$\beta_p=\dfrac{1+\sqrt{100p_v}}{2}$　(d：mm)　ただし，$\beta_p>1.5$ となる場合は1.5とする。

$\beta_a=\dfrac{5}{1+(a/d)^2}$

b_w　：腹部の幅(mm)

d　：単純ばりの場合は載荷点，片持ちばりの場合は支持部前面における有効高さ(mm)

a　：支持部前面から載荷点までの距離(mm)

$p_v=A_s/(b_w\cdot d)$

A_s　：引張側鋼材の断面積(mm²)

f'_{cd}：コンクリートの設計圧縮強度(N/mm²)

γ_b　：部材係数

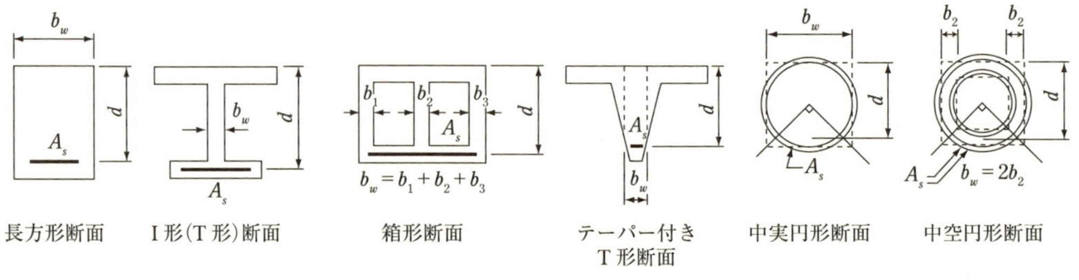

図 6.4.1 種々の断面に形状対する b_w および d のとり方

【解　説】

「2017年制定 コンクリート標準示方書［設計編］」に準拠した。

(1)について　部材係数 γ_b は，2章2.3.7項により適切に定めるものとする。せん断補強筋を用いない棒部材の設計せん断耐力 V_{cd} を算出する場合の部材係数は，一般に1.3としてよい。せん断補強鋼材により受け持たれる設計せん断耐力 V_{sd} を算出する場合の部材係数は，一般に1.1としてよい。軸方向緊張材の有効引張力のせん断力に平行な成分 V_{ped} を算出する場合の部材係数は，一般に1.1としてよい。

ここで，普通強度コンクリートを使用する場合は $f_{vcd} \leqq 0.72$ N/mm^2 としなければならない。普通強度コンクリート以上の強度を有するコンクリートを使用する場合は，実験などにより確認された値から設定してもよい。

長方形断面に二軸せん断力が作用する場合の照査は，式(解 6.4.1)を満足することを確かめることにより行ってよい。

$$(\gamma_i V_{dx}/V_{yx})^2 + (\gamma_i V_{dy}/V_{yy})^2 \leqq 1.0 \qquad \text{(解 6.4.1)}$$

ここに，V_{yx}：x 軸に関する設計一軸せん断耐力

V_{yy}：y 軸に関する設計一軸せん断耐力

V_{dx}：二軸せん断耐力作用時の x 軸に関するせん断力

V_{dy}：二軸せん断耐力作用時の y 軸に関するせん断力

円形断面の場合，フープ鉄筋，らせん鉄筋をせん断補強鉄筋とみなしてよい。

(3)について　腹部コンクリートのせん断に対する設計斜め圧縮破壊耐力を算出する場合の部材係数 γ_b は，2章2.3.7項により適切に定めるものとするが，一般に1.3としてよい。

ここで，普通強度コンクリートを使用する場合は $f_{wcd} \leqq 9.8$ N/mm^2 としなければならない。普通強度コンクリート以上の強度を有するコンクリートを使用する場合は，実験などにより確認された値から設定してもよい。

(5)について　設計せん断圧縮破壊耐力を算出する場合の部材係数 γ_b は，2章2.3.7項により適切に定めるものとするが，一般に1.3としてよい。

せん断補強鉄筋の効果も考慮する場合は，式(解 6.4.2)により算定してよい。ただし，せん断補強鉄筋比が0.2％以上となるようにせん断補強鉄筋を配置する。

$$V_{dd} = (\beta_d + \beta_w)\beta_p \cdot \beta_a \cdot \alpha \cdot f_{dd} \cdot b_w \cdot d/\gamma_b \qquad \text{(解 6.4.2)}$$

ここに，V_{dd}：設計せん断圧縮破壊耐力(N)

α　：支圧版の部材軸方向長さ(r)の影響を考慮する係数で，以下による。ただし，一

般に r/d は0.1としてよい。

$\alpha=(1+3.33r/d)/(1+3.33\cdot 0.05)$

$f_{dd}=0.19\sqrt{f'_{cd}}$　　$(\mathrm{N/mm^2})$

$\beta_d=\sqrt[4]{1\,000/d}$　　$(d:\mathrm{mm})$　　ただし，$\beta_d>1.5$ となる場合は1.5とする。

$\beta_w=4.2\sqrt[3]{100p_w}\cdot(a/d-0.75)/\sqrt{f'_{cd}}$　　ただし，$\beta_w<0$ となる場合は0とする。

$\beta_p=\dfrac{1+\sqrt{100p_w}}{2}$　　ただし，$\beta_p>1.5$ となる場合は1.5とする。

b_w：腹部の幅(mm)

d：単純ばりの場合は載荷点，片持ちばりの場合は支持部前面における有効高さ(mm)

a_v：支持部前面から載荷点までの距離(mm)

$p_v=A_s/(b_w\cdot d)$

A_s：引張側鋼材の断面積$(\mathrm{mm^2})$

p_w：せん断補強鉄筋比

$p_w=A_w/(b_w\cdot s_s)$　　ただし，$p_w\leqq 0.002$ となる場合は $p_w=0$ とする。

A_w：区間 s_s における部材軸と直行するせん断補強鉄筋の総断面積$(\mathrm{mm^2})$

s_s：部材軸と直行するせん断補強鉄筋の配置間隔(mm)

f'_{cd}：コンクリートの設計圧縮強度$(\mathrm{N/mm^2})$

γ_b：部材係数で，一般に1.2とする。

a/d が小さいはりは，(解6.4.2)における引張鋼材比 p_v を式(解6.4.3)により算出してもよい。

$$p_v=p_{v1}+p_{v2}\cdot d_2/d_1 \qquad (解6.4.3)$$

ここに，p_v：引張鋼材比

p_{v1}：引張鋼材の引張鋼材比

p_{v2}：はりの腹部に配置した水平方向鉄筋の引張鋼材比

d_2：引張鉄筋の圧縮縁からの距離

d_1：はりの腹部に配置した水平方向鉄筋の圧縮縁からの距離

なお，これらによらない場合には，適用性の検証を受けた非線形有限要素解析や実験的検討などによってその効果を検証し，せん断耐力を算出するのがよい。

圧縮強度が60～80 $\mathrm{N/mm^2}$ 程度のコンクリートを用いる場合にも，式(6.4.10)を用いることができる。

なお，式(6.4.10)の適用範囲は，既往の研究成果を参考に安全側に定めたものである。スパン内に複数の荷重を受ける場合あるいは分布荷重を受ける場合は，その重心位置から支持部前面までの距離を a としてよい。また，直接支持されない部材や，所要の構造細目が満たされない場合には，ここで示したような耐荷機構が形成されないおそれがあるため，(5)を適用してはならない。また，式(6.4.10)は，一般の普通コンクリートに対するものであり，軽量骨材コンクリートではこの値を減ずる必要があり，一般に式(6.4.10)の70％としてよい。

6.4.3.4　面部材の設計押抜きせん断耐力

（1）　載荷面が部材の自由縁または開口部から離れており，かつ，荷重の偏心が小さい場合には，式(6.4.11)によって設計押抜きせん断耐力 V_{pcd} を求めてよい。

$$V_{pcd}=\beta_d \cdot \beta_p \cdot \beta_r \cdot f'_{pcd} \cdot u_p \cdot d/\gamma_b \tag{6.4.11}$$

ここに，$f'_{pcd}=0.20\sqrt{f'_{cd}}$　(N/mm²)

$\beta_d=\sqrt[4]{1\,000/d}$　　ただし，$\beta_d>1.5$ となる場合は1.5とする。

$\beta_p=\sqrt[3]{100p_v}$　　ただし，$\beta_p>1.5$ となる場合は1.5とする。

$\beta_r=1+1/(1+0.25u/d)$

f'_{cd}：コンクリートの設計圧縮強度(N/mm²)

u　：載荷面の周長

u_p　：照査断面の周長で，載荷面から $d/2$ 離れた位置で算定するものとする。

d および p：有効高さおよび鉄筋比で，二方向の鉄筋に対する平均値とする。

γ_b　：部材係数

（2）　載荷面が部材の自由縁または開口部に近い場合には，押抜きせん断耐力が低下することを考慮しなければならない。

（3）　荷重が載荷面に対して偏心する場合には，曲げやねじりの影響を考慮しなければならない。

【解　説】

「2017年制定 コンクリート標準示方書［設計編］」に準拠した。

(1)について　　面部材の設計押抜きせん断耐力を算出する場合の部材係数 γ_b は，2章2.3.7項により適切に定めるものとするが，一般に1.3としてよい。

ここで，普通強度コンクリートを使用する場合は $f'_{pcd}\leqq 1.2$ N/mm² としなければならない。普通強度コンクリート以上の強度を有するコンクリートを使用する場合は，実験などにより確認された値から設定してもよい。

6.4.3.5　面内力を受ける面部材の設計耐力

（1）　直交二方向に配筋された面部材が面内力を受ける場合，設計面内力として，式(6.4.12)，式(6.4.13)，式(6.4.14)により各鉄筋方向の引張力 T_{xd}，T_{yd} およびコンクリートに作用する斜め圧縮力 C'_d を求めてよい。

$$T_{xd}=N_1\cos^2\alpha+N_2\sin^2\alpha+(N_1-N_2)\sin\alpha\cos\alpha \tag{6.4.12}$$

$$T_{yd}=N_1\sin^2\alpha+N_2\cos^2\alpha+(N_1-N_2)\sin\alpha\cos\alpha \tag{6.4.13}$$

$$C'_d=2(N_1-N_2)\sin\alpha\cos\alpha \tag{6.4.14}$$

ここに，T_{xd}，T_{yd}：x 方向鉄筋および y 方向鉄筋に作用する部材単位幅あたりの設計引張力

α　：主面内力 N_1 と x 方向鉄筋のなす角度，$\alpha\leqq 45°$

C'_d：コンクリートに作用する単位幅あたりの設計斜め圧縮力

N_1，N_2：主面内力，$N_1\geqq N_2$ で，N_1 は引張とする。

（2）　面部材の面内力の照査を（1）により求められた設計断面力に対して行う場合，鉄筋の設計降伏耐力 T_{xyd} と T_{yyd} およびコンクリートの設計圧縮破壊耐力 C'_{ud} は，式(6.4.15)，式(6.4.16)および式(6.4.17)により求めてよい。

（i）　鉄筋の設計降伏耐力

$$T_{xyd}=p_x \cdot f_{yd} \cdot b \cdot t/\gamma_b \tag{6.4.15}$$

$$T_{yyd}=p_y \cdot f_{yd} \cdot b \cdot t/\gamma_b \tag{6.4.16}$$

ここに，p_x および p_y：x 方向および y 方向の鉄筋比 (A_s/b_t)

b：部材幅で，一般には，単位幅とする。

t ：部材厚

γ_b：部材係数

（ii）　コンクリートの設計圧縮破壊耐力

$$C'_{ud}=f'_{ucd} \cdot b \cdot t/\gamma_b \tag{6.4.17}$$

ここに，$f'_{ucd}=2.8\sqrt{f'_{cd}}$　(N/mm^2)

γ_b：部材係数

【解　説】

「2017年制定 コンクリート標準示方書［設計編］」に準拠した。

（2）について　　部材係数 γ_b は，2章2.3.7項により適切に定めるものとする。鉄筋の設計降伏耐力を算出する場合の部材係数は，一般に1.1としてよい。コンクリートの設計圧縮破壊耐力を算出する場合の部材係数 γ_b は，一般に1.3としてよい。

ここで，普通強度コンクリートを使用する場合は $f'_{ucd} \leqq 17$ N/mm^2 としなければならない。普通強度コンクリート以上の強度を有するコンクリートを使用する場合は，実験などにより確認された値から設定してもよい。

6.4.3.6　設計せん断伝達耐力

（1）　せん断面に鉄筋が配置されている場合，せん断面に軸力が作用する時の設計せん断伝達耐力 V_{cwd} は，式(6.4.18)により求めてよい。

$$V_{cwd}=\{(\tau_c+p \cdot \tau_s \cdot \sin^2\theta-\alpha \cdot p \cdot f_{yd} \cdot \sin\theta \cdot \cos\theta)A_c+V_k\}/\gamma_b \tag{6.4.18}$$

ここに，$\tau_c=\mu \cdot f'_{bcd}(\alpha \cdot pf_{yd}-\sigma_{nd})^{1-b}$

$\tau_s=0.08f_{yd}/\alpha$

$\alpha=0.75\{1-10(p-1.7\sigma_{nd}/f_{yd})\}$

ただし，$0.08\sqrt{3} \leqq \alpha \leqq 0.75$　　（異形鉄筋の場合）

σ_{nd} ：せん断面に垂直に作用する平均応力度で，圧縮の場合には，$\sigma_{nd}=-\sigma'_{nd}/2$ とする。いずれの場合にも，$(\alpha \cdot p \cdot f_{yd}-\sigma_{nd})$ が正でなければならない。

σ'_{nd}：せん断面に垂直に作用する平均圧縮応力度

p ：せん断面における鉄筋比で，せん断面から両側にそれぞれ十分な定着長をもった鉄筋のみを考慮する。

A_c ：せん断面の面積

θ ：せん断面と鉄筋のなす角度

b ：面形状を表す係数(0～1)で，以下の値を標準とする。

2/3＝ ひび割れ面（普通強度コンクリート）

1/2＝ 打継面（処理あり）あるいは高強度コンクリートのひび割れ，プレキャスト部材の継目に接着剤を用いた場合の継目

μ ：固体接触に関する平均摩擦係数で，0.45としてよい。

V_k：せん断キーによるせん断耐力

$V_k=0.1A_k\cdot f'_{cd}$

A_k：せん断キーのせん断面の断面積

γ_b ：部材係数

（2）　せん断面に曲げモーメントと軸力が作用する場合の設計せん断伝達耐力 V_{cwd} は，曲げモーメントと軸力が作用した時の中立軸を求め，中立軸より引張側と圧縮側に分割し，（i）から（iii）の手順に従い，おのおのについて式(6.4.18)によって求めた $V_{cwd,t}$ と $V_{cwd,c}$ を用いて，式(6.4.19)で求めてよい。

$$V_{cwd}=\beta_M\cdot V_{cwd,t}+V_{cwd,c} \tag{6.4.19}$$

ここに，$V_{cwd,t}$ ：せん断面の引張側で受けもつせん断伝達耐力

$V_{cwd,c}$ ：せん断面の圧縮側で受けもつせん断伝達耐力

β_M ：曲げモーメントの影響を考慮した低減係数で，以下を標準とする。

$\beta_M=4(1-M_d/M_y)$

ただし，$\beta_M\leqq 1$：打継面，ひび割れ面の場合

$=0$：プレキャスト部材の接合面の場合

M_d：せん断面に作用する設計曲げモーメント

M_y：引張側の最外縁鉄筋が降伏する時の作用モーメント

（i）　曲げモーメントと軸力が作用した時の鉄筋，コンクリートの負担軸方向力の算定

6.4.2.2項(2)の（i）～（iv）の仮定に基づいて，せん断面に設計曲げモーメント M_d と設計軸方向圧縮力 N'_d が作用した時の P_{st}，P'_{sc}，P'_c を求める。ただし，コンクリートと鉄筋の応力-ひずみ関係には，式(6.4.20)，(6.4.21)をそれぞれ仮定してもよい。

コンクリートの応力-ひずみ関係：$\sigma'_c=E_c\cdot\varepsilon'_c$（ただし，$\varepsilon'_c\geqq 0$）　(6.4.20)

鉄筋の応力-ひずみ関係：$\sigma=E_s\cdot\varepsilon_s$　(6.4.21)

ここに，N'_d：せん断面に作用する設計軸方向圧縮力

P_{st} ：引張側の鉄筋が負担する鉄筋軸方向引張力の総和

P'_{sc}：圧縮側の鉄筋が負担する鉄筋軸方向圧縮力の総和

P'_c：圧縮側コンクリートが負担する軸方向圧縮力

（ii）　降伏モーメント M_y の算定

（i）と同様の方法で，引張側の最外縁鉄筋に発生する応力度が f_{yd} となるような作用モーメント M_y を算定する。ここに，f_{yd} は最外縁鉄筋の設計引張降伏強度である。

（iii）　せん所伝達耐力 $V_{cwd,t}$ と $V_{cwd,c}$ の算定

a)　$\sigma_{nd}=P_{st}/A_{ct}$ として式(6.4.18)に従って，$V_{cwd,t}$ を求める。ただし，引張側のせん断キー

によるせん断耐力 V_k は無視するものとする。

b)　$\sigma_{nd}=-(1/2)\ (P'_{sc}+P'_c)/A_{cc}$ として式(6.4.18)に従って $V_{cwd,c}$ を求める。

ここに，A_{ct}：引張側のせん断面の断面積

A_{cc}：圧縮側のせん断面の断面積

(3)　せん断面の全断面において圧縮となる場合は，曲げモーメントの影響を無視して，$\sigma'_{nd}=N'_d/A_c$ として式(6.4.18)に従って設計せん断伝達耐力 V_{cwd} を求めてよい。

【解　説】

「2017年制定 コンクリート標準示方書［設計編］」に準拠した。

(1)について　　設計せん断耐力を算出する場合の部材係数 γ_b は，2章2.3.7項により適切に定めるものとするが，一般に1.3としてよい。

6.4.4　ねじりに対する検討

6.4.4.1　一　　般

(1)　ねじりモーメントの影響が小さい部材および変形適合ねじりモーメントの場合は，6.4.4項のねじりに対する安全性の照査をすべて省略してよい。

ここに，ねじりモーメントの影響が小さい部材とは，設計ねじりモーメント M_{td} と6.4.4.2項で求まるねじり補強鉄筋のない場合の設計純ねじり耐力 M_{tcd} との比に構造物係数 γ_i を乗じた値が，すべての断面において0.2未満の場合とする。

(2)　設計ねじりモーメント M_{td} と6.4.4.2項で求まるねじり補強鉄筋のない場合の設計ねじり耐力 M_{tud} が，すべての断面において式(6.4.22)を満足する場合には，6.4.4.3項の照査を省略してよい。ただしこの場合，7章7.6.3項に従って最小ねじり補強鉄筋を配置しなければならない。

$$\gamma_i M_{td}/M_{tud} \leqq 0.5 \qquad (6.4.22)$$

(3)　設計ねじりモーメント M_{td} が式(6.4.22)を満足しない場合には，6.4.4.3項に従い，ねじり補強鉄筋を配置しなければならない。

(4)　ねじりモーメントと曲げモーメント，あるいはねじりモーメントとせん断力が同時に作用する場合には，おのおの相互作用の影響を考慮して安全性の照査を行わなければならない。

【解　説】

「2017年制定 コンクリート標準示方書［設計編］」に準拠した。

6.4.4.2　ねじり補強鉄筋のない場合の設計ねじり耐力

(1)　ねじり補強鉄筋のない棒部材がねじりモーメントのみを受ける場合の設計ねじり耐力 M_{tud} は，式(6.4.23)により求めてよい。

$$M_{tud}=M_{tcd}=\beta_{nt}\cdot K_t\cdot f_{td}/\gamma_b \qquad (6.4.23)$$

ここに，M_{tcd}：設計純ねじり耐力

K_t　：表6.4.1に示したねじり係数

β_{nt}　：プレストレス力などの軸方向圧縮力に関する係数

$\beta_{nt}=\sqrt{1+\sigma'_{nd}/(1.5f_{td})}$

f_{td}　：コンクリートの設計引張強度

σ'_{nd}：軸方向による作用平均圧縮応力度

ただし，$7f_{td}$ を超えてはならない。

γ_b　：部材係数

表 6.4.1　ねじりに関する諸係数

断面形状	K_t	備　考
	$\dfrac{\pi D^3}{16}$	
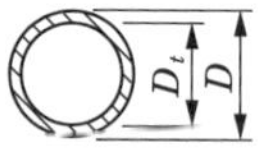	$\dfrac{\pi(D^4-D_t^{\,4})}{16\,D}$	
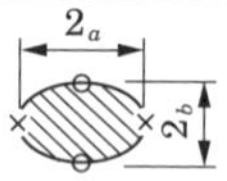	○点　$\pi ab^2/2$ ×点　$\pi a^2b/2$	
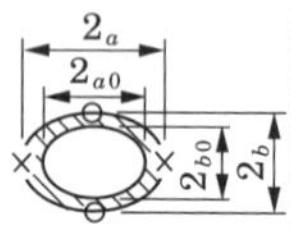	○点　$\pi ab^2(1-q^4)/2$ ×点　$\pi a^2b(1-q^4)/2$	$q=a_0/2$ $=b_0/2$
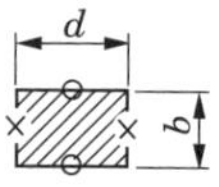	○点　b^2d/η_1 ×点　$b^2d/(\eta_1\eta_2)$	$\eta_i=3.1+\dfrac{1.8}{d/b}$ $\eta_i=0.7+\dfrac{0.3}{d/b}$
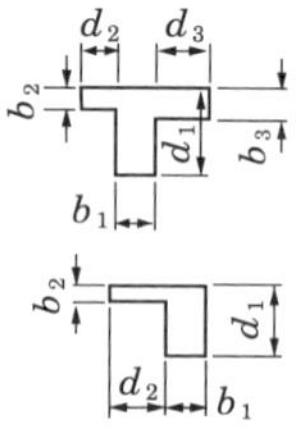	$\Sigma\dfrac{b^2d_i}{\eta_{1i}}$ b_i，d_i はそれぞれ分割した長方形断面の短辺の長さおよび長辺の長さとする。	長方形への分割はねじり剛性が大きくなるような分割とする。
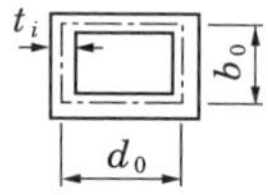	$2A_mt_i$ 箱形断面の K_t は中空断面として求めるのが原則である。ただし，部材の厚さとその厚さ方向の箱形断面の全幅との比が 0.15 を超える場合は中実断面とみなして K_t を求めるのがよい。	A_m は壁厚中心で囲まれた面積 t_i はウエブ厚

(2)　曲げモーメント M_d とねじりモーメント M_{td} が同時に作用する場合の安全性の検討は，式 (6.4.24) を満足することを確かめることにより行ってよい。

$$\gamma_i[\{(M_{td}/M_{tcd}-0.2)/0.8\}^2+M_d/M_{ud}]\leqq 1.0 \qquad (6.4.24)$$

ここに，M_{ud}：6.4.2.2 項により求めた設計曲げ耐力

(3)　せん断力 V_d とねじりモーメント M_{td} が同時に作用する場合の安全性の検討は，式 (6.4.25) を満足することを確かめることにより行ってよい。

$$\gamma_i(M_{td}/M_{tcd}+0.8V_d/V_{yd})\leqq 1.0 \qquad (6.4.25)$$

ここに，V_{yd}：式 (6.4.5) により求めたせん断耐力

【解　説】

「2017年制定 コンクリート標準示方書［設計編］」に準拠した。

(1)について　　設計純ねじり耐力を算出する場合の部材係数γ_bは，2章2.3.7項により適切に定めるものとするが，一般に1.3としてよい。

6.4.4.3　ねじり補強鉄筋のある場合の設計ねじり耐力

(1)　腹部コンクリートのねじりに対する設計斜め圧縮破壊耐力M_{tcud}は，式(6.4.26)により求めてよい。

$$M_{tcud}=K_t \cdot f_{wcd}/\gamma_b \tag{6.4.26}$$

ここに，$f_{wcd}=1.25\sqrt{f'_{cd}}$　(N/mm^2)

　　K_t：表6.4.1に示したねじり係数

　　γ_b：部材係数

(2)　長方形，円形および円環断面の設計ねじり耐力M_{tyd}は，式(6.4.27)により求めてよい。

$$M_{tyd}=2A_m\sqrt{q_w \cdot q_l/\gamma_b} \tag{6.4.27}$$

ここに，A_m：ねじり有効断面積(長方形断面：b_0d_0，円形および円環断面：$\pi d_0^2/4$)

　　b_0：横方向鉄筋の短辺の長さ

　　d_0：長方形断面の場合は横方向鉄筋の長辺の長さで，円形および円環断面の場合は横方向鉄筋で取り囲まれているコンクリート断面の直径

　$q_w=A_{tw} \cdot f_{wd}/s$

　$q_l=\Sigma A_{tl} \cdot f_{ld}/u$

　　ΣA_{tl}：ねじり補強鉄筋として有効に作用する軸方向鉄筋の断面積

　　A_{tw}：ねじり補強鉄筋として有効に作用する横方向鉄筋1本の断面積

　　f_{ld}，f_{wd}：軸方向鉄筋および横方向鉄筋の設計降伏強度

　　s：ねじり補強鉄筋として有効に作用する横方向鉄筋の軸方向間隔

　　u：横方向鉄筋の中心線の長さ(長方形断面：$2(b_0+d_0)$，円形および円環断面：πd_0)

　　γ_b：部材係数

ただし，$q_w \geqq 1.25q_l$となる場合には$q_w=1.25q_l$とし，$q_l \geqq 1.25q_w$となる場合には$q_l=1.25q_w$とする。

(3)　T，LおよびI形断面についての設計ねじり耐力は，断面を長方形に分割して，次の(i)～(iv)に従い，おのおのについて式(6.4.27)によって求めたM_{tydi}の和としてよい。ただし，それぞれのM_{tydi}は，$\xi \cdot A_{mi}$の値を超えてはならない。

ここに，A_{mi}：分割した長方形のねじり有効断面積

　　ξ：最大のねじり有効断面積を有する分割長方形におけるM_{tydi}/A_{mi}の値

(i)　A_{mi}は図6.4.2に示すように，横方向鉄筋で取り囲まれる面積としてよい。

(ii)　ねじりに対する軸方向鉄筋は，それぞれの分割した長方形で二重に算入してはならない。

(iii)　フランジ部が連続しているT形断面では，フランジ内の横方向鉄筋は軸方向鉄筋を

取り囲んでいなくても，これを有効とみなしてよい。ただし，フランジ内の上下の鉄筋量が異なる場合は，いずれか少ない方の鉄筋量までを限度とする。

(iv)　ねじりモーメントに対するフランジの片側有効幅 λ_t は，式 (6.4.28) により求めてよい。

$$\lambda_t = 3t_i \qquad (6.4.28)$$

ただし，片持部　$\lambda_t \leqq l_c$

　　　　中間部　$\lambda_t \leqq l_b/2$

ここに，t_i：フランジの平均厚さ

　　　　l_c，l_b：それぞれ片持版の張出し長さおよび桁の純間隔

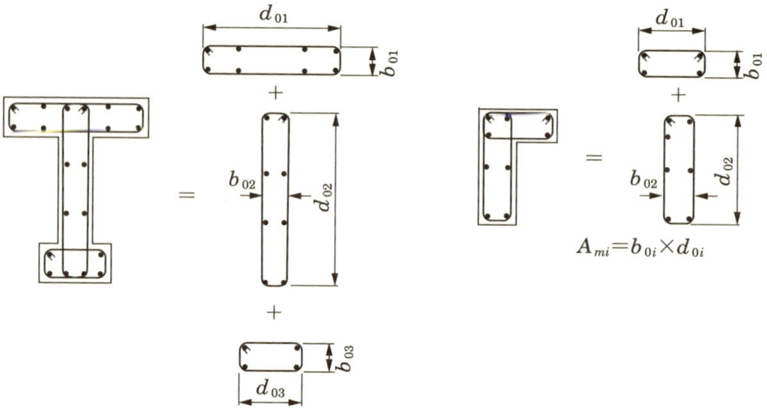

図 6.4.2　T，L 形断面の A_{mi} の計算方法

（4）　箱形断面で，壁厚とその厚さ方向の箱形断面の全幅との比の最小値が 1/4 以上の場合，中実断面として設計しなければならない。

ただし，壁厚とその厚さ方向の箱形断面の全幅との比の最小値が 1/4 未満の場合には，（7）に従うものとする。

（5）　長方形，円形および円環断面において，曲げモーメント M_d とねじりモーメント M_{td} が同時に作用する場合の安全性の照査は，式 (6.4.29)～式 (6.4.31) を満足することを確かめることにより行ってよい。

$M_{ud} \geqq M'_{ud}$ かつ $\gamma_i|M_d| \leqq M_{ud}-M'_{ud}$ の場合

$$\gamma_i M_{td}/M_{tu\,\min} \leqq 1.0 \qquad (6.4.29)$$

$M_{ud} \geqq M'_{ud}$ かつ $M_{ud}-M'_{ud} \leqq \gamma_i|M_d| \leqq M_{ud}$ の場合

$$\gamma_i\left[\left(\frac{1.3(M_{td}-0.2M_{tcd})}{M_{tu\ \min}-0.2M_{tcd}}\right)^2+\frac{|M_d|-M_{ud}+M'_{ud}}{M'_{ud}}\right] \leqq 1.0 \qquad (6.4.30)$$

$M_{ud} < M'_{ud}$ かつ $\gamma_i|M_d| \leqq M_{ud}$ のとき

$$\gamma_i\left[\left(\frac{1.15(M_{td}-0.2M_{tcd})}{M_{tu\ \min}-0.2M_{tcd}}\right)^2+\frac{|M_d|}{M_{ud}}\right] \leqq 1.0 \qquad (6.4.31)$$

ここに，$M_{tu\,\min}$：M_{tucd} と M_{tyd} とのいずれか小さいほうの値

　　　　M_d：設計曲げモーメント

M_{ud}：M_d 作用時の引張側に配置された主鉄筋を引張鉄筋と考えた場合の設計曲げ耐力の絶対値

M'_{ud}：M_d 作用時の圧縮側に配置された主鉄筋を引張鉄筋と考えた場合の設計曲げ耐力の絶対値

（6）　長方形，円形および円環断面において，せん断力 V_d とねじりモーメント M_{td} が同時に作用する場合の安全性の照査は，式(6.4.32)を満足することを確かめることにより行ってよい。

$$\gamma_i\,[M_{td}/M_{tu\,\min}+(1-0.2M_{tcd}/M_{tu\,\min})\ (V_d/V_{yd})]\leqq 1.0 \tag{6.4.32}$$

ここに，$M_{tu\,\min}$：M_{tcud} と M_{tyd} のいずれが小さいほうの値

V_{yd}：式(6.4.5)により求めた設計せん断耐力

（7）　箱形断面で，壁厚とその厚さ方向の箱形断面の全幅との比の最小値が 1/4 未満の場合，設計ねじり耐力 M_{tyd} は，式(6.4.33)により求めてよい。

$$M_{tyd}=2A_m\,(V_{odi})_{\min} \tag{6.4.33}$$

ここに，$(V_{odi})_{\min}$：各壁の単位長さあたりの面内せん断耐力の最小値

この場合の各壁の結合部および鉄筋の定着方法については，7 章 7.6.3 項に従わなければならない。

曲げモーメントあるいはせん断力がねじりモーメントと同時に作用する場合には，長方形断面に準じて安全性の照査を行ってよい。

【解　説】

「2017 年制定 コンクリート標準示方書［設計編］」に準拠した。

（1）について　　腹部コンクリートのねじりに対する設計斜め圧縮破壊耐力を算出する場合の部材係数 γ_b は，2 章 2.3.7 項により適切に定めるものとするが，一般に 1.3 としてよい。

ここで，普通強度コンクリートを使用する場合は $f_{wcd}\leqq 9.8\ \mathrm{N/mm^2}$ としなければならない。普通強度コンクリート以上の強度を有するコンクリートを使用する場合は，実験などにより確認された値から設定してもよい。

（2）について　　長方形，円形および円環断面の設計ねじり耐力を算出する場合の部材係数 γ_b は，2 章 2.3.7 項により適切に定めるものとするが，一般に 1.3 としてよい。ただし，式(6.4.27)の精度が十分に確認できれば，γ_b を 1.15 程度に小さくしてもよい。

6.5　疲労限界状態に対する照査

6.5.1　一　　般

（1）　安全性に対する照査は，設計作用のもとで，すべての構成部材が疲労破壊の限界状態に至らないことを確認することにより行うものとする。

（2）　はりに対する疲労破壊の照査は，一般に，曲げおよびせん断に対して行うものとする。

（3）　スラブに対する疲労破壊の照査は，一般に，曲げおよび押抜きせん断に対して行うものとする。

（4）　柱に対する疲労破壊の照査は，一般に省略してよい。ただし，曲げモーメントあるいは

軸方向引張力の影響がとくに大きい場合には，はりに準じて照査するものとする。

【解　説】

「2017年制定 コンクリート標準示方書［設計編］」に準拠した。

（1）について　　供用限界状態においてひび割れの発生を許容するコンクリート構造物あるいは構成部材は，変動作用により生じる鋼材の応力度は比較的大きくなる。そのため，鉄筋やPC鋼材に対して疲労破壊の照査を行う必要がある。しかし，供用限界状態においてひび割れを発生させないコンクリート構造物あるいは構成部材は，変動作用により生じる鋼材の応力度は小さくなる。そのため，鋼材の疲労破壊の照査は，一般に省略してよい。

6.5.2　疲労に対する安全性の検討

疲労に対する安全性の照査は，式(6.5.1)または，式(6.5.2)により行ってよい。

$$\gamma_i \sigma_{rd} / (f_{rd}/\gamma_b) \leqq 1.0 \qquad (6.5.1)$$

ここに，σ_{rd}：設計変動応力度

f_{rd}：材料の設計疲労強度

$f_{rd}=f_{rk}/\gamma_m$

f_{rk}：材料の疲労強度の特性値

γ_b：部材係数

γ_i：構造物係数

γ_m：材料係数

$$\gamma_i S_{rd}/R_{rd} \leqq 1.0 \qquad (6.5.2)$$

ここに，S_{rd}：設計変動断面力

設計変動作用 F_{rd} を用いて求めた変動断面力 $S_r(F_{rd})$ に構造解析係数 γ_a を乗じた値とする

R_{rd}：設計疲労耐力

材料の設計疲労強度 f_{rd} を用いて求めた部材断面の疲労耐力 $R_r(f_{rd})$ を γ_b で除した値とする

γ_a：構造解析係数

【解　説】

「2017年制定 コンクリート標準示方書［設計編］」に準拠した。

（1），（2）について　　疲労に対する安全性の照査において用いる部材係数 γ_b，構造物係数 γ_i，材料係数 γ_m，構造解析係数 γ_a は，2章2.3.7項により適切に定めるものとするが，部材係数 γ_b は一般に1.0から1.1の値としてよい。

6.5.3　設計変動断面力と等価繰返し回数

不規則な変動断面力は，これを独立な変動断面力の集合に分解し，かつマイナー則を適用し

て設計変動断面力 S_{rd} に対する等価繰返し回数 N の作用に置き換えてもよい。

【解　説】

「2017 年制定 コンクリート標準示方書［設計編］」に準拠した。

6.5.4 応力度の計算

（1） 鋼材の曲げ引張応力度は，6.3.2 項に基づいて求めてよい。

（2） コンクリートの曲げ圧縮応力度は，6.3.2 項に基づいて求めた三角形分布の応力の合力位置と，同位置に合力の作用位置がくる矩形応力分布の応力度としてよい。

（3） せん断補強鉄筋の変動応力度は，一般に式 (6.3.5) および式 (6.3.6) により求めてよい。

【解　説】

「2017 年制定 コンクリート標準示方書［設計編］」に準拠した。

（3）について　式 (6.3.5) および式 (6.3.6) において，せん断補強鋼材を用いない場合の棒部材の設計せん断力の算出に用いる部材係数 γ_b は，2 章 2.3.7 項により適切に定めるものとするが，一般に 1.3 としてよい。

6.5.5 せん断補強筋のない部材の設計疲労耐力

（1） せん断補強鉄筋を用いない棒部材の設計せん断疲労耐力 V_{rcd} は，一般に式 (6.5.1) により求めてよい。

$$V_{rcd}=V_{cd}\left(1-V_{pd}/V_{cd}\right)\left(1-\frac{\log N}{11}\right) \quad (6.5.1)$$

ここに，V_{cd}：式 (6.4.6) による。

　　N　：疲労寿命

（2） 面部材としての鉄筋コンクリートスラブの設計押抜きせん断疲労耐力 V_{rpd} は，一般に式 (6.5.2) により求めてよい。

$$V_{rpd}=V_{pcd}\left(1-V_{pd}/V_{pcd}\right)\left(1-\frac{\log N}{14}\right) \quad (6.5.2)$$

ここに，V_{pcd}：式 (6.4.11) による。

【解　説】

「2017 年制定 コンクリート標準示方書［設計編］」に準拠した。

参考文献

1） プレストレストコンクリート技術協会：PC 定着部の破壊解析に基づく性能設計，平成 16 年 9 月 3 日，PC 箱桁定着部の破壊解析委員会

7章　構造細目

7.1　一　　　般

この章は，コンクリート構造物ならびにプレストレストコンクリート構造物，および構成部材の計画・設計において，求められる性能照査により決定されない一般的な構造細目について示したものである。

【解　説】

構造細目は，これまで設計計算や照査をつど実施しなくても済むよう，また経験上これを満足すれば安全な性能を実現するという最低ラインの決め事を規定するものであった。性能創造による設計では，構造細目は機能を満たすものとなり，また性能を向上させるものにもなり得る存在である。したがって，本章では，安全性・供用性の確保，施工性・経済性の向上に資する「最小限守るべき項目」について示すものとした。

しかしこれらは従来の知見に基づいた細目事例であり，特に個別の実験確認によらない場合，従来の材料の範疇での計画・設計における構造細目の一例として示されるものである。したがって新材料を用いた計画・設計においては，必要に応じて実験などによる確認を行った上で，適切な構造細目を決定して計画・設計に反映する必要がある。

本規準に示した構造細目は，2017年制定 土木学会コンクリート標準示方書［設計編］に準拠し定めているが，構造細目は本規準以外でも規定されている。したがって，本規準に整理されていない構造細目は，他の規準の規定を参考にするのがよい。

また，緊張材に外ケーブルを用いる場合は，「外ケーブル構造・プレキャストセグメント工法設計施工規準」Ⅱ編9章を，高強度PC鋼材を使用する場合は，「高強度PC鋼材を用いたPC構造物の設計施工指針」8章を参照するのがよい。

7.2　最小鋼材量

7.2.1　鉄筋コンクリートの部材の軸方向鉄筋

（1）　曲げモーメントの影響が支配的な棒部材の引張鉄筋比は，0.2 % 以上を原則とする。ただし，T形断面の場合には，圧縮突縁の有効幅を考慮して定めることを原則とする。一般には，軸方向引張鉄筋をコンクリート有効断面積の0.3 % 以上配置しなければならない。

（2）　軸方向力の影響が支配的な鉄筋コンクリート部材には，計算上必要なコンクリート断面積の0.8 % 以上の軸方向鉄筋を配置しなければならない。

ここでいう，計算上必要なコンクリート断面積とは，軸方向力のみを支えるのに必要な最小限のコンクリート断面積である。

また，計算上必要な断面より大きな断面を有する場合でも，コンクリート断面積の0.15 %

以上の軸方向鉄筋を配置するのが望ましい。

【解　説】

「2017年制定 コンクリート標準示方書［設計編］」7編に準拠した。

（1）について　　T形断面の場合には，棒部材で必要な最小鉄筋比の1.5倍程度を配置するのが望ましい。

曲げモーメントの影響が支配的な棒部材とは一般に，$L/(2h)$が5程度以上のはりおよびラーメン構造の柱部材などである。

ここに，L：はりの支間または柱の長さ

h：はりの高さまたは柱の幅

なお，引張鉄筋比は，式（解7.2.1）により求めてよい。

また，引張鉄筋を算出する場合の有効高さは，最外縁引張鋼材図心位置とコンクリート圧縮縁との距離としてよい。

$$p=A_s/(b\cdot d) \quad \text{or} \quad A_s/(b_w\cdot d) \qquad (解7.2.1)$$

ここに，p　：引張鉄筋比

A_s：引張鉄筋の断面積

b　：断面の幅

b_w：断面腹部の幅

d　：断面の有効高さ

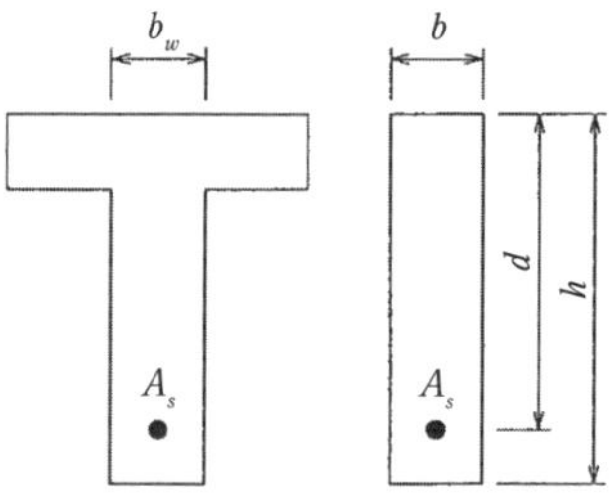

解説　図7.2.1

コンクリート断面に比較して軸方向引張鉄筋が少ない部材は，設計で想定していない大きな曲げ荷重を受けると，コンクリートのひび割れとともに耐力を減じ急激に破壊するおそれがある。このような急激な破壊を防ぐためには，部材の設計曲げ耐力M_{ud}をひび割れ曲げモーメントM_{cr}以上とすれば良く，この条件を満たす軸方向引張鉄筋を最小の引張鉄筋量として規定した。しかしながら，設計作用に対して充分に余裕のある断面を有する部材については，この規定によると過大な配筋となる場合がある。このため，設計曲げモーメントM_dの1.3倍がひび割れ曲げモーメント以下の場合にはこの規定によらなくてもよい。この場合，設計上必要となる鉄筋量を配置するものとする。

（2）について　　軸方向力が支配的な部材とは一般に，多柱構造の柱部材，アーチリブおよび剛体基礎構造物などである。

7.2.2 鉄筋コンクリート部材の横方向鉄筋

（1） スターラップ

棒部材には，0.15 % 以上のスターラップを部材全長にわたって配置するものとする。また，その間隔は，部材有効高さの 3/4 倍以下，かつ 400 mm 以下とするのを原則とする。ただし，本規準の 7.6.2 項(1) に従い配置するものとし，面部材には本項を適用しなくてもよい。

（2） 帯鉄筋

帯鉄筋の部材軸方向の間隔は，一般に，軸方向鉄筋の直径の 12 倍以下で，かつ部材断面の最小寸法以下とする。ヒンジとなる領域は，軸方向鉄筋の直径の 12 倍以下で，かつ部材断面の最小寸法の 1/2 以下とする。なお帯鉄筋は，本規準の 7.6.2 項(2) に従い配置するものとし，原則として，軸方向鉄筋を取り囲むように配置するものとする。

【解　説】

「2017 年制定 コンクリート標準示方書［設計編］」7 編に準拠した。

7.2.3 鉄筋コンクリート部材のねじり補強鉄筋

棒部材に配置する最小ねじり補強鉄筋量は，式 (7.2.1) によるものとする。

軸方向鉄筋量　$\Sigma A_{tl}=M_{tud}\cdot u/(3\cdot A_m\cdot f_{ld})$　(7.2.1)

横方向鉄筋量　$A_{tw}=M_{tud}\cdot s/(3\cdot A_m\cdot f_{wd})$

ここに，M_{tud}：6 章 6.4.4.2 項により求められる設計ねじり耐力

A_m　：ねじり有効断面積（長方形断面：b_0d_0，円形および円環断面：$\pi d_0^2/4$）

f_{td}，f_{wd}：軸方向鉄筋および横方向鉄筋の設計降伏強度

s　：ねじり補強鉄筋として有効に作用する横方向鉄筋の軸方向間隔

u　：横方向鉄筋の中心線の長さ（長方形断面：$2(b_0+d_0)$，円形および円環断面：πd_0）

【解　説】

「2017 年制定 コンクリート標準示方書［設計編］」7 編に準拠した。

ねじりモーメントによるひび割れ発生後の PC 部材の挙動は，RC 部材の場合と類似していることが既往の研究により明らかになっている。したがって，PC 部材のねじりモーメントに対する補強鉄筋量の算出は，RC 部材の場合と同様に行うこととした。なお，この場合に，付着のある PC 鋼材でねじり補強鋼材と見なせるものは，簡易的に鋼材の降伏強度の比率で鉄筋に換算して検討してよい。鉄筋換算断面積 A_t は，式 (7.2.5) または式 (7.2.6) により算定される断面積の内の小さい値とするのがよい。

$$A_t=\frac{f_{prd}}{f_{yd}}A_p \qquad (解 7.2.2)$$

または，

$$A_t=\frac{\sigma_{ppc}+f_{yd}}{f_{yd}}A_p \qquad (解 7.2.3)$$

ここに，σ_{ppe}：PC 鋼材の有効引張強度

f_{yd} ：鉄筋の設計引張降伏強度

f_{pyd}：PC 鋼材の設計引張降伏強度

A_p ：ねじり補強 PC 鋼材の断面積

またプレストレストコンクリート部材のねじり破壊は，鉄筋コンクリート部材の場合と異なり，急激に生じる。これを防ぐため，ここではねじりモーメントに対する鉄筋として，本規準の 7.2.1, 7.2.2 項に規定する最小鋼材量を配置することにした。

7.2.4　プレストレストコンクリート部材の最小鋼材量

（1）　プレストレストコンクリート部材には，コンクリート全断面積の 0.1 % 以上の鋼材を配置しなければならない。ここでいう鋼材とは，異形鉄筋および付着のある緊張材である。

（2）　外ケーブルの最小鋼材量を記載。

（3）　7.2.1 項および 7.6.1 項の規定で配置される引張鋼材は，D9 mm 以上で 300 mm 以下の間隔で配置しなければならない。

（4）　プレキャスト部材の継目に対しては，最小鋼材量の規定は適用しなくてよい。

【解　説】

「2017 年制定 コンクリート標準示方書［設計編］」8 編に準拠した。

なお，7.2.1 項および 7.2.2 項により供用限界状態での引張鋼材量を算出するにあたり，コンクリートとの間に付着がある PC 鋼材を鉄筋とみなす場合，プレテンション方式では鉄筋と同面積としてよいが，ポストテンション方式では PC 鋼材の 50 % を鉄筋とみなすこととする。これは，コンクリート部材との付着強度差のあることを考慮したものである。7.2.1 項 (1) により終局限界状態に関する最小鋼材量を算出するにあたり，付着がある PC 鋼材を鉄筋とみなす場合には，簡易的に鋼材の降伏強度の比率で鉄筋に換算して検討してよい。ただし，本規準の 7.6.1 項に従い配置するものとする。なお，外ケーブル方式の PC 鋼材およびアンボンド PC 鋼材は付着がある PC 鋼材とはみなさないものとする。

7.3　最大鋼材量

（1）　曲げモーメントの影響が支配的な棒部材の軸方向引張鉄筋量は，釣合鉄筋比の 75 % 以下とすることを原則とする。

（2）　軸方向力の影響が支配的な鉄筋コンクリート部材の軸方向鉄筋量は，コンクリート断面積の 6 % 以下とすることを原則とする。

【解　説】

「鉄道構造物等設計標準・同解説 コンクリート構造物」に準拠した。

（1）について　　終局限界状態に関する最大鋼材量を算出するにあたり，鋼材に PC 鋼材と鉄筋とを併用する場合は，簡易的に付着のある PC 鋼材を鋼材の降伏強度の比率により鉄筋に換算して検

討してよい。圧縮フランジが長方形とみなされる場合には，軸方向力および圧縮鉄筋を考慮し，釣合鉄筋比を式（解 7.3.1）により求めてよい。

$$p_b = \left(a \frac{\varepsilon'_{cu}}{\varepsilon'_{cu} + f_{rd} / E_s} - \frac{N_d}{bdf'_{cd}} \right) \cdot \frac{f'_{cd}}{f_{rd}} + \frac{A'_s}{bd} \cdot \frac{\sigma'_s}{f_{rd}} \qquad (解 7.3.1)$$

ここに，p_b ：釣合鉄筋比

N_d ：終局荷重作用時の軸方向力（プレストレス力は含まない）

$A_s{}'$：圧縮鋼材量

$\sigma_s{}'$ ：圧縮鋼材の応力度

$$\sigma'_s = \left\{ \varepsilon'_{cu} - \left(\varepsilon'_{cu} + f_{yd} / E_s \right) \frac{d'}{d} \right\} E'_s \leqq f'$$

d' ：圧縮縁から圧縮鋼材の図心までの距離

$E_s{}'$：圧縮鋼材のヤング係数

f'_{yd}：圧縮鋼材の設計圧縮降伏強度

なお，線形解析によりモーメントの再分配を考慮する場合には，すべての断面における鉄筋比を釣合鉄筋比の 50 % 以下とする。ここに，線形解析によりモーメントの再分配を考慮できる場合とは，不静定構造物において中間支点上のコンクリートのひずみが終局圧縮ひずみに達した時の断面の曲率が，1×10^{-4}/mm 程度以上を目安としてよい。

また，曲率の算定では，せん断力の影響は考慮せず，維ひずみは断面の中立軸からの距離に比例すると仮定してよい。ただし，$b_e/b_w \leqq 3$ 程度とする（解説 図 7.3.1）

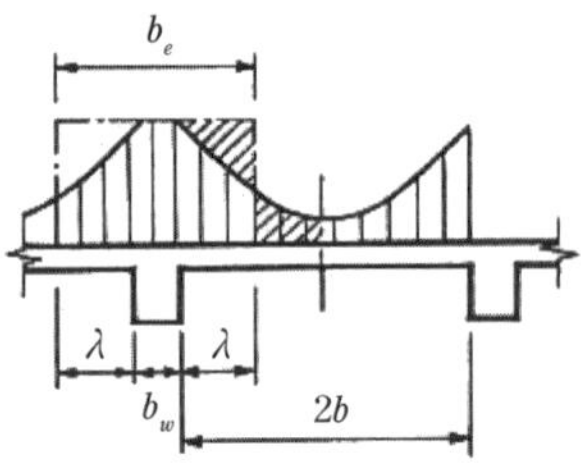

解説 図 7.3.1　有効幅

7.4　鋼材のかぶり

7.4.1　鉄　　筋

かぶりは，コンクリート構造物の性能照査の前提である付着強度を確保するとともに，耐久性，耐火性を満足し，施工誤差などを考慮して定めなければならない。ただし，かぶりは鉄筋の直径に施工誤差を加えた値よりも小さい値としてはならない。

【解　説】

「2017 年制定 コンクリート標準示方書［設計編］」に準拠した。

鋼材の腐食抑制のためにはかぶりの確保がきわめて重要であり，十分なかぶりがあればほとんど腐食が生じない反面，過小なかぶりの場合には腐食速度が著しく速くなる。コンクリート構造物の耐久性向上のためにはかぶりの確保，特にかぶりが過小になる部分をなくすことが大切である。かぶりが耐久性に及ぼす影響の大きいことを考えると，部材や環境条件に応じてさらに細かく最小かぶり値を定めることも場合によっては必要となる。このような場合，日本道路協会「道路橋の塩害対策指針（案）・同解説」および土木学会「コンクリート構造物の耐久設計指針（案）」などを参照するのがよい。

7.4.2　緊　張　材

緊張材，シースまたはシースグループおよび定着具のかぶりは，プレストレストコンクリート構造の特性を考慮して設定することを原則とする。一般には，7.4.1 項に示す値以上とする。ただし，プレテンション部材の端部において，特別な防錆処理を行う場合には，別途規定してもよい。

【解　説】

「2017 年制定 コンクリート標準示方書［設計編］」に準拠した。

一般にシースは解説 図 7.4.1 のようにスターラップおよび軸方向鉄筋などによって取り囲まれて用いられるので，そのかぶり j は少なくとも $j = C + D$ 以上となる。かぶり本来の目的から判断して，一般の環境における PC 部材ではこの値で十分安全であると考えられる。しかし，シースがスターラップなどによって，取り囲まれずに用いられるときには，シース径以上のかぶりを設けるのがよい。

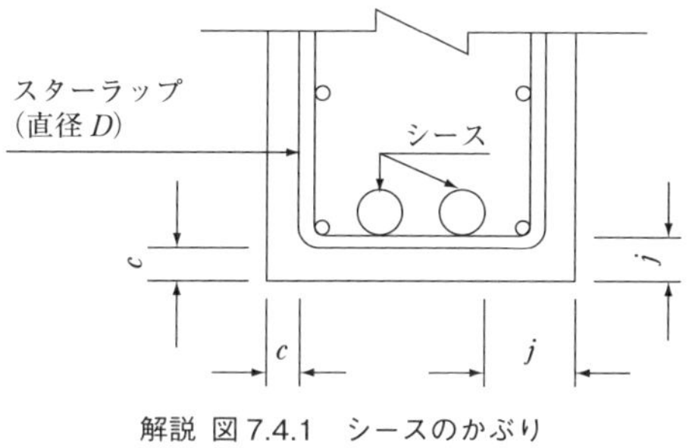

解説 図 7.4.1　シースのかぶり

7.5　鋼材のあき

7.5.1　鉄　　筋

鉄筋のあきは，部材の種類および寸法，粗骨材の最大寸法，鉄筋の直径，コンクリートの施工性などを考慮して，コンクリートが鉄筋の周囲にゆきわたり，鉄筋が十分な付着を発揮できる寸法を確保しなければならない。

【解　説】

「2017 年制定 コンクリート標準示方書［設計編］」に準拠した。

7.5.2　緊　張　材

緊張材あるいはシースのあきは，緊張材の種類，緊張材やシースの直径などを考慮して，緊張材やシースの周辺にコンクリートがゆきわたり，確実にコンクリートを締固めて十分な付着を発揮できる寸法を確保するものとする。

【解　説】

「2017年制定 コンクリート標準示方書［設計編］」に準拠した。

7.6　鋼材の配置

7.6.1　軸方向鉄筋の配置

（1）　部材には，荷重によるひび割れを制御するために必要な鉄筋のほかに，必要に応じて，温度変化，収縮などによるひび割れを制御するための用心鉄筋を配置しなければならない。

（2）　ひび割れ制御を目的とする鉄筋は，必要とされる部材断面の周辺に分散させて配置しなければならない。この場合，鉄筋の径および間隔は，できるだけ小さくするものとする。

（3）　軸方向鉄筋およびこれと直交する各種の横方向鉄筋の配置間隔は，原則として300 mm以下とする。

【解　説】

「2017年制定 コンクリート標準示方書［設計編］」に準拠した。

7.6.2　横方向鉄筋の配置

（1）　スターラップ

棒部材において計算上せん断補強鋼材が必要な場合には，スターラップの間隔は，部材有効高さの1/2倍以下で，かつ300 mm以下としなければならない。また，計算上せん断補強鋼材を必要とする区間の外側の有効高さに等しい区間にも，これと同量のせん断補強鋼材を配置しなければならない。

（2）　帯鉄筋

矩形断面で帯鉄筋を用いる場合には，帯鉄筋の1辺の長さは，帯鉄筋直径の48倍以下かつ1 m以下とする。帯鉄筋の1辺の長さがそれを超えないように，帯鉄筋を配置しなければならない。

【解　説】

「2017年制定 コンクリート標準示方書［設計編］」に準拠した。

7.6.3　ねじり補強鉄筋の配置

（1）　ねじり補強鉄筋は，図7.6.1に示すように閉合した横方向鉄筋とこれに直交する軸方向鉄筋との組合わせとする。

（2）　ねじり補強鉄筋として有効に作用する軸方向鉄筋は，部材断面の上下左右対称に配置されていなければならない。

（3）　ねじり補強鉄筋として有効に作用する横方向鉄筋は，端部に鋭角フックまたは半円形フックを設け，軸方向鉄筋を取り囲み，内部コンクリートに定着しなければならない。部材外縁からみて，部材幅の0.2倍よりも断面の中心側にある場合には，これをねじり補強用の横方向鉄筋とはみなさないことを原則とする。

（4）　軸方向鉄筋は，長方形断面の場合には，図7.6.1 (a) に示すように断面の各すみに少なくとも1本は配置しなければならない。円形断面の場合には図7.6.1 (b) に示すように少なくとも6本を等間隔で配置しなければならない。

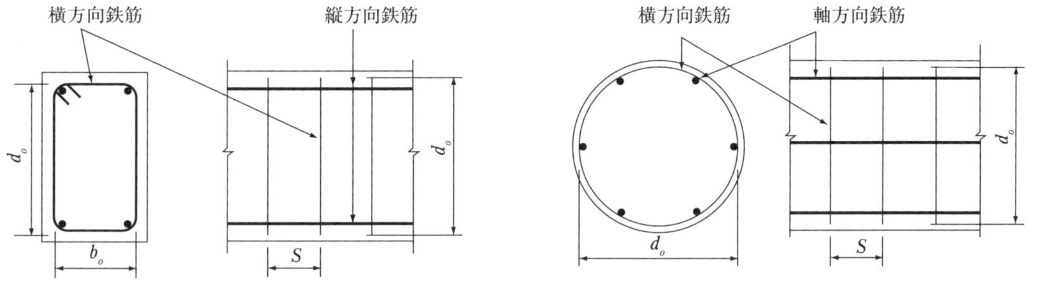

(a)　長方形断面　　(b)　円形断面

図7.6.1　ねじり補強鉄筋の配置

（5）　箱形断面の横方向鉄筋は，図7.6.2のように配置しなければならない。

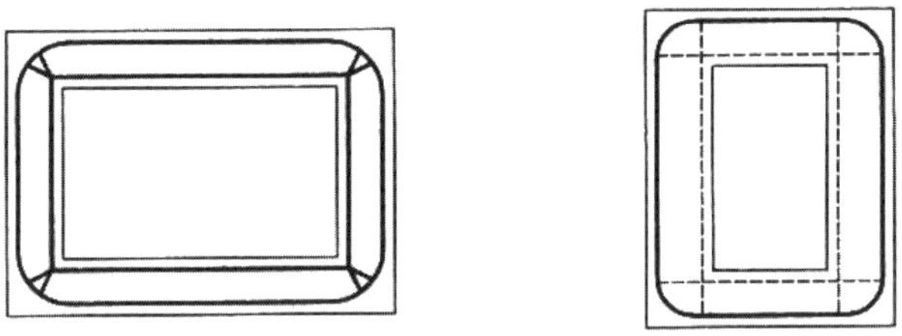
(a)　板厚が薄い場合　　(b)　板厚が厚い場合

図7.6.2　箱桁断面における横方向鉄筋の配置

（6）　ねじり補強鉄筋は，算定した鉄筋量を必要とする区間と，さらにその両側の，部材の全高さあるいは直径に等しい区間にも配置しなければならない。残りの区間には最小鉄筋量を配置すればよい。

【解　説】

「2017年制定 コンクリート標準示方書［設計編］」に準拠した。

7.6.4　緊張材の配置

（1）　緊張材は，摩擦による損失が少なくなるように配置するとともに，部材全長にわたって緊張材の断面積に急激な増減がないように配置しなければならない。
(2)　付着のある内ケーブルにおいては，PCグラウトを十分に充てんできることを照査された緊張材配置とするのがよい。
(3)　緊張材は，定着具の支圧面から所定の区間を直線状に配置しなければならない。
(4)　緊張材を湾曲して配置する場合の曲げ内半径は，特別な場合を除き，緊張材の引張強度の低下がなるべく小さくなるように，また，コンクリートに作用する支圧応力度が過大な値とならないように定めなければならない。
(5)　荷重の組合わせにより曲げモーメントが交番して作用する断面付近においては，緊張材を断面の図心位置に集中させずに，部材断面の上下縁近くに分散させて配置するのが望ましい。
(6)　桁の端支点においては，緊張材の一部を下縁に沿って延ばし，桁端部の下縁近くに定着することとする。

【解　説】

「2017年制定 コンクリート標準示方書［設計編］」に準拠した。

(2)について　　緊張材の配置については，PCグラウトの充てん性を担保するため，解析，実物大注入実験，もしくは過去の実績により，鋼材のレイアウト・PC鋼材とシース径・グラウト材料・注入口および排気孔の配置，に配慮した組み合わせとしなければならない。PCグラウトの設計施工に関しては「PCグラウトの設計施工指針」を参考にするとよい。

(4)について　　外ケーブル緊張材の最小曲げ半径の規定は「外ケーブル構造・プレキャストセグメント工法設計施工規準」を参考にするとよい。

7.7　鉄筋の定着

7.7.1　一　　般

(1)　鉄筋は，その強度を十分に発揮させるため，鉄筋端部がコンクリートから抜け出さないよう，コンクリート中に確実に定着しなければならない。
(2)　鉄筋端部の定着は，次の(ⅰ)～(ⅲ)のいずれかの方法による。
　(ⅰ)　コンクリート中に埋め込み，鉄筋とコンクリートとの付着力により定着する。
　(ⅱ)　コンクリート中に埋め込み，標準フックを付けて定着する。
　(ⅲ)　定着具などを取り付けて，機械的に定着する。
(3)　(2)(ⅰ)または(ⅱ)の方法による場合，標準フックの有無およびその形状は7.7.2項に従い，定着長は7.7.3項によって算定することを基本とし，構造物や部材の種類，載荷の状態，鉄筋の配置，定着位置の応力状態などを考慮して鉄筋端部を定着する。
(4)　(3)以外の方法による場合は，構造物や部材の種類，載荷の状態，鉄筋の配置，定着位置の応力状態などに応じて，定着としての所要の性能を満足するものでなければならない。
(5)　軸方向鉄筋の定着は，定着する領域の鉄筋の応力状態，部材の特性を考慮して定着しなければならない。

【解　説】

「2017年制定 コンクリート標準示方書［設計編］」に準拠した。

> 7.7.2 標準フック
>
> （1） 標準フックとして，半円形フック，直角フックあるいは鋭角フックを用いる。
>
> （2） 軸方向鉄筋の標準フックは，次の（ⅰ）～（ⅱ）による。
>
> （ⅰ） 軸方向引張鉄筋に普通丸鋼を用いる場合には，標準フックとして常に半円形フックを用いなければならない。
>
> （ⅱ） 軸方向鉄筋のフックの曲げ内半径は，適切に定めるものとする。
>
> （3） スターラップおよび帯鉄筋の標準フックは，次の（ⅰ）～（ⅳ）による。
>
> （ⅰ） スターラップおよび帯鉄筋の端部には標準フックを設けなければならない。
>
> （ⅱ） 普通丸鋼をスターラップおよび帯鉄筋に用いる場合は，半円形フックとしなければならない。
>
> （ⅲ） 異形鉄筋をスターラップに用いる場合は，直角フックまたは鋭角フックを用いてもよい。
>
> （ⅳ） 異形鉄筋を帯鉄筋に用いる場合は，原則として半円形フックまたは鋭角フックを設けるものとする。

【解　説】

「2017年制定 コンクリート標準示方書［設計編］」に準拠した。

本規準における構造用鉄筋は，降伏強度が235～625 N/mm^{2}のものを普通強度鉄筋と分類している。従来施工実績の少ない普通強度鉄筋，もしくは高強度鉄筋を用いてフックの曲げ加工を行う場合は，使用する材料に応じた規準類に従うか，必要に応じて実験を行うことを前提として採用するのがよい。

（1）について　標準フックの形状は，次の（ⅰ）～（ⅲ）による（解説 図7.7.1参照）。

（ⅰ） 半円形フックは，鉄筋の端部を半円形に180°折曲げ，半円形の端から鉄筋直径の4倍以上で60 mm以上まっすぐ延ばしたものとする。

（ⅱ） 鋭角フックは，鉄筋の端部を135°折曲げ，折曲げてから鉄筋直径の6倍以上で60 mm以上まっすぐ延ばしたものとする。

（ⅲ） 直角フックは，鉄筋の端部を90°折曲げ，折曲げてから鉄筋直径の12倍以上まっすぐ延

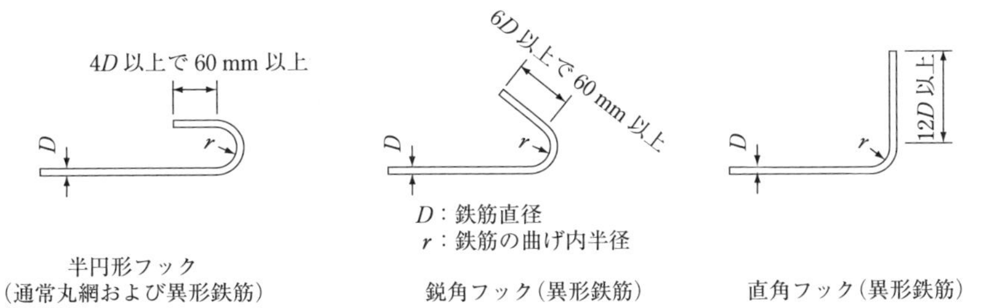

解説 図7.7.1 鉄筋端部のフックの形状

ばしたものとする。

（3）について　解説 表 7.7.1 の範囲のスターラップ，帯鉄筋のフックの曲げ内半径は，解説 表 7.7.1 の値以上とする。ただし，$D \leqq 10$ mm のスターラップは，1.5 D の曲げ内半径でよい，ここに，D は鉄筋直径である。

解説 表 7.7.1　フックの曲げ内半径

種類		曲げ内半径（r）	
		軸方向鉄筋	スターラップおよび帯鉄筋
普通丸鋼	SR235	2.0 D	1.0 D
	SR295	2.5 D	2.0 D
異形棒鋼	SD295A,B	2.5 D	2.0 D
	SD345	2.5 D	2.0 D
	SD390	3.0 D	2.5 D
	SD490	3.5 D	3.0 D

7.7.3　鉄筋の定着長

（1）　鉄筋の基本定着長 l_d は，式 (7.7.1) による算定値を，次の（ⅰ）～（ⅲ）に従って補正した値とする。ただし，この補正した値 l_d は 20 D 以上とする。

$$l_d = \alpha \frac{f_{yd}}{4 f_{bod}} D \qquad (7.7.1)$$

ここに，D　：鉄筋の直径

f_{yd}：鉄筋の設計引張降伏強度

f_{bod}：コンクリートの設計付着強度で，γ_c は 1.3 として，3 章 3.1.1(4) より求めてよい。

$\alpha = 1.0$　($k_c \leqq 1.0$ の場合) $= 0.9$　($1.0 < k_c \leqq 1.5$ の場合)

$= 0.8$　($1.5 < k_c \leqq 2.0$ の場合)

$= 0.7$　($2.0 < k_c \leqq 2.5$ の場合)

$= 0.6$　($2.5 < k_c$ の場合)

ここに，$k_c = \dfrac{c}{D} + \dfrac{15 A_t}{sD}$

c　：鉄筋の下側のかぶりの値と定着する鉄筋のあきの半分の値のうちの小さい方

A_t：仮定される割裂破壊断面に垂直な横方向鉄筋の断面積

s　：横方向鉄筋の中心間隔

（ⅰ）　引張鉄筋の基本定着長 l_d は，式 (7.7.1) による算定値とする。ただし，標準フックを設ける場合には，この算定値から 10 D だけ減じることができる。

（ⅱ）　圧縮鉄筋の基本定着長 l_d は，式 (7.7.1) による算定値の 0.8 倍とする。ただし，標準フックを設ける場合でも，これ以上減じてはならない。

（ⅲ）　定着を行う鉄筋が，コンクリートの打込みの際に，打込み終了面から 300 mm の深さより上方の位置で，かつ水平から 45° 以内の角度で配置されている場合は，引張鉄筋または圧縮鉄筋の基本定着長は，（ⅰ）または（ⅱ）で算定される値の 1.3 倍とする。

（2） 実際に配置される鉄筋量 A_s が計算上必要な鉄筋量 A_{sc} よりも大きい場合，低減定着長 l_o を式 (7.7.2) により求めてよい。

$$l_o \geqq l_d \cdot (A_{sc}/A_s) \qquad (7.7.2)$$

ただし，$l_o \geqq l_d/3$，$l_o \geqq 10\,D$

ここに，D：鉄筋直径

（3） 定着部が曲がった鉄筋の定着長のとり方は，以下のとおりとする（図 7.7.1 参照）。

（i） 曲げ内半径が鉄筋直径の 10 倍以上の場合は，折曲げた部分も含み，鉄筋の全長を有効とする。

（ii） 曲げ内半径が鉄筋直径の 10 倍未満の場合は，折曲げてから鉄筋直径の 10 倍以上まっすぐに延ばしたときにかぎり，直線部分の延長と折曲げ後の直線部分の延長との交点までを定着長として有効とする。

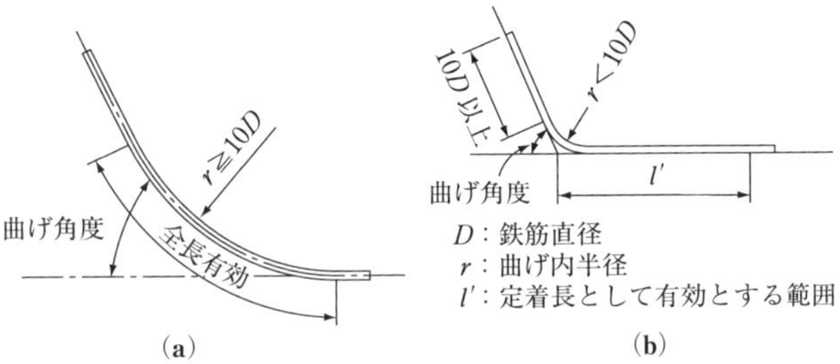

図 7.7.1 定着部が曲がった鉄筋の定着長のとり方

【解　説】

「2017 年制定 コンクリート標準示方書［設計編］」に準拠した。

7.8 鉄筋の継手

（1） 鉄筋の継手は，鉄筋の種類，直径，応力状態，継手位置などに応じて選定しなければならない。

（2） 鉄筋の継手位置は，できるだけ応力の大きい断面を避けるものとする。

（3） 同一断面に設ける継手の数は 2 本の鉄筋につき 1 本以下とし，継手を同一断面に集めないことを原則とする。継手を同一断面に集めないため，継手位置を軸方向に相互にずらす距離は，継手の長さに鉄筋直径の 25 倍を加えた長さ以上を標準とする。

（4） 継手部と隣接する鉄筋とのあきまたは継手部相互のあきは，粗骨材の最大寸法以上とする。

（5） 鉄筋を配置した後に継手を施工する場合には，継手施工用の機器などが挿入できるあきを確保しなければならない。

（6） 継手部のかぶりは，7.4.1 項の規定を満足するものとする。

（7） 重ね継手を用いる場合，重ね合わせ長さは 7.7.3 項に示す基本定着長を基本とし，構造物や部材の種類，載荷の状態，鉄筋の配置，継手位置の応力状態などを考慮して継手を設ける。

（8）　重ね継手以外の継手を用いる場合には，構造物の種類，載荷の状態，鉄筋の配置，継手位置の応力状態などに応じて，継手としての所要の性能を満足するものでなければならない。

【解　説】

「2017年制定 コンクリート標準示方書［設計編］」に準拠した。

（1）について　　変動作用および偶発作用の影響が大きいはり部材および柱部材などの軸方向鉄筋の継手は，鉄筋の直径が29 mm以上の場合，ガス圧接継手，機械継手など鉄筋を直接接合する継手を用いるものとする。

7.9　緊張材の定着，接続および定着部コンクリートの補強

（1）　緊張材の定着具および接続具は，部材に所定のプレストレスが確実に導入されるように配置し，構造物の設計供用期間中に破損または腐食しないように十分に保護しなければならない。

（2）　緊張材の緊張および定着により定着部コンクリートに有害なひび割れが生じないように断面形状および寸法を定め，定着部付近のコンクリートは鉄筋で適切に補強しなければならない。

【解　説】

「2017年制定 コンクリート標準示方書［設計編］」に準拠した。

ただし，緊張材の定着，接続および定着部コンクリートの補強については，各定着工法別に，最新の基準に定められた仕様に従わなければならない。

（2）について　　具体的には「コンクリート道路橋設計便覧」および「外ケーブル工法・プレキャストセグメント工法設計施工規準」に従って検討してよい。

特に剛な横桁以外の箇所において，外ケーブル緊張材を突起定着する場合には十分な配慮が必要であり，定着突起形状および構造は過去に実績のあるものを参考にするのがよい。既存の突起形状および構造は，実物大試験体による実証実験により安全性が確認された事例が多く，実績のないものを採用する場合は実験またはFEM解析を行うなど，安全性に対する十分な検討を行わなければならない。

8章 施　　工

8.1 一　　般

（1） 本章は，設計図書に示されたコンクリート構造物を構築するための施工に，性能創造の概念を取り入れる場合の基本的な考え方を示す。
（2） コンクリート構造物を施工する場合には，綿密な施工計画を立案し，入念に施工を行わなければならない。
（3） コンクリート構造物を施工するにあたって仮設構造物を設計する場合には，現場の状況を良く把握し，実情に即した設計条件を考慮して検討を行うものとする。

【解　説】
（1）について　本章は，2章2.4節に基づいてコンクリート構造物を施工する基本的な考え方を示したものである。

コンクリート構造物の施工にあたっては，まず安全に構造物が構築され，かつ品質が確保されることが必須条件である。さらに，より早く，より経済的に施工されることが求められるのはいうまでもない。これらを実現するには，設計段階から施工方法や施工性を考慮することが重要である。施工に関して設計段階で留意すべき事項および安全係数の考え方については2章，限界値の考え方については4章に示している。また，施工計画を立案したり施工したりする際には，既存の類似構造物に対する検証（レビュー）の結果を参考にすること，当該工事が終了した際には，今後，類似構造物を設計・施工する際に，当該物件について適切に検証（レビュー）を行えるように，それに必要な施工記録を残すことが重要である。このような検証（レビュー）の基本的な考え方については1章および2章に示している。

本章では，上述した安全性，品質，工期，経済性を確保するために，①設計図書に示されたコンクリート構造物を施工する際，②支保工や型枠などの仮設構造物を設計する際に，どのようにして性能創造の概念を取り入れるかについて基本的な考え方を示す。
（2）について　現場における種々の制約条件や要求を解決するために，従来にない新しい発想で施工方法を考案し，それを実現するために詳細な検討や実験によって施工の安全性を確認するという行為は，性能創造の概念を取り入れた施工であるといえる。

コンクリート構造物の施工に性能創造の概念を取り入れても，施工の原則は従来と同じである。しかしながら，新工法，新材料および新しい構造形式を採用する場合には，施工方法が確立されていなかったり，施工時の挙動が明確でなかったりする場合があるため，より綿密な施工計画を立案し，より入念に施工を行う必要がある。

解説図8.1.1は，従来の概念による場合の施工と性能創造を反映させた場合の施工の流れを対比したものである。性能創造を反映させた場合には，施工計画立案時や施工中において，果たすべき機能を合理的に満足するかどうかチェックし，必要に応じて設計段階や施工計画段階に立ち戻っ

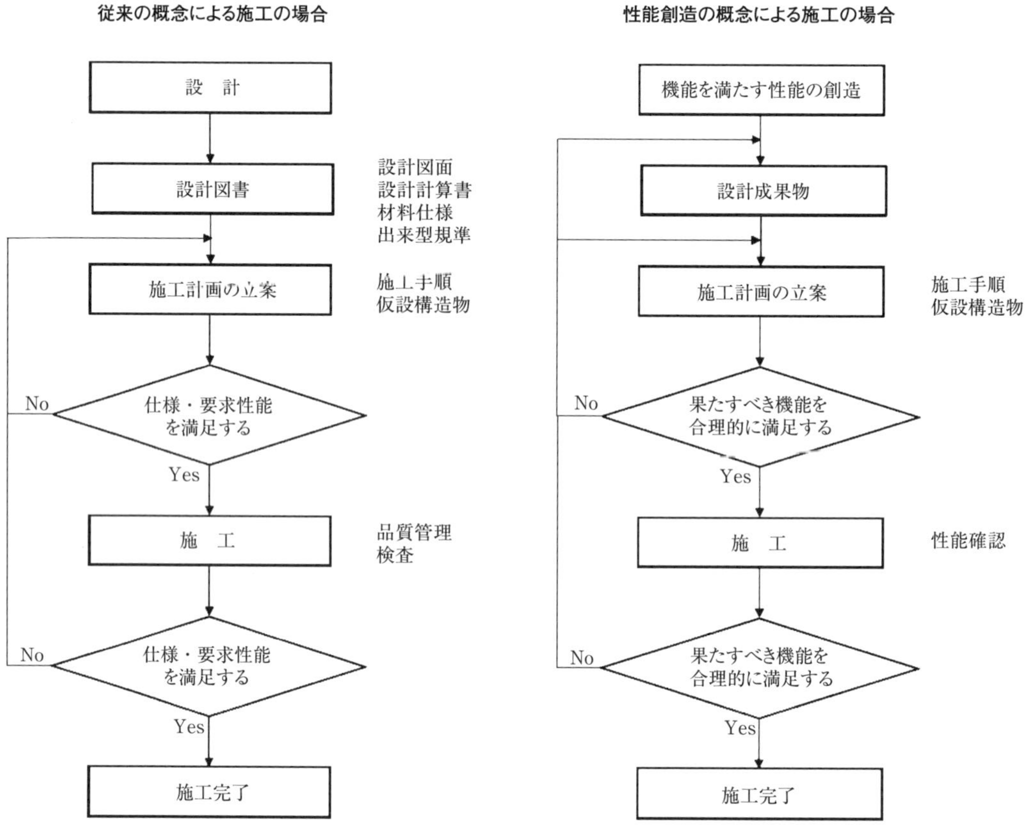

解説 図8.1.1　概念の違いによる施工の流れの対比

て再検討をすることが重要である。

コンクリート構造物の施工に性能創造の概念を取り入れた例として，以下に3つの事例を紹介する。これら以外に巻末の資料編にも，性能創造の概念を取り入れた事例が掲載されているので，そちらも参照願いたい。

（ｉ）　波形鋼板を架設材に利用した波形鋼板ウェブ橋の事例

本橋は，急峻な地形により橋脚位置が制限された，アンバランスな支間割の波形鋼板ウェブ橋である。張出し施工の工期短縮のために波形鋼板を先行架設し，その上に移動作業車を設置し，リブ付きPC合成床版構造と組み合わせた工法を採用している。解説 図8.1.2に示すように張出し施工箇所を前方，中央，後方の3ブロックに分割し，前方ブロックにて波形鋼板の架設，中央ブロックにて下床版の施工，後方ブロックにて上床版の施工をそれぞれ同時に可能とし，施工サイクルの短縮を図っている。

アンバランスな張出し施工となる区間では，他の区間で用いた移動作業車を解体した後に移設すると非効率となるため，波形鋼板のみを先行架設・閉合し，移動作業車を解体することなく波形鋼板上を通過させて，次施工区間に移動した。

また，本橋は全外ケーブル構造であり，張出し用外ケーブルの定着突起内部に定着体や補強筋などが高密度に配置されるため，この部分をプレキャスト製リブに一体化し，あらかじめ工場製作することにより，品質確保と同時に，現場での省力化，急速化を図っている。

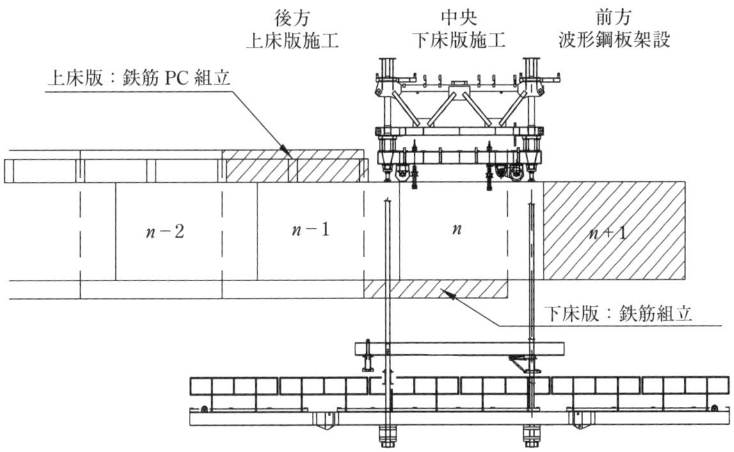

解説 図 8.1.2　波形鋼板の架設材への適用 1)

波形鋼板ウェブ橋はコンクリート橋に比べて剛性が低いため，荷重に対してたわみが大きくなる。波形鋼板の閉合時には，床版温度差によるたわみの影響があることから，閉合前日から橋面散水を行い，たわみ管理の精度を向上させた。

本橋では，波形鋼板の架設材利用を中心として，施工上の問題を解消する取り組みが数多く見られ，工期，コストを縮減するための創造的な施工を行った事例といえる。

（ii）本設材を手延べ桁に用いた押出し工法による波形鋼板ウェブ橋の事例

本事例は，押出し工法により架設されるPC11径間連続波形鋼板ウェブ箱桁橋の施工である。本橋ではコスト縮減のために，従来の押出し工法に用いられる仮設の鋼製手延べ桁の代わりに，主桁先頭区間を解説 図 8.1.3 に示すように，波形鋼板ウェブ，鋼上弦材および下弦材で構成される新しい構造の手延べ桁として使用している。手延べ桁の下弦材は，押出し時の断面力を軽減

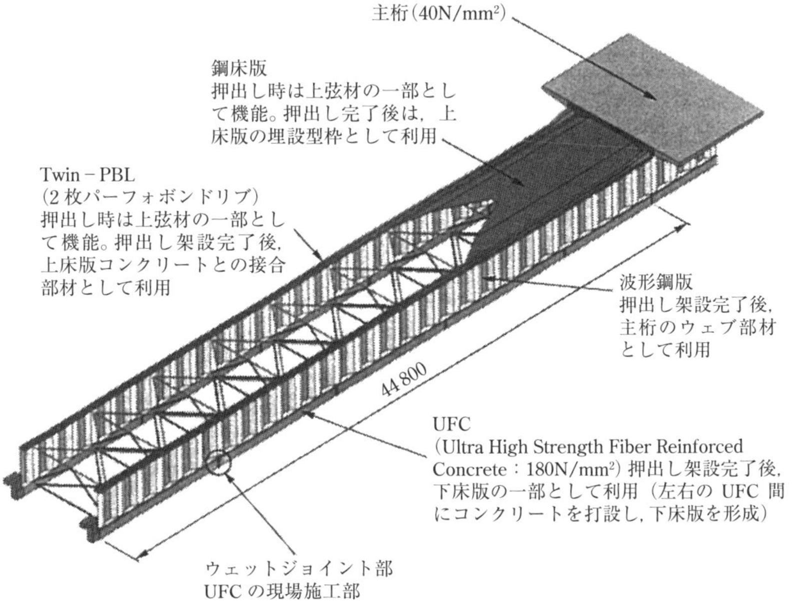

解説 図 8.1.3　本設区間を利用した手延べ桁の概要 2)

するために断面を小さくする必要があり，圧縮応力が非常に大きくなる。そのため設計基準強度 180 N/mm^2 の超高強度繊維補強コンクリートを採用している。

この手延べ桁は，押出し完了後に上下床版を構築し，完成時には本設の主桁として利用される。また，押出し架設時に使用した外ケーブルは，押出し完了後に配置替えすることにより，完成時に再利用している。このように極力本設材を架設材として利用することにより，従来の鋼製手延べ桁を用いる場合に比べ，架設費を大幅に削減した。

本橋は上記のような新たな工法を用いているため，波形鋼板と下弦材の接合部や，手延べ桁の耐荷力をFEM解析と縮小試験体を用いた載荷実験により確認している。また，押出し施工時には手延べ桁のたわみや応力をリアルタイム計測し，事前の設計値と比較を行って施工時挙動の確認を行っている。

このように本橋は，新材料，新構造を用いた創造的な施工方法の開発を行い，その挙動と安全性を施工前，施工中に確認しながら施工が行われた例である。

(iii)　橋桁を平行移動・回転して架設した鉄道橋の事例

本橋は，トンネルと急峻な斜面に設置された駅舎の間に位置する既設鉄道橋を，PC5径間連続エクストラドーズド箱桁鉄道橋に架け替える計画において，橋桁を平行移動ならびに回転して架設した事例である。

経済性の観点から新橋架け替え後も既設トンネルを継続使用すること，駅舎周辺の斜面の制約から新線の平面シフト量に制約を受けること，当該地域は鉄道に替わる代替公共交通機関が乏しいため，橋梁架替えに伴う鉄道運休を最小限にすることなどの厳しい制約条件があった。このような制約条件を満足するために，解説 図8.1.4に示すように既設橋梁供用に支障が出ない仮位置で橋桁を構築し，水平方向に平行移動した後，回転させて所定の計画位置に橋桁を移動し，中央閉合して橋梁を完成させた。

このような規模での橋桁の平行移動・回転について，参考となる類似物件がなかったため，平行移動・回転時の桁の滑り挙動を把握するために1/10モデルを製作し，滑り面の状況（グリース，水滴，砂粒の有無）に関する実証実験を行い，その結果をフィードバックして摩擦係数ならびに割増係数（安全率）を設定している。また，平行移動時における桁の橋軸方向移動量の把握，回転時の回転軸の必要性，平行移動および回転時の桁の健全性，などを3次元FEM解析によって検証している。このように，本橋は，従来にない新しい発想で施工方法を考案し，それを実現するために実証実験を通じて設計条件を設定して，施工の安全性を確保した性能創造的な設計施工の事例である。

（3）について　　支保工や型枠などの仮設構造物を設計する際には，簡易的・経験的な方法を適用するのが一般的であり，設計条件（荷重条件，境界条件など）や安全率は既往の事例に基づきマニュアルに従って設定されるのが通常である。これに対して，現実の状況を把握し，より実際に即した条件を設定して設計を行う行為は，性能創造の概念を取り入れた仮設構造物の設計といえる。

施工計画において，支保工や型枠などの仮設構造物の設計を行う場合，本設構造物の設計とは異なり，設計を簡素化するため簡易な計算方法が用いられることが多く，計算を行わず経験則に基づいて構造を決定する場合もある。支保工や型枠などのモデル化，支持条件，作用する荷重の流れや荷重を負担する範囲などの荷重条件は，一般には安全側になるように設定されており，ある程度の

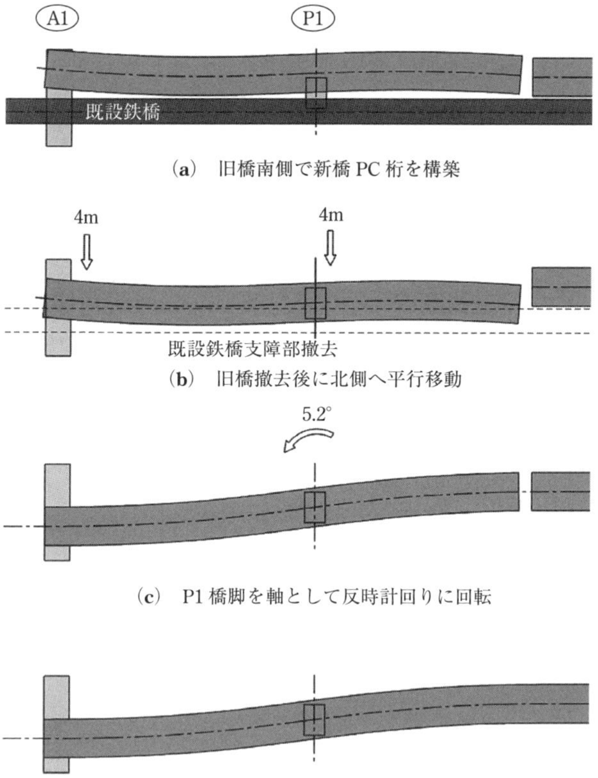

(a)　旧橋南側で新橋 PC 桁を構築

(b)　旧橋撤去後に北側へ平行移動

(c)　P1 橋脚を軸として反時計回りに回転

(d)　中央閉合し新橋を連結

解説 図 8.1.4　橋桁の平行移動および回転手順[3)]

安全率が確保されるようになっている。これに対して，支保工や型枠設備に用いる鋼材やボルトなどの資材については，施工中は再現期間が短いという理由から，安全率が低く設定されているのが通常である。

このような方法で設計された仮設構造物は，これまで多くのコンクリート構造物の構築に使用されているが，この中には，設計時に実際の状況を適切に反映せずに，従来の考え方や経験則を安易に取り入れたために支保工の崩壊などの事故を招いたものもある。また，近年，設計・解析技術の向上に伴い，より高度な施工技術を必要としたり，あるいは高強度の新材料を用いたりしたコンクリート構造物が増加しており，こういったコンクリート構造物に対する仮設構造物を計画・設計するにあたっては，従来の考え方が必ずしも適切とはいえない。したがって，仮設構造物を従来の方法により設計する場合でも，基本に立ち返って設計条件の妥当性を確認し，必要であれば設計条件や安全率を実情に即して設定し直すことが重要である。なお，従来の設計方法で設定されている種々の設計条件が，実際の状況に対して安全側になりすぎている場合には，より現実に即した条件とすることで，合理的，経済的な設計が可能になる場合がある。

8.2 施工計画

8.2.1 一　　般

コンクリート構造物を施工する前には，設計図書に基づいて，設計段階で設定した施工条件，材料，施工方法および施工に関する留意事項を反映させて施工計画を立案しなければならない。また，既往の類似構造物に対する検証結果があれば，それを参考にするのがよい。

【解　説】

コンクリート構造物を施工する場合は，あらかじめ施工計画を立案しておくことが必要である。施工計画における検討項目としては，使用材料，施工方法や安全・環境に関する事項のほか，品質管理に関する事項として管理限界値や有資格者などを記載することとする。特に，性能創造の概念に基づき，新材料や，新しい構造形式，新しい施工方法などを採用したコンクリート構造物を施工する場合には，これらの施工条件が施工計画に確実に反映されている必要がある。

コンクリート構造物は，一般に，規模が大きく施工も長期間に及ぶことから，通常は同じ構造物を複数施工したり，試験的に施工したりできない。そのため，実際に施工することによって初めて得られるさまざまな事象を施工計画の立案時に把握しておくことは容易ではない。したがって，施工計画を立案し，実際に施工するにあたっては，既往の類似構造物に対する検証（レビュー）の結果は非常に有用な情報となるため，それを参考にするのがよい。また，性能創造の概念を取り入れた施工にあたっては，設計思想を十分理解し，それを実現するための施工方法の創造が重要であり，それらを施工計画に確実に反映することが肝要である。

8.2.2 新材料の採用

新材料を採用する場合には，実際に使用する材料が設計段階で想定した所要の性能を有していることを確認するとともに，新材料の品質管理方法について施工計画に明示しておくものとする。

【解　説】

新材料を使用する場合には，実際に使用する材料が，設計で想定した所要の性能を満足することを品質保証書や実験などにより確認しなければならない。また，材料の運搬，保管，ハンドリングなどの取扱いを含めた品質管理方法について，施工計画に明示しておくことが必要である。また，新材料の取扱い方法については，施工を始めるまでに関係者全員に確実に周知しておくことが重要である。

8.2.3 新しい構造形式や新しい施工方法の採用

新しい構造形式や新しい施工方法を採用する場合には，施工途中で行う種々の検査をより入念に実施して品質管理を行うとともに，各施工段階における構造物全体の挙動などを入念に確認するものとする。また，施工計画にはこれらのことを確実に反映させておくものとする。

【解　説】

鉄筋工，型枠工，コンクリート工，PC工などの各作業の途中では，品質管理のために種々の検査を実施するのが通常である。新しい構造形式や新しい施工方法を採用する場合には，たとえば検査項目や頻度を増やすなど，従来に比べてより入念に品質管理を行う必要がある。また，施工途中においても，たとえば，構造物の変位および移動量，斜ケーブルの張力などを各施工段階で計測し，構造物全体が設計で想定された通りの挙動を示していることを随時，確認することが重要である。したがって，これらのことを施工計画に確実に反映させておくものとする。

8.2.4　特殊な仮設設備の採用

特殊な仮設設備を採用する場合，その特殊性を考慮し，用途に応じた構造，材料および設計方法を適用しなければならない。また，使用にあたっては，取扱い方法を関係者に熟知させるとともに，適切な頻度および方法によって点検を行い，メンテナンスに十分注意を払わなければならない。また，万一に備えて，フェイルセーフ機能を有することが望ましい。

【解　説】

コンクリート構造物の施工において，超大型の移動作業車や架設桁などの特殊な仮設設備を採用する場合には，通常に使用される仮設設備を設計する場合よりも，さらに綿密な設計が必要である。また，使用にあたっても十分な注意が必要である。一般にこのような仮設設備は，規模が大きくなったり，構造や機構が複雑になったりすることが予想され，万一の場合には大きな事故につながることが考えられる。したがって，誤操作・誤動作による不具合が発生した場合でも常に安全側に制御できるフェイルセーフ機能を有していることが望ましい。

8.2.5　仮設構造物の設計

仮設構造物を設計する場合の設計条件および設計方法については，実際の状況を把握，理解した上で，適切に設定しなければならない。

【解　説】

支保工や型枠などの仮設構造物の設計において，従来から用いられている簡易的な方法を適用する場合には，実際の状況を正しく把握し，問題のないことを確認した上で使用しなければならない。

仮設構造物の安全率や施工時地震の有無などの設計条件は，慣用的に既往の条件設定を踏襲している場合が多い。また，構造ならびに細目については法律や関連法規などで定められているものもある。性能創造の概念を取り入れるということは，このように慣用的に設定された条件の背景や意図を十分に理解するとともに，必要に応じて設計条件を見直すなどにより，実際の状況を把握して適切に設計を行うことである。

性能創造の概念を取り入れる場合において，設計条件の設定に考慮すべき事項の例には以下のようなものがある。

（ｉ）　仮設構造物の安全率について

コンクリート構造物の施工では，一般に，コンクリートの打込みから硬化に至るまでの時間が比較的短いので，型枠および支保工などに大きな安全率をとる必要はないと考えられている。しかしながら経済性を重視するあまりに，構造物に悪影響を与え，安全性を損なうことがないように適切に安全率を設定しなければならない。

（ii） 施工時地震の有無

コンクリート構造物が施工中に地震の影響を受ける可能性は非常に小さく，また被災した際の第三者への影響も小さいと考えられているため，設計には施工時の大地震を考慮しないのが一般的である。しかし，支保工の設置期間が比較的長期間となる場合は，施工中に地震の影響を受ける可能性が大きくなり，また第三者への影響が大きいと考えられる場合は，想定される地震に対して十分な強度と安全性を有するように設計することが望ましい。

また，設計を行う場合において考慮すべき事項の例には以下のようなものがある。

（i） 鉛直荷重の分布を考慮した支保工配置

PC中空床版橋のように，比較的均等に荷重が作用する支保工の設計では，上載荷重を等分布と仮定して設計計算を行うことが多いが，PC箱桁橋のウェブ部では鉛直作用荷重が大きくなるため，標準部よりも密な間隔で支持梁を配置する必要がある（解説 図8.2.1）。

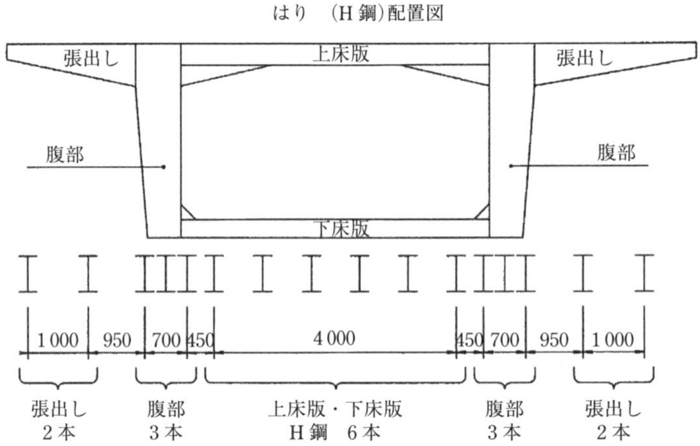

解説 図8.2.1 ウェブ直下の支保工梁を密に配置した例 4)

（ii） 水平方向荷重が作用する支保工

水平荷重に対して支保工を設計する場合には，一般に，鉛直方向荷重の5％ないし2.5％を照査水平方向荷重として設計が行われている。実際にはブレースなどの抵抗部材が支保工材の製品として決定されるなど，慣用的かつ簡便な設計が行われることが多い。解説 図8.2.2に示すような構造高さの変化によって下面型枠が縦断勾配を有する場合やランプ橋のように縦断勾配が急な場合は，支保工全体に作用する水平荷重や偏心荷重を適切に評価して設計を行わなければならない。支保工の倒壊事故に，水平方向荷重に起因するものが多いのは，支保工部材にのみ着目し，全体を眺める観点が不十分であることも一因であると考えられ，実際の状況を把握，理解して設計を行うことが重要である。

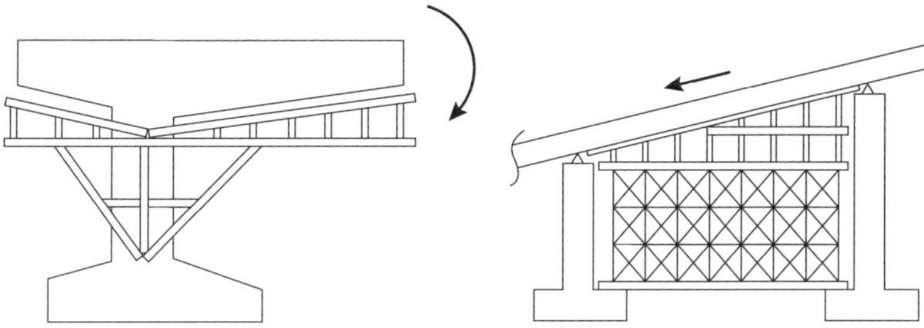

解説 図 8.2.2 勾配による水平方向力の例 [5)]

(iii) プレストレスによる変形の拘束

プレストレス力を与えることにより，支点移動や構造物のそり，たわみが生じ，反力分布が変化して，支保工の一部に過荷重を与える場合がある。

たとえば，支保工の構造高さが従来よりも高い新工法の場合や，高強度で断面積の小さい新材料の支保工材を用いる場合などは，支保工の鉛直弾性変形量がプレストレスによるそりに比べて大きくなることがある。この結果，プレストレスを導入しても桁が支保工から離れず，桁自重が支保工で支持されたままプレストレスが導入され，オーバープレストレス状態となる。この場合には，構造物の変形を拘束しないように，プレストレスを与える途中で支保工を下げるなどの対策が必要である。

(iv) 型枠などに作用するコンクリートの側圧

型枠などに作用するコンクリートの側圧は，構造物条件，材料条件および施工条件によって異なる。たとえば，高流動コンクリートおよび流動性の高い高強度コンクリートの側圧は，実際に測定してみると液圧に近い側圧分布を示す場合が多いため，一般には液圧が作用するものとして設計する。液圧による型枠の設計は安全側であるが，実際に作用する側圧が液圧よりもかなり小さい場合には不経済となる。したがってどのような側圧を考慮するかは，設計者の責任で判断することが必要である。

8.3 施　　工

(1) 8.2 節で立案した施工計画に従って，施工を行うことを原則とする。

(2) 施工中は，設計で想定した条件が満足されていることを確認しなければならない。また，施工の各段階における挙動を計測し，それが設計で想定された範囲内であることを確認しなければならない。

(3) 施工にあたってやむを得ず当初の設計で想定した条件を変更する場合には，設計の照査を行わなければならない。

【解　説】

(2)について　　施工の各段階において，たとえば構造物の変位や移動量，ケーブル張力などを計測し，これらが設計で想定された範囲内であることを確認することが，安全管理，品質管理上において重要である。特に実績が十分でなく挙動が不明確な構造物の場合には，より入念な管理が必要である。設計で想定された範囲に基づいて施工時の管理値をあらかじめさだめておき，施工中に万一，想定外の挙動を示した場合には，ただちに施工を中断し，原因を追究するとともに，施工を進めるにあたって設計上問題がないことを確認することが必要である。なお，この場合，安易に当初の設計条件を変更してはならない。

（3）について　　現場の実情を鑑みて，やむを得ず設計条件を変更する場合には，再度，元の設計に戻り，設計上問題がないことを照査しなければならない。また，場合によっては設計をやり直すことも必要である。そして，設計条件を変更したり，設計をやり直したりした場合には，それらを考慮して，あらためて施工計画を立案することが必要である。

8.4　施工の記録

（1）　施工の記録は，コンクリート構造物の供用期間中，保管されなければならない。

（2）　施工者は，工程，製造および施工状況，品質管理および検査の結果などを施工中に記録し，これを施工記録として，構造物の管理者および保有者へ引き渡すものとする。

【解　説】

（1）について　　ここでいう施工記録には，図面（竣工図，施工図など），施工計画書（仮設図，架設図，架設機材や仮設構造物の設計計算書なども含む），検査計画書および検査記録（初期点検でのひび割れ調査図，初期欠陥の有無および補修の有無など）などがある。また，コンクリート構造物の重要度や必要性に応じて，施工管理の記録を残すとよい。

これらの書類は，構築したコンクリート構造物に関するすべての情報を含んでおり，構造物が供用される期間中，その機能を保証するための基礎データとなるものである。これらの書類には，それぞれの業務を実施した会社，責任者などを明記することを原則とする。

（2）について　　施工記録は，構造物の維持管理の基礎資料となるものであり，技術の進歩のためにも必要である。記録の内容としては，以下のものが挙げられる。

（i）　コンクリートの品質・施工にかかわる記録
（ii）　材料受入れ検査にかかわる記録
（iii）　PC鋼材の緊張管理にかかわる記録
（iv）　PCグラウトの品質・施工にかかわる記録
（v）　架設機材・仮設構造物の設計・施工にかかわる記録
（vi）　その他特記事項：コンクリートの品質，施工などにかかわる変更内容など

性能創造の概念により，新構造・新材料を用いたコンクリート構造物を施工する際には，設計時に想定できない施工上の諸問題を把握するために，類似したコンクリート構造物の施工ならびに維持管理の記録を収集整理し，発生した不具合に対する改善策や改良点を検証（レビュー）することが重要である。検証（レビュー）の結果を参考にすることにより，当該構造物の種々の問題点を事前に把握できることが期待される。また，これらの問題点に対する改善策や改良を今後のコンクリート構造物の計画・設計にフィードバックすることによって，より優れたコンクリート構造物を計画・設計することが可能となる。

したがって，施工記録には，今後，類似構造物や新たに性能創造の概念に基づき設計・施工する際に，適切に検証（レビュー）を行うことができる十分な情報を含んでいることが必要である。また，性能創造の概念に基づき設計・施工した内容は，構造物の保全のためには重要な情報であるため，思想を含めた性能創造の内容を確実に構造物の保全に反映できるようにすることが重要である。

また，2 章 2.6 節に示したように，構造物には竣工板（橋歴板）を取り付けることを原則とするが，竣工板には，以下に示すような構造物の保全に最低限必要な事項を記載するものとする。

① 構造物名
② 竣工年月
③ 発注機関
④ 適用規準
⑤ 設計，施工の機関名および責任者
⑥ その他

参考文献

1） 青木圭一，大谷正幸，萩原直樹，廣瀬毅，平喜彦，伊藤篤：新東名高速道路赤淵川橋（下り線）の設計と施工 ― 不等径間を有する波形鋼板ウェブ PC 箱桁橋の合理化施工 ―，橋梁と基礎，Vol. 43, pp. 5-11, 建設図書，2009. 3
2） 持田淳一，武田勇光，大川渉，堀口政一，塚本敦之，神田隆司：北海道縦貫自動車道鳥崎川橋上部工の施工 ― 波形鋼板手延べ桁を用いた押出し架設 ―，橋梁と基礎，Vol. 40, 建設図書，2006. 6
3） 谷口康一，金子雅，仲西克衛，中原俊之，崎山郁夫，前田利光：新余部橋りょうの施工 ― 我が初，PC 桁の平行移動・回転工による鉄道橋の架替え ―，橋梁と基礎，Vol. 45, pp. 11-17, 建設図書，2011. 1
4） 支保工の計算，施工計画書の手引き「場所打ち編」，p. 178，プレストレストコンクリート建設業協会，2002. 3
5） 型枠・支保工に作用する荷重，コンクリート構造の設計・施工・維持管理の基本，p. 233，土木学会関西支部，2009. 10

9章 保　　全

9.1 一　　般

（1） 本章は，構築されたコンクリート構造物が，設計供用期間内において供用目的に適合した所要の機能を確保できる性能を有するように保全する基本的な方法を示す。
（2） コンクリート構造物の保全は，保全計画の策定，診断，対策，記録から構成される。したがって，コンクリート構造物の保全者は，設計供用期間内において供用目的に適合した所要の機能を確保できる性能を有するように保全計画を策定し，これによる構造物の診断，診断結果に基づいた対策の実施，それらの結果の記録を適切に行うものとする。
（3） 設計・施工段階において，保全に配慮した構造とするとともに，必要に応じて，点検が容易な構造の採用や点検設備などを整備することを原則とする。

【解　説】

（1）について　　コンクリート構造物は，設計供用期間内において供用目的に適合した所要の機能を確保できる性能を有しなければならない。そのためには，設計供用期間中に所要の機能を確保するための性能要求事項による性能を満足している必要がある。したがって，本規準に則ってコンクリート構造物の設計を行った場合，設計供用期間のいずれの時点においても，機能を確保するための性能要求事項による性能が保たれることから，解説 図9.1.1 のケース 1 に示すように，定期の診断などの定期的な診断は必要であるが，補修および補強などの対策を実施する必要がない。ただし，コンクリート構造物を構成する部位・部材が解説 図9.1.1 のケース 2 に示すように，性能の低下により設計供用期間中に補修・補強を実施することを前提として設計された部位・部材は，適切な時期に対策を実施する必要がある。

しかし，設計時点でこの点を考慮していないコンクリート構造物や設計や施工上の不備から期待されている安全性や耐久性などを実現できないと想定される変状が発生しているコンクリート構造物が散見されることも事実である。一般にコンクリート構造物のライフサイクルコストを最小化す

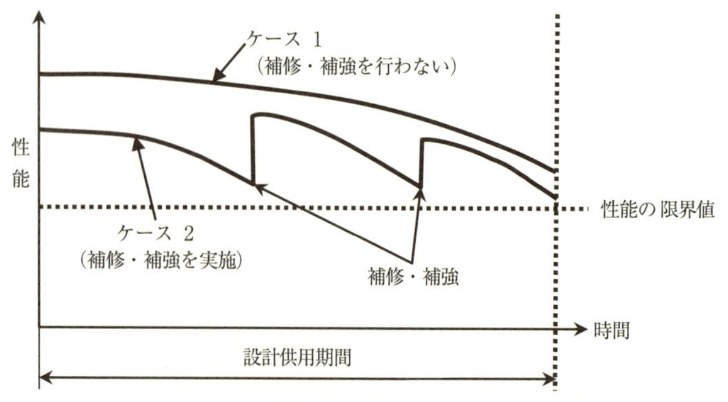

解説 図9.1.1　保全における性能と時間との関係

るためには，適切な保全を実施することが重要であり，所要の安全性や耐久性などを確保していない既設構造物は，必要な補修・補強などを実施して，残りの設計供用期間中の機能を満足させなければならない。

（2）について　コンクリート構造物の保全は，保全計画の策定を初めに行い，点検，劣化機構の推定，予測，性能の評価，対策の要否判定からなる診断，診断結果に基づいて必用に応じて実施される対策，これらの記録で構成される。点検には，点検結果に基づいて必用に応じて実施する詳細調査も含まれる。この保全の標準的な手順を解説 図9.1.2に示す。コンクリート構造物のうち橋梁の保全については，「コンクリート橋・複合橋保全マニュアル」[4)]を参照する。

（3）について　設計施工段階においては，保全計画が適正に実施できるように，点検が容易な構造の採用や点検設備などを整備する。また，初期の診断や定期の診断において，点検設備などの不足により，保全計画に基づく点検が困難な場合は，必要に応じて点検設備を追加して設置するなどの対策を講じる必要がある。

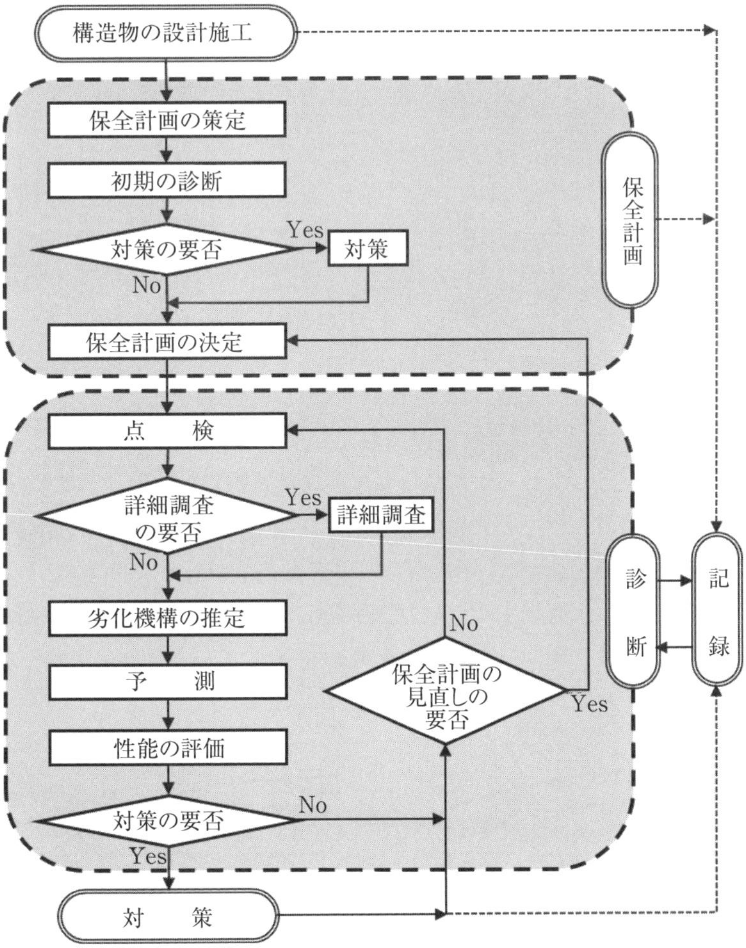

解説 図9.1.2　コンクリート構造物の保全の標準的な手順

9.2 保全計画

（1） 有効で効率的な保全を行うために，設計時に明確な保全方法を定めるものとする。
（2） 対象構造物の供用前には，設計時に定めた保全方法および推定される劣化機構に応じて，対象構造物あるいは部位・部材ごとに，診断の方法，対策の選定方法，記録の方法などを明らかにして保全計画を策定する。
（3） 策定した保全計画は，対象構造物の供用前に初期の診断を実施し，必要に応じて見直しを行う。
（4） 保全計画は，対象構造物の供用後に実施する診断や対策の結果を考慮し，必要に応じて見直しを行う。

【解　説】

（1）について　構造物の設計における性能の創造にあたっては，対象構造物の保全方法をどのようにするかを決定する必要がある。保全方法としては，一般に予防保全，事後保全，観察保全があるため，設計時に対象構造物あるいは部位・部材ごとにこれを定め性能の時間的な変化を考慮して創造課題を設定し設計を行う必要がある。また，保全方法を考慮して，点検が容易な構造の採用や点検設備などを整備する必要がある。

（2）について　保全計画には，保全上の留意点を明確に示しておかなければならない。特に，新技術や新工法を採用したコンクリート構造物の場合，従来のものとは，変状が発生する時期，部材・部位，程度などが異なる可能性がある。したがって，新しい構造の特徴や従来の構造との相違点，点検上の留意点やポイントなどを明確にしておくことが必要である。これらの情報をもとに，点検の頻度・方法，判定の基準となる値・判定方法などを適切に定め，将来に予想される経時的な変状についてあらかじめ対策案を考慮し保全計画に明示しておくのがよい。

（3）について　構造計画および設計によって設定した創造課題に対して，創造成果物としての完成構造物が十分な性能を有しているかについて，完成構造物の供用前に初期の診断を行い，設計時に策定した保全計画の検討を行い必要に応じて保全計画の見直しを行う。完成構造物の性能が，解説 図 9.2.1 に示すケース 1 の場合はそのまま供用することが可能であるが，ケース 2 のように設計供用期間中に所要の機能を確保するための性能要求事項による性能の限界値を下回ることが予測される場合は，適切な補修・補強などの対策を実施する。

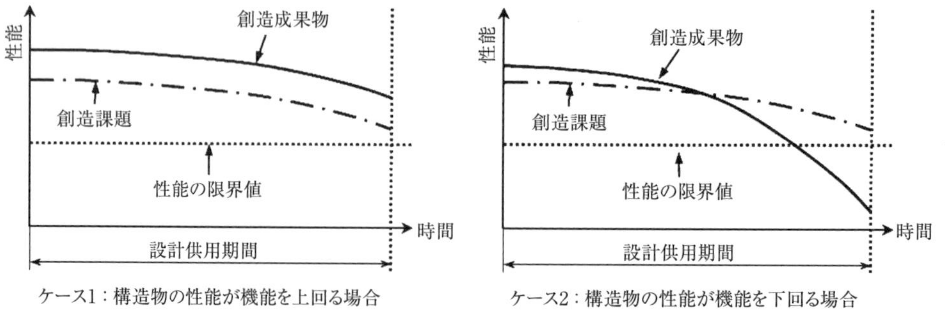

解説 図 9.2.1　創造成果物（完成構造物）と機能との関係

(4)について　構造物の供用後には，設計で想定した作用と実際の作用が相違する場合や作用に対する応答が相違する場合などがある。また，補修・補強などの対策の実施により作用に対する応答が当初と相違する場合などがある。これらの場合は，診断や対策の結果をもとに保全計画の見直しの要否を検討して，必要に応じて保全計画の見直しを行う必要がある。

9.3 保 全 設 備

(1)　保全を行うために必要な点検用足場，通路，昇降設備などは，立地条件や供用環境など個々の構造物の特徴を考慮して計画，設置するのがよい。
(2)　保全を行うために必要なモニタリング設備は，立地条件や供用環境ならびに新しい考え方で設計・施工された部位・部材など個々の構造物の特徴を考慮して，計画，設置するものとする。

【解　説】
(1)について　対象構造物の診断が適切に実施できるように，設計時に点検が容易となる保全設備を設置する必要がある。また，保全時に点検用足場などが必要になった場合は，速やかに設置することが望ましい。
(2)について　対象構造物の診断を効率的に診断するためには，劣化要因や環境作用による応答をモニタリングすることが望ましい。近年，モニタリング技術が急速に発展しつつあるので，最新の情報を収集し，対象構造物への設備の設置を検討する必要がある。

9.4 診　　断

9.4.1 一　　般

(1)　構造物の診断においては，保全計画に基づいた点検と必要に応じて行われる詳細調査を実施し，その結果から劣化や損傷の確認，劣化機構の推定と予測，対象構造物または部位・部材の性能の評価を行って，対策の要否の判定を行わなければならない。
(2)　構造物の診断にあたっては，対象構造物の設計・施工の記録および過去の保全の記録を参考にする。
(3)　診断には，初期の診断，定期の診断，および臨時の診断があり，保全計画に基づき，それぞれの目的に適した診断を，十分な知識と経験を有する技術者が実施しなければならない。

【解　説】
(1)について　構造物の診断は，解説 図 9.1.2 に示したような手順で実施される。このうち，詳細調査は，保全計画に基づいて実施される点検の結果により劣化や損傷が確認され，さらに非破壊検査や載荷試験などの調査が必要な場合に実施するもので点検に含まれる。この詳細調査については，対象構造物に生じる可能性がある劣化や損傷が発生した場合の具体的な方法を保全計画書に明記する必要がある。

(2)について　構造物の診断を行うためには，設計施工の記録や過去の診断や対策などの記録を参考にして，劣化機構の推定と予測および性能の評価を行って，対策の要否の判定を行うことがきわめて重要である。ただし，記録などが紛失している場合は，必要に応じて対象構造物の形状や材料の調査および復元設計を行う。

(3)について　構造物は，多種多様な構造物があるため，診断を適正に実施するためには，対象構造物の診断に精通し十分な知識と経験を有する技術者で，コンクリート構造診断士や技術士の資格を有する者が実施する必要がある。ただし，定期の診断のうち日常的な点検を担当する技術者は，点検に関する十分な知識と経験を有する技術者が行ってもよい。解説 図 9.4.1 にコンクリート構造の橋梁の点検種別，点検方法および点検頻度の例を示す。

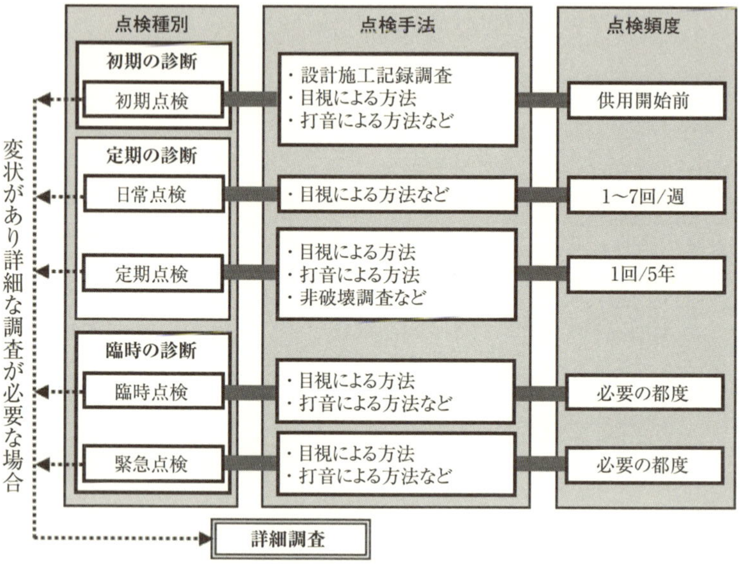

解説 図 9.4.1　コンクリート構造の橋梁の点検種別，点検方法および点検頻度の例

9.4.2　初期の診断

(1)　初期の診断は，対象構造物の供用前の初期の状態を把握することを目的とする。

(2)　初期の診断では，初期点検を実施し，これをもとに劣化機構の推定と予測，対象構造物または部位・部材の性能の評価を行って，設計時に作成した保全計画の妥当性を確認しなければならない。

(3)　初期点検では，設計と施工に関する記録の調査，対象構造物の目視や打音による調査および形状などの簡易な計測を実施することを標準とする。

(4)　標準的な初期点検の結果から，対象構造物に変状が発生しており詳細な調査が必要と判断された場合には，詳細調査を実施しなければならない。

(5)　初期の診断において，補修・補強などの対策が必要になった場合は，速やかに実施しなければならない。

【解　説】

（1）について　　初期の診断においては，対象構造物が完成して供用する前の初期の状態の性能が所要の機能を確保するための性能要求事項による性能の限界値を上回っており，設計供用期間中も性能の限界値を下回ることがないかどうかについて診断することが目的である。また，対象構造物の初期の状態を記録することにより，供用後に実施する定期の診断との対比が可能となる。

（2）について　　初期の診断の結果から，保全計画の変更が必要になった場合は，保全計画を変更する。

（3）について　　初期点検においては，設計図書や施工記録をあらかじめ調査し，対象構造物を近接目視により調査するとともに，変状の発生の可能性がある箇所においては，テストハンマーによる打音による方法を実施する。また，断面寸法や形状などについても，必要に応じて簡易な計測を行い設計図書との対比を行う。

（4）について　　標準的な初期点検の結果からひび割れや変形などの変状が確認され，さらに詳細な情報が必要な場合は，非破壊検査や形状計測などの詳細調査を実施する。

（5）について　　初期の診断において対策が必要となった場合は，構造物の供用前に実施することが望ましい。

9.4.3　定期の診断

（1）　定期の診断は，対象構造物の供用中の性能を評価して，対策の要否を判定することを目的とする。

（2）　定期の診断では，日常点検および定期点検を実施し，これをもとに劣化や損傷の有無とその程度を把握して，劣化機構の推定と予測，対象構造物または部位・部材の性能の評価を行い対策の要否を判定しなければならない。

（3）　日常点検では，日常の巡回で点検が可能な範囲について，目視による調査を実施することを標準とする。

（4）　定期点検では，対象構造物を目視や打音による調査を実施することを標準とするが，必要に応じて非破壊検査や局部的に材料を切りだす方法により調査を実施する。

（5）　標準的な日常点検および定期点検の結果から，対象構造物に変状が発生しており詳細な調査が必要と判断された場合には，詳細調査を実施しなければならない。

【解　説】

（1）について　　定期の診断は，対象構造物の性能と機能とを対比すること，解説 図9.2.1に示した創造成果物である対象構造物の性能と設計時に設定した創造課題の性能とを対比して性能を評価することにより，対策の要否を判定するために実施する。

（2）について　　点検は，対象構造物の重要度，供用状況，特性などを考慮して，頻度を決定する。日常点検は，一般に1週間に1回から7回程度実施する。これに対して定期点検は，一般に1～5年間に1回実施される事例が多い。

（3）について　　日常点検は，主に目視による方法で確認するもので，可能な限り同一の点検者が実施することにより，前回の点検との相違を調査することができる。

（4）について　定期点検は，対象構造物に接近して主に目視による方法により調査するもので，目視による方法によりコンクリートのはく離や浮き，ボルトの緩みなどの変状の可能性がある場合は，打音による方法を実施する。中性化深さや全塩化物イオン濃度分布などの調査が必要な場合は，コアボウリングなどにより局部的に材料を切りだして調査を実施する。コンクリートのかぶりやコンクリートの内部変状などについては非破壊検査機器を使用して調査を実施する。また，点検箇所が狭隘で目視による方法が困難な場合は，ファイバスコープなどを使用して調査を行うのがよい。

（5）について　標準的な日常点検および定期点検の結果からひび割れや変形などの変状が確認され，さらに詳細な情報が必要な場合は，詳細調査を実施する。

9.4.4　臨時の診断

（1）臨時の診断は，偶発的な外力が対象構造物に作用した場合や類似の構造物に著しい変状が発生した場合など，緊急に診断が必要となる状況が生じた場合に実施する。

（2）臨時の診断では，臨時点検および緊急点検を実施し，これをもとに劣化や損傷の有無とその程度を把握して，劣化機構の推定と予測，対象構造物または部位・部材の性能の評価を行い対策の要否を判定しなければならない。

（3）臨時点検は，地震，台風，火災などの災害により，変状が生じたかあるいはその可能性がある構造物または部位・部材を対象として，災害の発生後に速やかに調査を実施する。

（4）臨時点検では，災害の種類ごとに対象構造物または部位・部材に発生する変状を想定して目視による方法や打音による方法などにより調査を行うものとし，あらかじめ保全計画で定めるものとする。

（5）緊急点検は，類似の構造物または部位・部材に著しい変状が発生した場合や第三者被害が発生した場合などに，類似の構造物または部位・部材を対象に速やかに調査を実施する。

（6）緊急点検では，類似の構造物または部位・部材に発生した変状の調査結果を参考に，対象構造物または部位・部材に発生する変状を想定して，目視による方法や打音による方法などにより必要な調査を行う。

（7）臨時点検および緊急点検の結果から，対象構造物または部位・部材に変状が発生しており詳細な調査が必要と判断された場合には，詳細調査を実施しなければならない。

【解　説】

（1），（2）について　臨時の診断は，地震，台風，火災，水害などの災害時に実施する臨時点検と類似構造物に安全性や供用性などに大きな影響を与える変状が発生した場合に実施する緊急点検とがある。

（3），（4）について　設計供用期間中に発生する可能性がある地震，台風，火災，水害などの災害については，その規模や程度を想定しあらかじめ保全計画に点検箇所，点検方法，点検体制などを定めて，災害発生時に緊急に対応する必要がある。また，保全計画には，災害による変状の程度に応じて，速やかに補修・補強などが可能となるように応急対策の方法なども検討しておくのがよい。ただし，災害発生時は点検者などに危害が生じないよう十分に安全を確保する必要がある。

（5），（6）について　類似の構造物または部位・部材に著しい変状が発生した場合や第三者被害が発生した場合は，対象構造物または部位・部材に同様な変状が発生するおそれがあるため，同様な変状の有無の発見や変状の未然防止のために調査を行う必要がある。特に第三者被害があった場合は十分な調査が必要となる。

（7）について　臨時点検および緊急点検の結果から変状が確認され，さらに詳細な情報が必要な場合は，詳細調査を実施する。詳細調査においては，応急対策の実施に必要な調査も合わせて行う。

9.4.5 点検における調査

（1）点検においては，対象構造物または部位・部材の状態に対する具体的な情報を得るために，調査項目を適切に設定するとともに，点検の目的を達成することが可能な方法で調査を実施しなければならない。

（2）調査の項目は，調査の種類および目的，対象構造物の状況，必要とする情報，構造物または部位・部材の劣化の原因などを考慮し，適切に選定しなければならない。

（3）調査の方法は，選定した調査の項目に関する情報が得られる適切な方法を選定しなければならない。

【解　説】

（1）について　調査項目および方法の設定にあたっては，点検の目的を十分に理解し，対象構造物あるいは部位・部材の状態を把握するために必要な情報を得るために，適切な調査項目や調査方法を選定する必要がある。なお，調査項目や調査方法の選定にあたっては，効率性や経済性も考慮する必要がある。また，近年は，新たな非破壊調査方法なども多く開発されているので，これらの情報も収集して検討することが望ましい。対象構造物の調査項目，方法，得られる情報については，「PC斜張橋・エクストラドーズド橋維持管理指針」[1]および「2013年制定 コンクリート標準示方書［維持管理編］」[2]を参照する。

（2）について　調査の項目については，対象構造物または部位・部材の状態を把握するために必要な情報が入手できるような項目を選定する必要がある。

（3）について　各点検において実施する調査の方法は，調査項目に関する情報が得られる適切なものを選定する必要がある。一般的な調査の方法としては，以下に示す7項目がある。これらの調査方法については，「PC斜張橋・エクストラドーズド橋維持管理指針」[1]および「2013年制定 コンクリート標準示方書［維持管理編］」[2]を参照する。

（i）書類などによる方法（書類調査）
（ii）目視による方法
（iii）打音による方法
（iv）非破壊検査機器を用いる方法
（v）局部的に材料を切り出す方法
（vi）荷重載荷による方法
（vii）環境作用，荷重などを評価するための調査方法

9.4.6　劣化機構の推定

劣化機構の推定は，設計図書，施工の記録，診断の記録，対策の記録，対象構造物の環境条件および供用条件を考慮し，点検結果に基づいて行うものとする。

【解　説】

点検において対象構造物または部位・部材に変状が認められた場合，その変状が初期欠陥，劣化，損傷のいずれかあるいはこれらが複合したものなのかを明らかにして，劣化によるものと判断された場合は，その主な要因を明らかにし劣化機構の推定を行う必要がある。

コンクリート構造の劣化機構としては，中性化，塩害，凍害，化学的浸食，アルカリシリカ反応，疲労およびすりへりなどがあり，コンクリートと鋼との複合構造物の鋼構造の劣化機構としては，腐食および疲労などがある。劣化機構の推定については，「PC構造物高耐久化ガイドライン」[3)]，「コンクリート橋・複合橋保全マニュアル」[4)]および「2013年制定 コンクリート標準示方書［維持管理編］」[2)]を参照する。

9.4.7　劣化の予測

（1）　点検結果をもとに，設計供用期間中の対象構造物または部位・部材の将来の性能の変化を評価するため，劣化の進行の予測を行わなければならない。

（2）　劣化の予測は，劣化機構，劣化要因および類似構造物の劣化状況などを総合的に判断して行うものとする。

【解　説】

（1）について　　診断においては，点検時の対象構造物または部位・部材の性能を評価するのみではなく将来の性能の変化を予測して，設計供用期間内において供用目的に適合した所要の機能を確保できる性能を有しているか評価する必要があるため，劣化の進行の予測を行う必要がある。

（2）について　　劣化の予測については，「PC構造物高耐久化ガイドライン」[3)]，「コンクリート橋・複合橋保全マニュアル」[4)]および「2013年制定 コンクリート標準示方書［維持管理編］」[2)]を参照する。

9.4.8　性能の評価

性能の評価は，設計図書，施工の記録，診断の記録，対策の記録，対象構造物の環境条件および供用条件などに基づいて，構造物または部位・部材を対象に行わなければならない。

【解　説】

性能の評価については，「PC構造物高耐久化ガイドライン」[3)]，「コンクリート橋・複合橋保全マニュアル」[4)]および「2018年制定 コンクリート標準示方書［維持管理編］」[2)]を参照する。

9.4.9　対策の要否判定

（1）　対策の要否は，点検結果に基づく構造物または部位・部材の特性を考慮した性能評価および性能の予測結果が，構造物または部位・部材の果たすべき機能を満足するかどうかの評価結果に加え，保全の難易度，構造物の難易度，構造物の重要度，予定供用期間，経済性などを考慮して判定しなければならない。

（2） 劣化以外の初期欠陥や損傷による変状は，その変状が構造物または部位・部材に与える影響を考慮して対策を検討しなければならない。

（3） 点検時に第三者やその他の構造物の供用に影響を与えるような変状が確認された場合には，早急に対策を検討しなければならない。

【解　説】

（1）について　　対策の要否判定については，「PC構造物高耐久化ガイドライン」[3]および「コンクリート橋・複合橋保全マニュアル」[4]を参照する。一般には，次のような場合などに対策を行うものとする。

（i） 点検時の性能が，構造物または部位・部材が果たすべき機能を満足しないと評価した場合。

（ii） 点検時の性能は構造物または部位・部材が果たすべき機能を満足しているが，性能の予測の結果から設計供用期間中に構造物または部位・部材が果たすべき機能を満足しなくなることが予測されて，予防やライフサイクルコストの削減から対策を行うことが有利な場合。

（iii） 点検時の性能は，構造物または部位・部材が果たすべき機能を満足しているが，今後の保全業務の軽減やライフサイクルコストの削減から，対策を行って性能を向上させることが有利になると判断される場合。

（iv） 対象構造物に作用する供用時や地震時などの荷重の規準が変更された場合および環境作用による影響が増大することが想定される場合など，構造物または部位・部材が果たすべき機能が高くなり，それを満足するような対策によって性能を向上させることが必要な場合。

（v） 構造物の重要度や利用状況，地域全体の構造物群の供用計画などの観点から，供用期間を延長する場合。

対策の要否判定に関する構造物または部位・部材に求められる機能と保有する性能との関係の例を，解説図9.4.2に示す。

解説図9.4.2(a)に示したケースAは，初期の診断時に構造物の性能が設計供用期間中に機能を確保するための性能要求事項による性能の限界値を上回ると予測される例を示しており，対策が必要とならない。ケースBは，初期の診断時には性能が性能の限界値を上回っているが，構造物の性能が設計供用期間中に性能の限界値を下回ると予測される例を示しており，構造物の性能が性能の限界値を下回る前に計画的に対策が必要となる。

解説図9.4.2(b)に示したケースCは，定期の診断時に性能が性能の限界値を上回っており，設計供用期間中にも性能の限界値を上回ると予測される例を示しており，対策が必要とならない。ケースDは，定期の診断時には性能が性能の限界値を上回っているが，構造物の性能が設計供用期間中に性能の限界値を下回ると予測される例を示しており，性能が性能の限界値を下回る前に計画的に対策が必要となる。ケースEは，定期の診断時に性能が性能の限界値を満足しない例を示しており，速やかに対策が必要となる。

解説図9.4.2(c)に示したケースFは，設計供用期間中に定期的な対策が必要となることを前提として設計施工した構造物または部位・部材で，定期の診断時に性能が性能の限界値を満足しているが，今後の保全業務の軽減やライフサイクルコストの削減から，対策を行って性能を向上させることが有利になると判断されるため，当初の計画を変更して対策を行う例を示している。

解説 図 9.4.2(d) に示したケースＧは，構造物または部位・部材に作用する供用時や地震時などの荷重の規準が変更された場合および環境作用による影響が増大することが想定される場合など，構造物または部位・部材が果たすべき機能が高くなり，それを満足するような対策によって性能を向上させることが必要な例を示している。

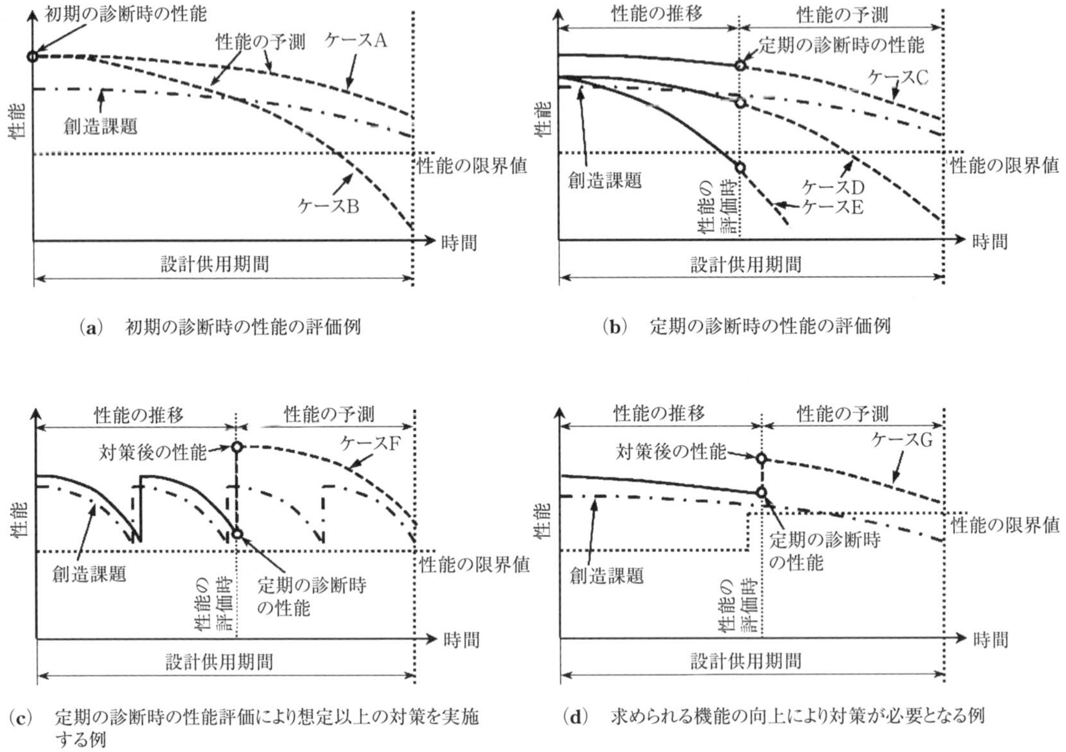

(a)　初期の診断時の性能の評価例

(b)　定期の診断時の性能の評価例

(c)　定期の診断時の性能評価により想定以上の対策を実施する例

(d)　求められる機能の向上により対策が必要となる例

解説 図 9.4.2　機能と保有する性能との関係の例

(2) について　　初期欠陥あるいは損傷が確認された構造物または部位・部材については，その変状が構造物に及ぼす影響を適切に検討し，将来，劣化を促進する要因となる可能性がある場合，あるいはその他構造物の性能に悪影響を及ぼすと考えられる場合には，適切な対策を検討する必要がある。

(3) について　　かぶりコンクリートのうきや剥離および部位・部材や付属物の落下などにより第三者に影響が生じる可能性があると判断された場合には，速やかに応急処置を行う必要がある。

9.5 対　　策

(1)　対策が必要と判断された場合には，対象構造物または部位・部材の特性を考慮し，構造物の重要度，保全区分，予定供用期間，劣化機構，性能低下の程度を考慮して，構造物または部位・部材の性能が設計供用期間中に果たすべき機能を満足するように目標とする性能を定め，対策後の保全の容易さや経済性，環境性などを検討した上で，適切な種類の対策を選定し，実施しなければならない。

（2） 対策の実施にあたっては，その実施計画の策定および対策後に保全計画の変更が必要な場合は保全計画を変更しなければならない。

（3） 第三者影響の生じる可能性が高い場合など，ただちに問題となる変状が認められた場合には，適切な応急処置を速やかに実施しなければならない。

【解　説】

（1）について　対策の選定および実施にあたっては，「PC構造物高耐久化ガイドライン」[3]，「コンクリート橋・複合橋保全マニュアル」[4]および「2018年制定 コンクリート標準示方書［維持管理編］」[2]を参照する。

（2）について　対策後に保全計画を変更する際には，対策が必要になった変状の要因や対策方法の効果などを考慮して保全計画を策定する。

（3）について　第三者影響の生じる可能性が高い場合などは，時間的な余裕が少ないため，適切な応急処置を速やかに行うことが重要である。

9.6 記　録

（1） 構造物の各種診断および対策の結果は，保全計画に基づいた適切な方法で記録，保管されなければならない。

（2） 補修や補強などの対策を行った場合には，その原因や補修・補強の位置，範囲，使用材料および作業に携わった責任者や関係者についても記録として保管されなければならない。

（3） 記録の保管期間は，原則として設計供用期間とし，記録は一元管理し，絶えず最新の記録が参照できるようにしておくのがよい。

【解　説】

（1）について　対策の選定および実施にあたっては，「PC構造物高耐久化ガイドライン」[3]，「コンクリート橋・複合橋保全マニュアル」[4]および「2018年制定 コンクリート標準示方書［維持管理編］」[2]を参照する。

構造物の供用前に行われる初期点検は，保全における諸点検の初期値として，非常に重要な情報となる。また，保全にあたっては，その後に行われる定期点検や臨時点検などの結果が，次の点検に対する有用な情報となる。したがって，これらの結果は，保全計画に基づいて適切な方法で記録し，保管されなければならない。

また，保全における各段階での診断を実施した後には，保全記録として，今後，類似構造物を設計・施工および保全する際に，適切に検証（レビュー）を行うことができる十分な情報を含んでいることが必要である。

参考文献

1）プレストレストコンクリート技術協会：PC 斜張橋・エクストラドーズド維持管理指針，技報堂出版，2011. 1
2）土木学会：2018 年制定 コンクリート標準示方書［維持管理編］，2018. 10
3）プレストレストコンクリート工学会：PC 構造物高耐久化ガイドライン，技報堂出版，2015. 3
4）プレストレストコンクリート工学会：コンクリート橋・複合橋保全マニュアル，技報堂出版，2018. 3

資料編

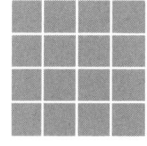

はじめに

コンクリート構造設計施工規準改訂小委員会
副委員長　酒井　秀昭

資料編では，既設の橋梁のうち本規準の趣旨にある程度合致すると思われる橋梁を抽出して掲載している。橋梁の設計や施工にあたっては，対象構造物の目的を達成するのに必要な機能を設定し，設定された機能に対してその機能を満足する性能を創造し，目的を満たす構造物を構築する必要がある。構築された構造物は，設定した設計供用期間中に機能を満足する性能を有している必要がある。

既設の橋梁のうち特筆すべき橋梁としては，E. Freyssinet（1879～1962 年）による Luzancy 橋であり，1946 年に世界ではじめてのプレキャストセグメント工法による PC 橋が構築された。引き続いて E. Freyssinet は，1947～1951 年に本資料に紹介しているマルヌ河に支間 74m の変断面ポータルフレーム橋を同一支間・同一形式で 5 橋をモルタル目地を用いたプレキャストセグメント工法で建設した。マルヌ河は，セーヌ河の支流であり，第二次世界大戦終了直前に破壊された多くの橋梁の代替路線として建設された橋梁群のひとつである。これらの橋梁は，現在の技術から見ても高度な技術が結集されており，材料・構造および施工方法が英知を結集して想像されたものであると推察できる。また，70 年程度経た現在においても適切な補修・補強などにより十分に健全な状態で保全されており，適切なライフサイクルマネジメントが実施されている。本資料中の国内の橋梁は，設定した設計供用期間中に機能を満足する性能を有している必要があるので，掲載した橋梁は比較的供用年数が少ないため，これらの妥当性の評価については今後の経過を待つ必要があるものと思われる。

橋梁は一般に社会資本の一部として利用することを目的として構築されるため，管理者における適切な保全のもとで，設計供用期間中に目的に合致した機能を有することが最も重要である。また，橋梁の設計において計画したコンセプチュアルデザイン（構想設計）が，実際の橋梁において供用中に具現化されているかについてもきわめて重要である。今後の橋梁の調査・設計・施工および保全の従事者は，本規準および資料を参考に橋梁の適切なライフサイクルマネジメントを実施されることを強く希望するものである。

資料編の整理

■事例 1：劣化が進行した鋼鈑桁橋 RC 床版のプレキャスト PC 床版への更新

制約条件	制約条件の解決策	解決策実現への課題
・RC 床版の塩害，疲労，劣化による性能低下	・更新構造物に考慮する作用の推定，既設構造物の荷重作用，環境作用の調査，変状調査	・既節構造物の劣化機構の推定
	・コンクリートの配合，材料の選定による拡散係数の低下 ・コンクリート中の鋼材の防錆機能向上，腐食しない鋼材の利用	

■事例 2：C&D 運河橋

制約条件	制約条件の解決策	解決策実現への課題
・支間長 ・航路高さの確保：大型船舶通航のため ・工期短縮	・側径間を先行施工した施工法の採用 ・プレキャスト化	・航路上施工時の桁下空間小

■事例 3：揖斐川橋・木曽川橋

制約条件	制約条件の解決策	解決策実現への課題
・大規模河川を横過するため，堤体内橋脚が不可能なことによる径間長（側径間で約 160 m 以上）の長大化	・側径間と中央径間とのバランスのとれた径間割（中央径間長が 250 m 以上）	・支間長 250 m 以上の形式としては，鋼斜張橋や PC 斜張橋が想定されるが工事費の増大が懸念 ・PC エクストラドーズド橋では，支間長が 220 m 程度までの実績しかなく実現が困難
・工事期間中の船舶（漁船）の航行の確保	・桟橋の設置は船舶の航行を阻害するため，工事用船舶による施工を選定 ・基礎工を鋼管矢板井筒工法とし作業ヤードの削減	・水深が浅い
・既設国道の混雑緩和のための工期の大幅な短縮	・1 度の非洪水期で基礎工および橋脚が施工可能となるように，鋼管矢板井筒基礎を採用 ・PC 箱桁部は，プレキャストセグメント工法を採用 ・鋼床版箱桁部は，台船による一括架設を採用	・幅員 33 m，幅 5 m，最大桁高 7 m，重量約 400 t でのショートラインマッチキャスト工法となり，世界でも事例無し
・耐震性および復旧性の確保	・東海地震や割断層に対する耐震性を照査 ・斜材が劣化や破断に対して，その影響を照査	・当時の道路橋示方書の適用範囲外の規模であり，照査する地震波や解析モデルの検討が必要
・景観に対する配慮	・塔や主桁の形状の検討 ・斜材の色彩の検討	・景観を考慮するとともに，工事費の増大を抑制

■事例 4：猿田川橋・巴川橋

制約条件	制約条件の解決策	解決策実現への課題
・主桁自重の軽減，施工の省力化，景観性の向上	・PC 複合トラスの採用	・主桁せん断力の伝達機構，床版の支持条件の設計手法が特別，格点構造の確立

課題への方策	性能に関わる要求事項	照査項目
・プレキャストPC床版の採用	・床版の耐久性	・限界値の設定，応答値の算定，安全性，供用性，耐久性の照査
・(混和材に高炉スラグ，フライアッシュ)，(エポ鉄筋，エポキシ被覆樹脂鉄筋，ステンレス鉄筋)，繊維強化ポリマーの利用	・塩害に対する耐久性	・塩化物イオン浸入に伴う鋼材腐食に対する検討

課題への方策	性能に関わる要求事項	照査項目
・主塔部より片持ち張出施工とし，運河上の架設を上方から実施 ・デルタフレームの採用 (主桁断面はデルタフレーム，標準セグメントで構成) ・主桁，橋脚にプレキャストを採用	・施工性，経済性	・施工性，経済性

課題への方策	性能に関わる要求事項	照査項目
・中央支間長を275 mと271.5 mとし，径間中央を約100 mの鋼床版箱桁構造，それ以外をPC箱桁構造とする混合桁とした世界初のPC鋼複合エクストラドーズド橋の採用 ・PC箱桁部は，死荷重の軽減のためコンクリート強度60 MPa，外ケーブル構造を採用 ・学識経験者や有識者による委員会を設置し，設計・施工方法について審議	・安全性の確保	・限界状態設計法による性能の照査を実施 供用限界状態 終局限界状態など
・船舶の船底を補強 ・水深を計測するとともに干満の水深差を考慮して船舶を移動		
・イメージセンサを活用した形状管理方法を導入 ・事前に試験体を作成して，施工性能を確認		
・断層震源モデルにより地震波を作成し，非線形時刻歴応答解析により耐震性を照査 ・斜材破断時の影響について照査	・耐震性 ・復旧性(堅牢性)	・地震を想定した終局限界状態の照査 ・斜材破断時の主桁，塔，橋脚の安全性
・走行車両からの塔の景観を考慮し，圧迫感のない形状を採用 ・高欄をアルミ合金高欄として，走行車両からの外部景観を確保 ・斜材の色彩を黒から水色とし，工事費の削減のため工場塗装を実施	・環境性(景観性)	

課題への方策	性能に関わる要求事項	照査項目
・トラス格点部の終局耐力試験の実施，非線形FEM解析	・構造性，施工性	・耐震性，施工性

■事例 5：青雲橋

制約条件	制約条件の解決策	解決策実現への課題
・限られた予算	・軽量化された複合トラスによるコストダウン	・低コストの接合構造をもつ複合トラス
		・鋼トラス部材の低減
	・最小の保全コスト	・単純桁によるアクセスの容易さ
・架設中も含めた橋脚等の設置不可	・支間長 100 m の単純桁	・吊構造を利用した架設方法
・A2 側地滑り地帯の対応	・グランドアンカー不可	・他碇式から自碇式への構造変換
・橋台背面の施工ヤードの制限	・最小のヤードで施工可能なコンクリート単純桁	・プレキャスト部材の小型化
・急速施工による工期短縮	・プレキャスト工法	・部材の軽量化

■事例 6：弥冨高架橋

制約条件	制約条件の解決策	解決策実現への課題
・スケールメリットの発揮	・適用可能橋梁延長の確保	・幅員変化区間を有しており，そこでのプレキャストセグメント工法の適用が課題
・広幅員 15.5 m に対する，軽量化の図れる主桁断面の採用	・1 室箱型断面を基本とし，外ケーブルの採用による部材断面寸法の最小化	・広幅員 15.5 m に対して 1 室箱桁断面を採用するためには，床版の断面力の算出方法を検討する必要がある（道示の算出式の適用範囲外）
・工期短縮，拡幅部主桁断面の製作効率向上	・プレキャストセグメント工法の適用。標準化された主桁断面の製作。プレファブ鉄筋の採用。拡幅部断面への標準部型枠の転用を考え主桁形状等の統一化を推進	・主型拡幅区間の架設方法の選定。主桁拡幅部 2 主桁構造部の製作方法

■事例 7：古川高架橋

制約条件	制約条件の解決策	解決策実現への課題
・都市内高架橋にともなう製作ヤード設置不可	・工場製プレキャスト	・100 km 離れた工場でのセグメント製作
・セグメント数の低減	・U 形コアセグメントの採用	・実物大実験による検証
・セグメントの軽量化	・リブ ＋PC 板 ＋ 場所打ち上床版の採用	・実物大実験による検証
・広幅員	・1 室箱桁での対応	・5 m の箱桁幅と 4.5 m の張出し床版

課題への方策	性能に関わる要求事項	照査項目
・鉄筋埋込接合と孔あきジベル接合 ・不完全トラス ・点検ルートの確保	・経済性，維持管理性，耐久性	・3.5 億円以下
・技術開発による新架設工法	・供用性，安全性	・曲げ，せん断，接合部の応力，アンカー応力，吊ケーブル応力，A2 斜面の安定性 変位
・技術開発による構造変換工法	・安全性	・曲げ，せん断，接合部の応力，アンカー応力，吊ケーブル応力，A2 斜面の安定性
・最小ヤードでの施工	・環境性	・周辺に影響を与えない限られたヤードの実現
・リブ＋ PC 板構造の採用	・工期，安全性	・曲げ，せん断，接合部の応力，アンカー応力，吊ケーブル応力，A2 斜面の安定性

課題への方策	性能に関わる要求事項	照査項目
・標準主桁構造を生かし，幅員変化分を構造として付加する形式を採用	・経済性・コスト縮減	・主桁構造の成立性を照査
・3 次元 FEM 解析モデルにより部材断面力を算出し，その断面力を用いて設計	・構造性	・3 次元 FEM 解析にて得られた部材断面力の適用性　道示式算出値（外挿値）との比較
・標準断面部……架設ガーダーを用いたスパン・バイ・スパン架設 ・拡幅区間の 2 室箱桁部……エレクションノーズを用いた架設 ・2 主桁箱桁部……拡幅部小断面を支保工を利用したスパン・バイ・スパン架設により構築，1 径間の架設後本線主桁断面と接合し一体化 ・2 室箱桁構造部の製作は，セミショートライン方式とし，1step 目で本線部を，2step 目で拡幅部を製作	・省力化・施工性，工期短縮	・拡幅断面での主桁構造の成立性

課題への方策	性能に関わる要求事項	照査項目
・都市内でのプレキャストセグメント工法の適用	・安全性，環境性	・曲げ，せん断，PC 板を用いた上床版応力，U 形コア断面の挙動，外ケーブル緊張力の導入ステップ 施工にかかわる周辺環境への影響最小化
・U 形コアセグメントによる経済性の追求	・経済性	・基本設計時工費を上限
・上床版現場打ちによる架設時主桁重量の低減	・経済性，安全性	・基本設計時工費を上限 ・曲げ，せん断，PC 板を用いた上床版応力，U 形コア断面の挙動，外ケーブル緊張力の導入ステップ
・広幅員 1 室箱桁の実現	・経済性，維持管理性	・基本設計時工費を上限

■事例 8：新佐奈川橋

制約条件	制約条件の解決策	解決策実現への課題
・道路線計，急峻な地形から橋脚高が 100 m 程度，最大スパンが 150 m 程度となり，耐震性の確保	・高強度材料を用いた部材断面の縮小による上部工重量の軽減，橋脚のじん性確保，長周期化による耐震性の確保	・コンクリート初期強度の確保，単位セメント量の増大，高強度鉄筋の曲げ加工
・強震後の保全業務の簡素化	・強震時における橋脚下端の降伏回避	・耐震性能と施工性の確保
・里山としての希少植物，おおたか，ながれホトケドジョウ等希少動物の逸散防止	・竹割土留め，桟橋構造の多用による樹木伐採範囲の縮小，エコスタックの設置，工事用水の流出防止，佐奈川周辺の環境保全，スパンの長大化による飛翔空間の確保	・動植物の初期存在量の把握，営巣実態の把握，生存に適した環境の調査
・現地地盤における黄鉄鉱の存在と深礎コンクリートへの影響	・掘削時の黄鉄鉱調査とコンクリート仕様・配合の改善	・コンクリートの強度発現

■事例 9：バタフライウェブ橋（新しい構造開発における性能創造）

制約条件	制約条件の解決策	解決策実現への課題
・波形ウェブ橋，複合トラス橋に代わる構造	・両者の特徴を兼ね備えた新しい構造	・合理的な構造の開発
・維持管理コストの低減	・鋼製からコンクリート製へ	・繊維補強コンクリートの採用

■事例 9：バタフライウェブ橋（実橋（田久保川橋）の構想設計における性能創造）

制約条件	制約条件の解決策	解決策実現への課題
・工期短縮	・セグメント数の低減	・バタフライウェブによる急速施工
・H24 耐震設計対応による橋脚補強の最小化	・上部構造の軽量化	・バタフライウェブによる軽量化
・容易な点検	・箱桁内の点検作業の簡素化	・バタフライウェブによる明るい桁内

■事例 10：小滝川橋

制約条件	制約条件の解決策	解決策実現への課題
・建設作業従事者の減少	・鉄筋を用いず，PC 鋼材を配置した場所打ち UFC の採用 ・高強度 PC 鋼材の採用	・プレキャストではなく，UFC として場所打ち工法の初採用 ・冬季における施工 ・水素脆性に対する感受性
・除雪用融雪剤の散布	・UFC の採用による耐塩害性・耐凍結融解性の向上	・場所打ち工法の採用 ・養生設備の整備
・UFC の材料供給と市中プラントでの練混ぜ	・市中プラントの貸切り	・経済性，鋼繊維投入方法

課題への方策	性能に関わる要求事項	照査項目
・強度保証材齢の設定，コンクリート運搬方法として改良型バケットの採用，SD490材に関する曲げ加工試験の実施	・耐震性，耐久性，施工性の確保	・道路橋示方書による照査，時刻歴地震応答解析による照査
・橋脚軸方向鉄筋に高強度鉄筋（USD685），高強度コンクリート（$f'_{ck}=50\ \mathrm{N/mm^2}$）の採用	・耐震性，耐久性，施工性の確保	・道路橋示方書による照査，時刻歴地震応答解析による照査
・工事前後における動植物調査の実施	・工事中も含めた景観，現地環境の保全	・工事後の動植物の生存調査による個体数の確認
・掘削毎の黄鉄鉱調査，コンクリート試験練り	・黄鉄鉱の選別排出，コンクリートの強度保証	・排出黄鉄鉱の確認，コンクリート強度の確認

課題への方策	性能に関わる要求事項	照査項目
・ダブルワーレントラスの鋼製パネル化	・安全性，経済性	・曲げ，せん断，バタフライパネルと床版の接合部強度，バタフライパネル間の床版の耐荷力，バタフライパネルの耐荷力
・工場製作で張出し施工に採用可能なバタフライパネル	・安全性，経済性	・曲げ，せん断，バタフライパネルと床版の接合部強度，バタフライパネル間の床版の耐荷力，バタフライパネルの耐荷力

課題への方策	性能に関わる要求事項	照査項目
・軽量化された主桁のセグメント数低減	・経済性	・下部工の補強も含めた基本設計時工費を上限
・上部工軽量化による橋脚の補強回避	・経済性，安全性	・曲げ，せん断，バタフライパネルと床版の接合部強度，バタフライパネル間の床版の耐荷力，バタフライパネルの耐荷力 ・下部工の補強も含めた基本設計時工費を上限
・ストレスのない桁内点検	・維持管理性	

課題への方策	性能に関わる要求事項	照査項目
・現場における養生条件を検討し，設計基準強度として「超高強度繊維補強コンクリート設計施工指針（案）」の適用範囲の下限強度150 N/mm^{2}を採用 ・プレグラウト，ECFストランドの採用	・材料強度の特性値 ・凍結融解抵抗性，耐塩害性 ・工費・工期 ・材料強度の確保	・道路橋示方書による照査 ・超高強度繊維補強コンクリート設計施工指針（案）による照査
・市中プラントの採用 ・給熱養生の実施	・材料強度の確保	・超高強度繊維補強コンクリート設計施工指針（案）による照査
・従来工法との経済性比較 ・鋼繊維投入ラインの増設	・一定範囲内の価格差 ・元通りの状態での返却	・現地調査

■事例 11：Marne5 橋

制約条件	制約条件の解決策	解決策実現への課題
・主桁高の抑制（航路限界の確保，道路計画高さ）	・PC 扁平アーチの採用	・主桁の構造成立性
・5 箇所の橋梁架設	・5 橋の形状の統一化，プレキャストセグメント化，1 工場でのセグメント製作	・ウェブプレストレスの導入，形状調整が可能

■事例 12：Brotonne 橋

制約条件	制約条件の解決策	解決策実現への課題
・支間長，航路高さの確保：大型船舶通航のため，船舶の橋脚への衝突回避のため	・中央支間長 320 m の確保	・1 面吊り構造によるスリム化，軽量化
・工期短縮	・部材のプレキャスト化	・プレキャストウェブによる急速施工の実現

■事例 13：近江大鳥橋

制約条件	制約条件の解決策	解決策実現への課題
・側径間部には希少植物が生育し，トンネル坑口に位置しており斜面上に橋脚を設置できないため，長支間の側径間が必要 かつ側径間での支保工設置が不可能	・波形鋼板ウェブを用いたエクストラドーズド構造の採用 ・側径間では波形鋼板ウェブを架設材として使用	・主塔主桁接合部の補強方法 ・格点構造の決定 ・側径間施工時の波形鋼板ウェブの挙動把握

■事例 14：三内丸山架道橋

制約条件	制約条件の解決策	解決策実現への課題
・国道および河川を連続して横断するため橋脚位置が限られ，支間長 150 m と新幹線橋梁として最大スパンが必要 また，特別史跡三内丸山遺跡に近接するため，周辺の景観に配慮が必要	・4 径間連続エクストラドーズド構造の採用	・たわみ制限がある ・主塔外側に引張力が発生

■事例 15：中新田高架橋

制約条件	制約条件の解決策	解決策実現への課題
・２主箱桁構造であり，通常の場所打ち構造ではウェブ厚が 250 mm 程度の斜めウェブとなり，打設が困難 工期短縮への要求	・プレテンションプレキャストウェブ構造の採用	・プレテンションでの伝達長の確保 ・プレキャストウェブと上下床版との接合部の構造詳細 ・プレキャストウェブ同士の接合部の構造詳細

■事例 16：酒田みらい橋

制約条件	制約条件の解決策	解決策実現への課題
・支間長（河積阻害率の改善） ・利便性確保（段差無し） ・塩害環境下 ・周辺景観への配慮（歴史的建造物）	・架替前 4 径間⇒1 径間 （河川内に橋脚設置しない） ・橋台位置での桁高を抑える（55 cm 以下） ・高耐久な材料，構造的工夫	・桁高制限の中での支間 49.35 m の実現 ・構造成立のため薄い部材厚を採用した中での耐塩害性確保

課題への方策	性能に関わる要求事項	照査項目
・主桁端部に三角形のスプリンギング部を設置，フラットジャッキとRC製くさびによるアーチ軸力と曲げモーメントをコントロール，橋軸，直角，鉛直全てにプレストレス導入	・構造性	・先行施工したLuzancy橋で静的・動的実験を実施し，構造・施工法の検証を実施し，安全性を検証している
・セグメント製作時のコンクリート打設順序を工夫しウェブにプレストレス導入，接合部に20 mmのモルタルジョイントを設置し形状調整対応を可能に	・施工性，経済性，省力化，高品質，コスト縮減	・同上

課題への方策	性能に関わる要求事項	照査項目
・1室断面構造の採用，コンクリートタイの配置によるトラス構造を形成	・構造性	

課題への方策	性能に関わる要求事項	照査項目
・FEMによる照査 ・鋼製ダイヤフラムの採用 ・側径間の施工段階の詳細な検討	・構造性，施工性	・耐震性，施工性，景観性

課題への方策	性能に関わる要求事項	照査項目
・中間橋脚では剛結構造を採用 斜材の保護管径を大きくし，白色系塗装を採用 ・主塔の外側にPC鋼材を配置	・構造性，供用性	・構造性，施工性，景観性

課題への方策	性能に関わる要求事項	照査項目
・実験によりPC鋼棒とナット定着構造の採用 ・鉄筋とせん断キーによるせん断伝達構造の採用と，本構造によるせん断力の伝達実験 ・剛性の高い型枠の使用と引き寄せ方法の検討	・構造性，施工性	・構造性，施工性

課題への方策	性能に関わる要求事項	照査項目
・UFCを採用し，部材厚を薄くすることで，軽量化，低い桁高での長支間を実現 ・UFCの高耐久性能に加え，鉄筋を使用しないことにより耐塩害性を確保	・安全性，耐久性，施工性	・構造性，耐久性，施工性 ・実験により確認 載荷実験，施工確認実験など

事例１　劣化が進行した鋼鈑桁橋 RC 床版のプレキャスト PC 床版への更新

橋梁概要

・橋　　種：高速道路橋
・構造形式：鋼連続（単純）非合成（合成）鈑桁橋
・更新概要：劣化が進行した鋼鈑桁橋の RC 床版をプレキャスト PC 床版へ更新
・事業規模：都市間高速道路の鋼鈑桁橋約 200 k m
・実施期間：2015～2030 年（15 年間）
・適用規準：道路橋示方書，設計要領第２集，更新用プレキャスト PC 床版技術指針ほか
・活 荷 重：B 活荷重，T 荷重
・施工方法：既設の RC 床版をプレテンション方式によるプレキャスト PC 床版へ更新

性能創造の概要

高速道路の鋼鈑桁橋の RC 床版については，塩害（飛来塩分，凍結防止剤，内在塩分），大型車の増加による疲労およびアルカリシリカ反応などにより劣化が進行し，設計供用期間（概ね 100 年）内に性能が求められる機能を下回る橋梁が生じることが推定されたため，耐久性の高いプレキャストの PC 床版に更新することが事業化された。本更新事業の計画・設計・施工は以下に示す考え方を基本に実施している。

(1)　更新構造物（床版，高欄など）の計画および設計にあたっては，既設構造物の荷重作用や環境作用を調査するとともに，既設構造物の変状を調査する。これらの結果や設計図書および維持管理記録の調査結果をもとに，既設構造物の劣化機構の推定を行い，更新構造物の設計に考慮する作用の推定を行う。
(2)　前述の結果をもとに，更新構造物が設計供用期間内において供用目的に適合した所要の機能を確保できる性能を有するように，更新構造物の構造形式，形状，使用材料および維持管理方法などを設定して，更新構造物の具現化を行う。
(3)　具現化された更新構造物の限界値を設定し，(1) で推定した設計作用をもとに算定した応答値を算定して安全性，供用性および耐久性などの性能照査を行う。
(4)　維持管理記録によれば，更新構造物の劣化要因としては，塩害が最も多くなっている。したがって，塩害が主たる劣化要因の場合は，塩化物イオンの侵入に伴う鋼材腐食に対する検討を行い，以下に示す対応を実施する計画としている。
　①　コンクリートの配合や材料によりコンクリートの拡散係数を低下させる。（混和材として，高炉スラグ微粉末，フライアッシュを使用）
　②　コンクリート中の鋼材の防錆機能を向上させる。（エポキシ樹脂塗装鉄筋，エポキシ樹脂被覆 PC 鋼材，ステンレス鉄筋など）
　③　鉄筋および PC 鋼材の代替として，腐食しない材料を使用する。（CFRP や AFRP などの繊維強化ポリマー）
(5)　マルチレイヤープロテクションとして，床版上面に防水工を施工する。

採用理由，経緯など

東・中・西日本高速道路株式会社が管理する高速道路は，現時点で総延長約 9 000 km 以上が供用している。これらの高速道路は，供用後の経過年数が 30 年以上の区間が 3 700 km となり，大型車交通量の増加，積雪寒冷地や海岸部を通過するなど厳しい環境条件下で橋梁の老朽化や劣化が顕在化してきている。高速道路ネットワークを将来にわたって持続可能で的確な維持管理・更新を行うため，橋梁を始めとした高速道路資産の長期保全および更新のあり方について予防保全の観点も考慮に入れた技術的見地より基本的な方策を検討する必要があることから，「高速道路資産の長期保全及び更新のあり方に関する技術検討委員会」が設立され，平成 26 年 1 月に報告書が作成された。この報告書では，「鋼橋の鉄筋コンクリート床版は，内在塩分と海岸からの飛来塩分の両方の影響がある場合に，95% 以上の床版で健全度が著しく低下しており，早い段階で耐久性の高いプレストレストコンクリート床版に取替えが必要である」としている。また，「何れかの劣化要因（疲労，塩害，アルカリシリカ反応）があるものも，健全度が今後急激に低下することが想定され，いずれ床版取換えが必要と考えられる」としている。

これらのことから，高速道路会社においては，劣化が進行した鋼橋 RC 床版を耐久性の高いプレテンション方式のプレキャストの PC 床版に更新する工法の採用を決定した。

性能創造された構造の概要図など

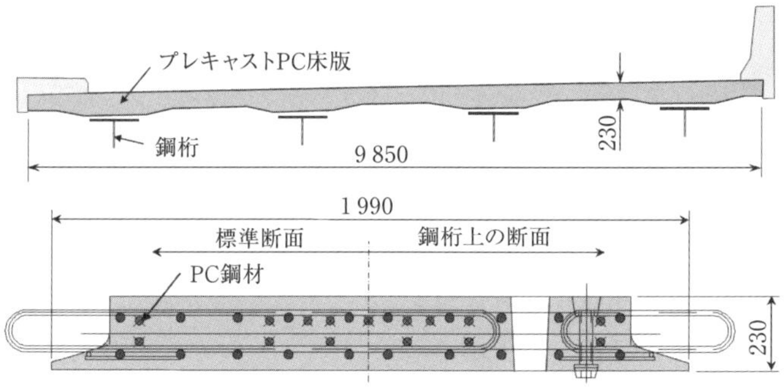

プレキャストPC床版の事例

プレキャストPC床版の架設状況

設計上の特徴

- 更新床版は，橋軸直角方向にプレストレスを導入した工場製作のプレテンション方式のプレキャストPC床版とする。
- 床版相互の接合部はRCループ継手を標準とするが，移動輪載荷による疲労試験で安全性を確認した鉄筋継手も可能とする。
- 塩害により設計供用期間中に床版内の鋼材が腐食しないように，エポキシ樹脂塗装鉄筋の使用などの防錆対策を実施する。
- 塩害による鋼材の腐食については，フィックの第2法則に基づく拡散方程式の解を用いて照査する。
- 環境作用により塩化物イオン濃度が高くなる場合やアルカリ骨材反応の影響を無視できない場合は，混和材として高炉スラグ微粉末（セメント量の50%程度）やフライアッシュ（セメント量の15%程度）の使用を検討する。
- RC壁高欄についても，床版と同様に設計供用期間中に鋼材が腐食しないように対策を講じる。
- 床版および鋼桁は，道路橋示方書のB活荷重を載荷して，安全性および供用性の照査を行う。
- 鋼桁の照査は，格子モデルによる解析を基本とするが，活荷重や死荷重の増加により応答値が限界値を超える場合は，桁と床版を合成構造とし，FEMにより解析を行う。
- 鋼桁は，腐食や疲労などによる変状が発生しているおそれがあるので，事前調査を行い，必要に応じて補修・補強の対策を講じる

施工上の特徴

- 本事業においては，既設橋の床版や壁高欄などを撤去し，新たな部材に更新するため，施工に先立ち対象橋梁の調査と測量を実施し，設計図書と相違がないことを確認する。とくに，測量では，鋼桁の形状（桁長，桁間距離など）および基準高さを確認する。
- 実際の施工順序や施工時の作用が，設計時に想定した順序や作用に対して安全であることを確認する。とくに，施工時に鋼桁上に設置する架設クレーンなどの荷重に対する鋼桁の安全性を確認しなければならない。とくに既設橋の床版と鋼桁が合成構造として設計されている場合は，床版の撤去順序や撤去方法により施工の安全性に著しい影響を与える場合があるので，十分に検討する。
- 供用中の道路を交通規制して実施する工事となるため，工事期間を極力短縮して，交通への影響を最小限にする必要がある。

検証方法（実施実験など）

- プレキャストPC床版相互の継手については，実交通を想定した移動輪載荷による継手部の疲労試験により疲労に対する安全性の照査を行っている。

参考文献

1）高速道路資産の長期保全及び更新のあり方に関する技術検討委員会報告書，2014.1
2）プレストレストコンクリート工学会：更新用プレキャストPC床版技術指針，2016.3
3）プレストレストコンクリート工学会：更新用プレキャストPC床版設計施工要領，2018.3

事例 2　C&D 運河橋

橋梁概要

Chesapeake and Delaware Canal Bridge（チェサピーク・デラウェア運河橋）
・橋　　種：道路橋
・橋　　長：アプローチスパンを含む橋の総延長 1 417 m，斜張橋部 503 m（メインスパン 229 m）
・幅　　員：38.83 m（全幅員）
・構造形式：1 面吊り PC 斜張橋，PC 連続箱桁
・施工方法：主径間部　　張出架設（1 方向）
　　　　　　アプローチ部　スパン・バイ・スパン工法
・完成年月：1991〜1994 年（施工期間 3 年間），1995 年開通

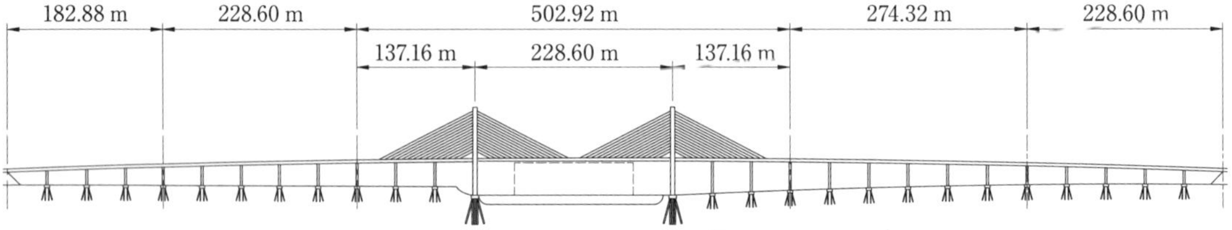

側 面 図

・C&D 運河の概要
チェサピーク湾とデラウェアー川（湾）を結び，東海岸からボルチモア，アナポリスに向かう船舶の航路長を 483 km 短縮している運河である。C&D 運河が開通したのは 1829 年で，当初は延長 22.5 km，幅 20.1 m，水深 3.1 m とそれほど大きくなかったものの，徐々に拡大され，1994 年 6 月時点では幅 137.2 m，水深 10.7 m となっており，ボルチモアに入港する船舶の 40 % がこの運河を利用している。

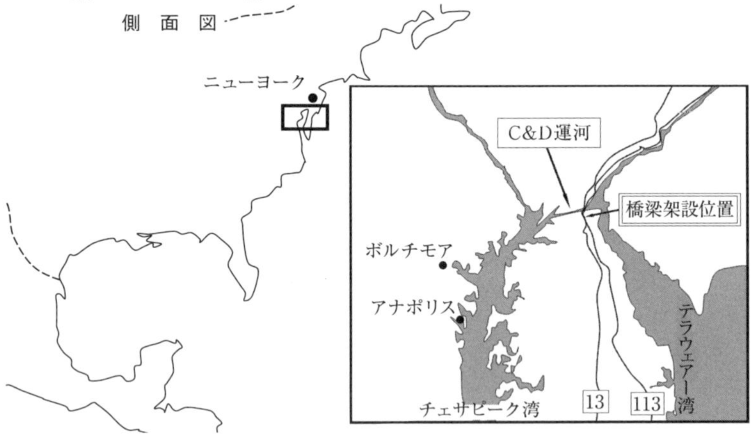

性能創造の概要

合理的な構造の採用・施工法により，経済的な建設となっている。また，C&D 運河橋の主橋梁（斜張橋部：503 m）のうち，主径間以外の 2@137 m は，それぞれアプローチ橋より連続してスパン・バイ・スパン施工されるが，主径間の 229 m は，水上の交通遮断を最小限に抑えるため，高さ 102.4 m の主塔部より片持ち張出施工が行われ，運河上の架設を上方から行うといった性能創造が行われている。

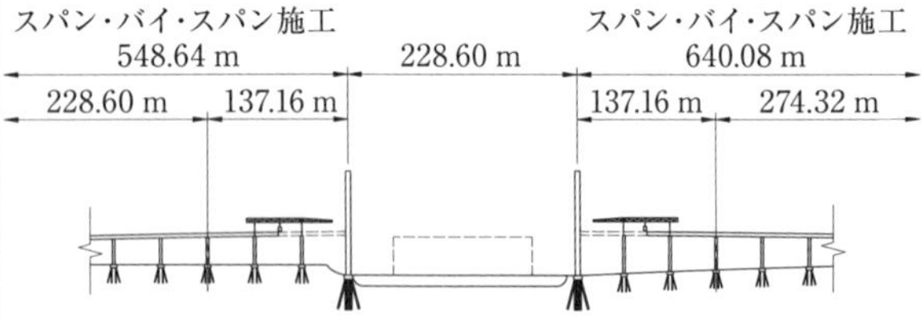

側 面 図

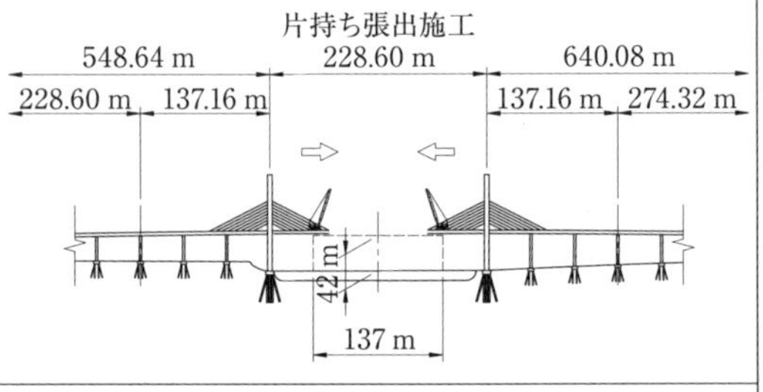

採用理由，経緯など

C&D 運河は航路幅（450 ft），クリアランス（138 ft）が船舶の運航のために必要な空間として設定されており，C&D 運河橋はクリアランスに対する余裕量が小さく設定されたため，船舶への影響を最小限に抑えるために，上方からの架設工法が採用された。

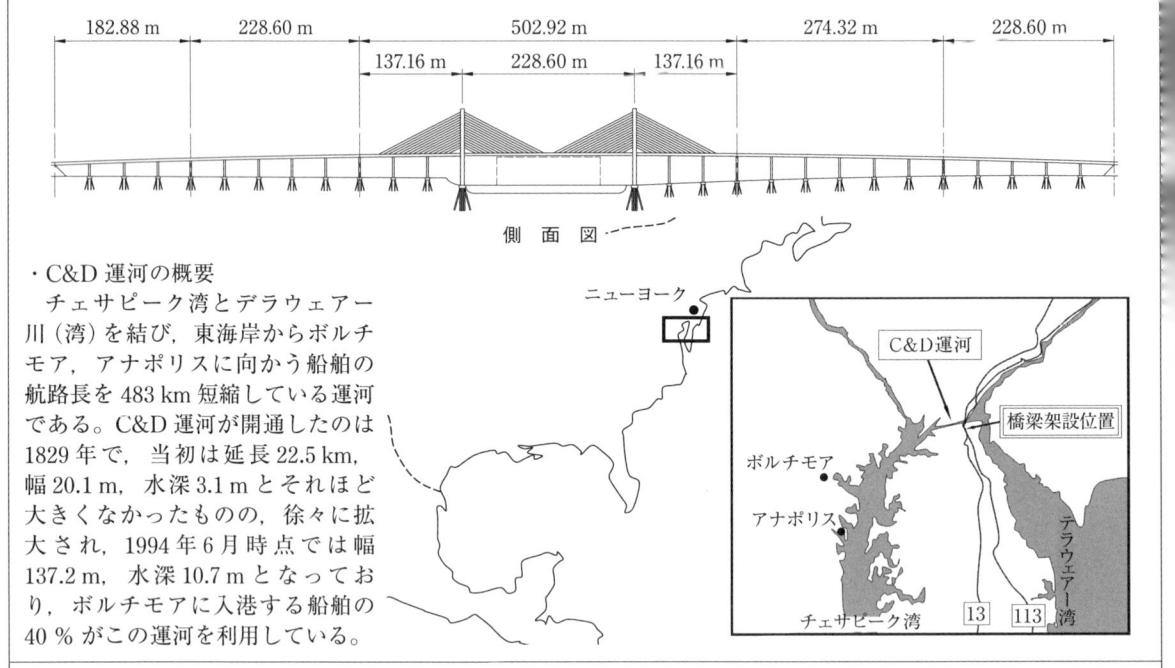

性能創造された構造の概要図など

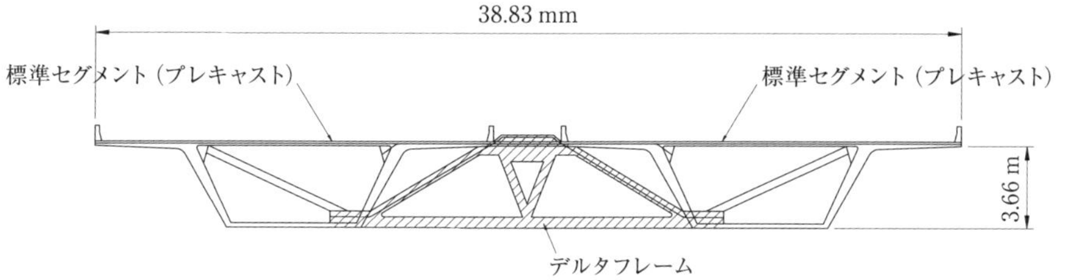

主桁断面図（デルタフレーム）

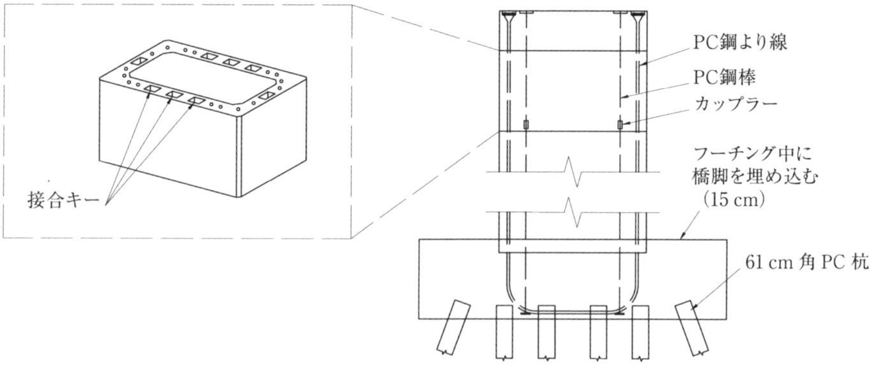

プレキャストセグメント橋脚

設計上の特徴

(1)　主桁，橋脚，PC 杭，デルタフレームは，プレキャストセグメントが採用されている。
(2)　主桁は外ケーブルを使用している。
(3)　斜張橋部はデルタフレーム（プレキャストセグメント）を使用して上下線を一体化した 1 面吊りの構造となっている。
(4)　橋の供用期間における維持管理費を低減するため，横方向プレストレスの導人（主橋梁部），ジョイント数の削減，ポリマーコンクリート舗装が採用されている。

施工上の特徴

(1)　アプローチ橋（上下線分離構造）の架設
　ハンガータイプの移動架設桁（ローンチング・ガントリー）を用いて，スパン・バイ・スパン工法により施工。
(2)　主橋梁主径間部（デルタフレームによる上下線一体構造）の架設
以下のサイクルにより片持ち張出施工。
①　標準セグメントを運搬台車により橋面上を運搬し，200 t クローラクレーン 2 台により所定の位置に吊り上げ設置，PC 鋼棒で固定
②　クレーンを架設した標準セグメント上に移動し，定着部セグメントを架設
③　デルタフレームを設置し，上下線間の問詰めコンクリート部を場所打ちする
④　縦方向，横方両の PC 鋼材配置，プレストレス導人を行い，斜材架設の後，次のサイクルへ進む

検証方法（実施実験など）

資料無し

参考文献

1）　プレストレストコンクリート，Vol.37，No.3，1995.5
2）　The Chesapeake and Delaware Canal Bridge Design－Construction Highlights，PCI journal

事例３　揖斐川橋・木曽川橋

橋梁概要

・橋　　種：道路橋
・橋　　長：揖斐川橋 1 397.0 m，木曽川橋 1 145.0 m
・幅　　員：33.0 m（全幅員），28.0 m（有効幅員）
・支間割り：揖斐川橋 154.0＋4@271.5＋157.0 m，木曽川橋 160.0＋3@275.0＋160.0 m
・構造形式：PC・鋼複合 6 径間（5 径間）連続エクストラドーズド橋
・適用規準：道路橋示方書，設計要領第二集他
・活 荷 重：B 活荷重
・施工方法：片持ち張出し架設工法，鋼桁大ブロック一括架設工法
・完成年月：2001 年 7 月

性能創造の概要

本橋は我が国有数の河川の河口に架かる大規模橋梁であり，設計・施工に関わる種々の性能創造を実施している。以下にその一例を示す。

(1)　河川横過条件および既設道路の混雑緩和のための径間長の長大化

堤体横過のため側径間長が概ね 160 m 程度となることから径間長の長大化が必要となること，当該地域の漁業への影響を極力減少させること，下部工の施工量を減少させること，および工期の短縮のため，上部工を PC 鋼複合構造エクストラドーズド橋とし，基礎工を工期短縮が可能で漁業への影響を極力減少することが可能な作業船による鋼管矢板井筒基礎としている。これにより，基礎工と橋脚は，すべて 1 非洪水期が可能となった。

(2)　径間長の長大化のためのコンクリートの高強度化と鋼桁との混合桁構造の採用

主桁のコンクリート強度を一般的な 40 MPa から 60 MPa に変更しコンクリート構造の軽量化を図る。曲げモーメントが卓越する支間中央部（約 100 m）は鋼桁とし，全体重量の低減を図っている。

(3)　プレキャストセグメントセグメント工法による急速施工

コンクリート桁部を幅 33 m，長さ 5 m，最大重量約 4 000 kN のプレキャストセグメントとして分割製作し，桁先端のエレクションノーズによって吊り上げる張出し架設を行うことにより，主桁の急速施工・品質管理の向上を図っている。

(4)　2 線支承の採用

中間橋脚部には 2 線支承を採用することにより，主桁に作用するモーメントに対しては固定構造に類似した挙動を実現するとともに乾燥収縮や温度変化などの軸方向変形を拘束しない構造を実現している。これにより，斜ケーブルの張力変動を抑え，疲労のリスクを低減することにより有効緊張力 0.6 fpu を実現しているとともに，不静定力の低減を図っている。

(5)　地震に対する新たな照査方法の導入

道路橋示方書の適用範囲外の規模であり，照査する地震波や解析モデルを検討する必要があるため，断層震源モデルにより地震波を作成し，非線形時刻歴応答解析により耐震性を照査した。また，斜材の破断による影響についても照査した。

採用理由，経緯など

揖斐川橋，木曽川橋の河口部を横過するため両橋とも 1 km を超す橋長となるとともに，それぞれの河川堤防内に橋脚を設置することが不可能であったため，側径間長が約 160 m とする必要があった。このため，全体のバランスより前記の支間割りを採用するに至った。この支管割りを満足する構造のうち，経済性・施工性の観点から PC・鋼複合連続エクストラドーズド構造を採用した。なお，本構造の採用は世界初である。

当該道路と併行する既設の高速道路や国道は，慢性的な交通渋滞が生じているため早期の供用が強く望まれていた。そのため，前後の陸上部と合わせて，早期供用が可能な構造および施工方法を採用した。

また，当該地域は，貝類等の良好な漁場であり，周辺漁業に与える影響を最小限に抑える必要があったため，径間長の長大化が必要であるとともに，従来の仮設栈橋から施工する方法から，作業船による施工とした。

これらのことにより，大規模橋梁にもかかわらず，基礎工の着手から約 3 年半で橋梁が完成した。当該橋梁を従来構造や工法で施工した場合は，5～7 年程度の工期がかかるものと推察される。

性能創造された構造の概要図など

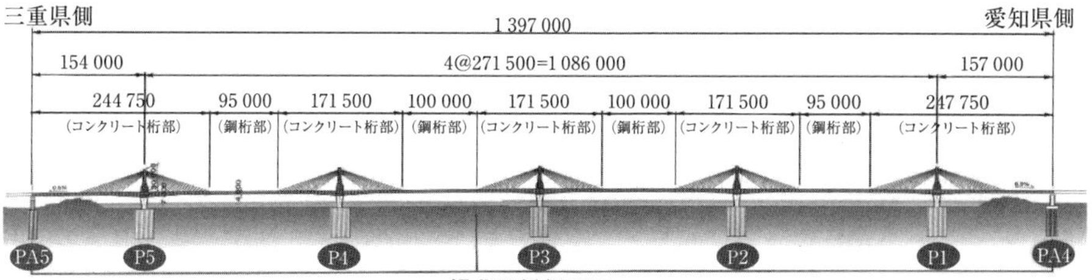

揖斐川橋側面図

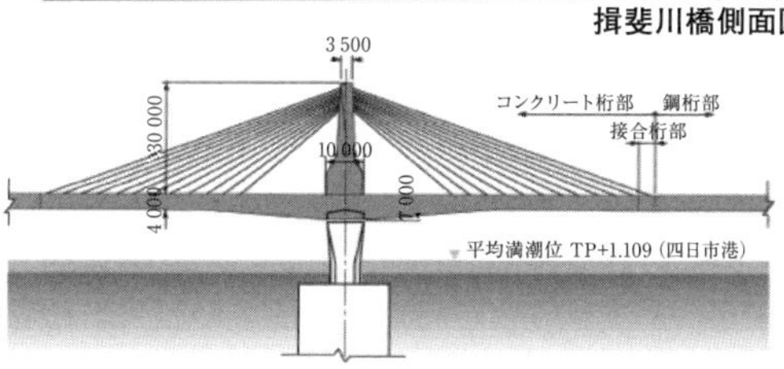

PC部拡大図

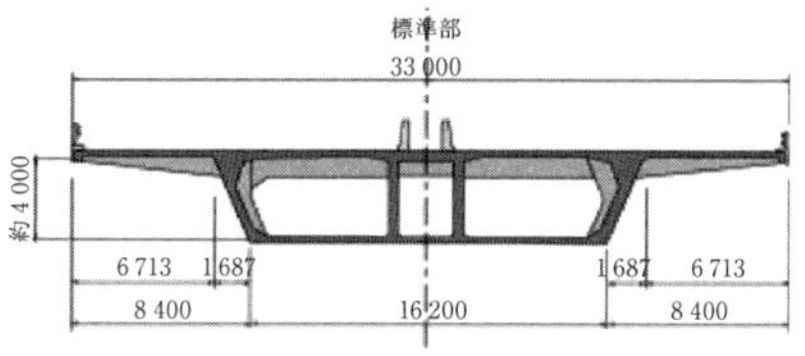

標準断面図

設計上の特徴

- 限界状態設計法を採用している。
- FEM を用いて，施工中および完成系での安全性や供用性の照査を実施している。
- 耐震性の照査のため，断層震源モデルにより地震波を作成し，非線形時刻歴応答解析により照査している。
- 径間性の向上を目的に，走行車両からの塔を圧迫感のない形状とすること，高欄をアルミ合金高欄として走行車両からの外部景観を確保すること，斜材の色彩を黒から水色とし工事費の削減のため工場塗装とすることなどの対策を実施している。
- 主桁に設計基準強度 60 N/mm^2 のコンクリートを採用し，部材厚の低減を実現している。
- リブ付き床版の採用により総幅員 33 m の断面形状を実現している。
- 上床版の水平リブと外ウェブに配置した縦リブおよび中間ウェブ間隔により，断面中央部に定着している斜ケーブル張力に対する断面変形を抑制している。
- 外ケーブル構造を大幅に採用し，部材の軽量化を図っている。外ケーブルの耐久性確保のために内部充填型エポキシ樹脂被覆 PC 鋼より線を採用している。

施工上の特徴

- プレキャストセグメント工法によるショートラインマッチキャスト工法を採用し，プレキャストセグメント製作設備を縮小している。
- 大型フローティングクレーン船の使用により各柱頭部もプレキャスト化を実現している。
- セグメントを直接浜出し可能なヤードを確保し，セグメントの大型化と海上輸送を実現している。
- CCD カメラを用いた 3 次元計測システムによりセグメントの形状管理を省力化している。
- 鋼桁部は，約 100 m を台船で運搬し，一括吊り上げ架設により工期の短縮を図っている。

検証方法（実施実験など）

- 鋼桁との接合部を模擬した実物大供試体による輪荷重走行試験により，耐疲労性を検証している。
- 実物大の打設性能実験により，斜めウェブを有する大型セグメントの製造性を検証している。
- 3 次元ケーブル模型の風洞実験によりウェイクギャロッピングに対する安全性を検証している。

参考文献

1) 角谷ら：木曽川橋・揖斐川橋の計画，プレストレストコンクリート Vol39, No. 2, 1997. 3
2) 小松ら：揖斐川橋・木曽川橋の上部工の施工，橋梁と基礎 Vol. 34, No. 1, pp. 7-11, 2000. 1
3) 小松ら：断層を考慮した木曽川橋の耐震設計におけるレベル 2 地震動の評価，構造工学論文集 Vol. 46A, pp. 633-640, 2000.3

事例 4　猿田川橋・巴川橋

橋梁概要

・所在地：静岡県静岡市葵区北
・形　式：猿田川橋（上り線）PC7 径間連続ラーメン複合トラス橋，（下り線）PC7 径間連続ラーメン複合トラス橋
　　　　　巴川橋（上り線）PC5 径間連続ラーメン複合トラス橋，（下り線）PC5 径間連続ラーメン複合トラス橋
・橋　長：猿田川橋（上り線）610 m，（下り線）625 m
　　　　　巴川橋（上り線）479 m，（下り線）479 m
・支間割：猿田川橋（上り線）48.5＋2@90＋100＋2@110＋58.5（m），（下り線）63.5＋2@90＋100＋2@110＋58.5（m）
　　　　　巴川橋（上り線）59.5＋3@119＋59.5（m），（下り線）57.0＋3@119＋62.0（m）
・幅　員：（全幅員）17.615 m，（有効幅員）16.5m

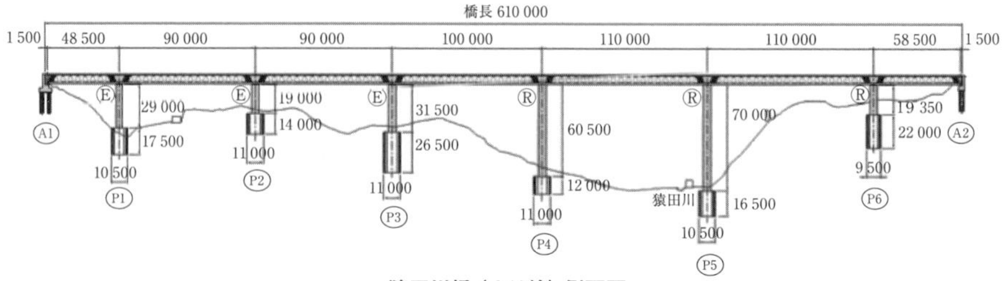

猿田川橋（上り線）側面図

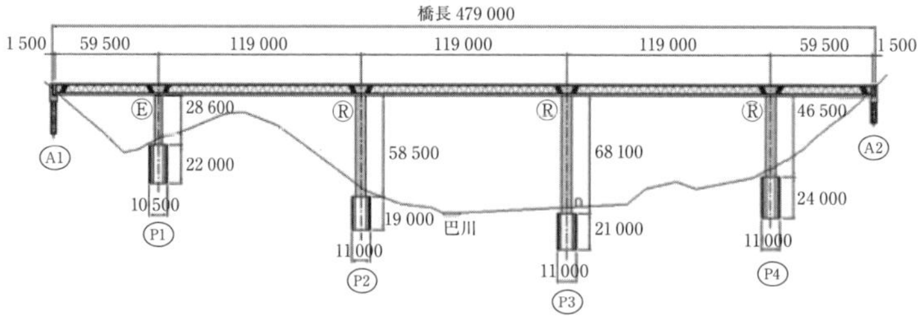

巴川橋（上り線）側面図

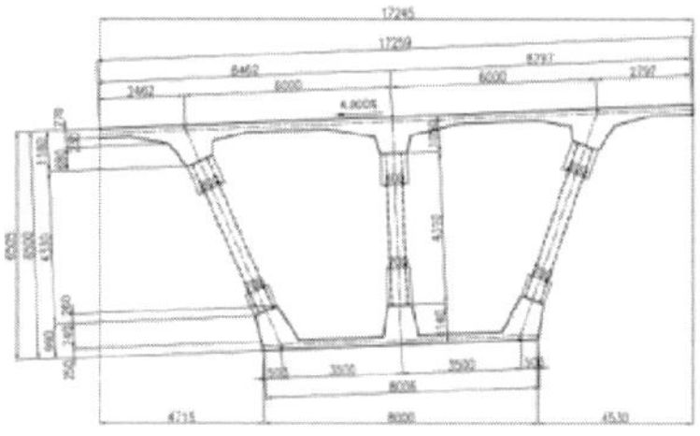

断面図（上り線）

性能創造の概要

PC 複合トラス橋は，通常の PC 箱桁橋のコンクリートウェブを鋼トラス材に置き換えた構造で，鋼とコンクリートの長所を組み合わせることにより，主桁自重の軽減，施工の省力化および景観性の向上が図られる。

本橋の特徴は，複合トラスと橋脚を剛結した世界初となる複合ラーメン形式であること，橋脚にも鋼管・コンクリート複合構造を採用して耐震性の確保と施工性の向上を図ったこと，周辺環境にマッチすべく景観性に十分配慮したことである。

PC 複合トラス橋の構造的な特徴には，PC 箱桁橋とは異なる主桁せん断力の伝達機構や床版の支持条件などがあり，その設計においては本構造特有の設計手法を用いることとなる。とくに，鋼トラス材と床版との接合部における格点構造として，「二重管格点構造」と「二面ガセット格点構造」を開発した。これらの耐力評価や破壊性状の把握を目的に格点部に関する実験を行った。

上り線工事ではさらなるコスト縮減を目指し，断面を 4 主構から 3 主構と変更している。その結果としてトラス格点にはより高い耐荷力が求められるため，格点はすべて二面ガセット格点構造とともに，その寸法をコンパクト化している。

採用理由，経緯など

猿田川橋・巴川橋（上り線）は，静岡市中心部から北東に約 7.5 km に建設される PC 連続ラーメン複合トラス橋である．本橋の構造形式選定の条件は，

① 架橋地点が山岳地であることから長支間化が可能な構造
② 有効幅員 16.5 m の広幅員を有する山岳橋梁であるため死荷重の軽減と下部構造・基礎構造の縮小化
③ 橋梁全体が市街地からも眺望できるため周辺の自然環境にとけ込む景観性

であった。そこで，軽量化と景観性の要求を満足する構造として，PC 複合トラス構造が採用されている。

性能創造された構造の概要図など

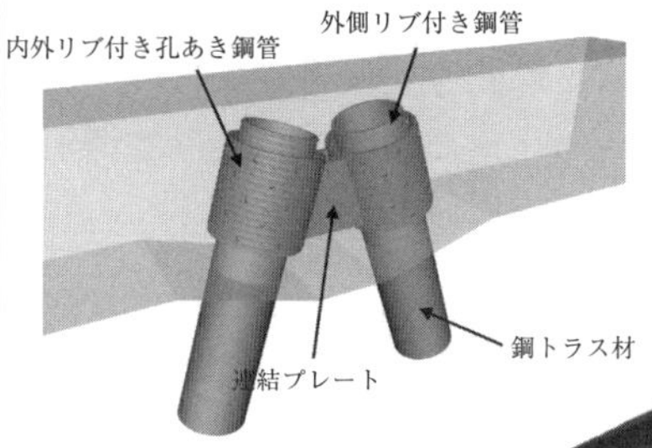

二重管格点構造

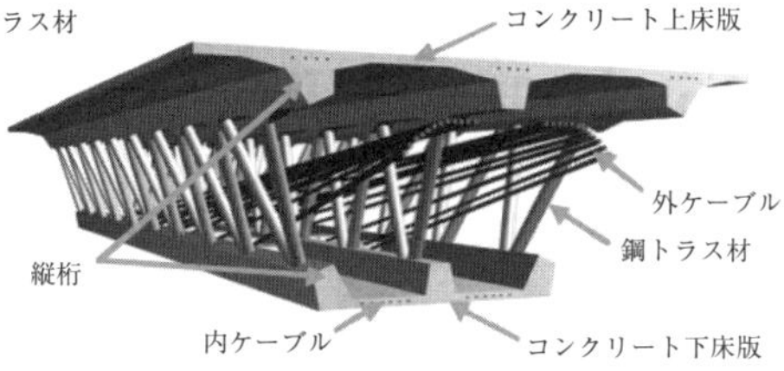

構造概要図（上り線）

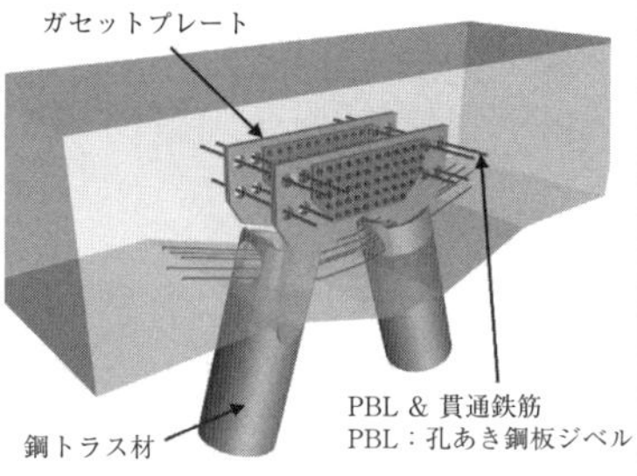

二面ガセット格点構造

設計上の特徴

主桁形状として，桁高変化に対する主桁重量増減の感度が低いという鋼トラスウェブの特性を活かして，施工性や景観性の観点から 6.5 m の等桁高としている。最大支間に対する桁高支間比は，猿田川橋で 1/16.9（支間 110 m），巴川橋で 1/18.3（支間 119 m）として断面係数を大きくすることで，コストの縮減が図られている。

床版には「縦桁」と呼んでいるコンクリートビームを橋軸方向に配置し，この縦桁において床版とトラス材を接合している。この縦桁の配置により，床版支持状態を格点部での点支持から縦桁での線支持とすることで，床版設計での支配的支間方向を橋軸直角方向としている。

施工上の特徴

主桁の施工は張出架設工法で行い，超大型移動作業車（7 000 kNm 級）を用いて，1 ブロック長をトラス間隔である 5 m としている。格点間隔が上下床版で相互に 2.5 m ずれるため，移動作業車の負担を軽減するように上床版の打継ぎ目を下床版の打継ぎ目より 2.5 m 前方とした。

検証方法（実施実験など）

トラス格点では 1/2 モデルによる終局耐力確認試験が行われた。また，非線形 FEM 解析も実施されている。

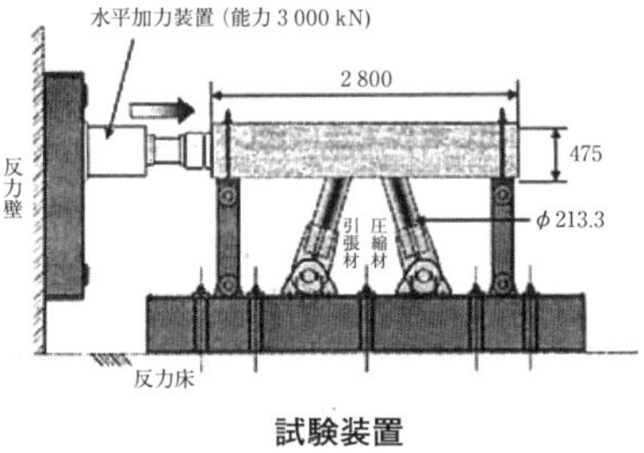

試験装置

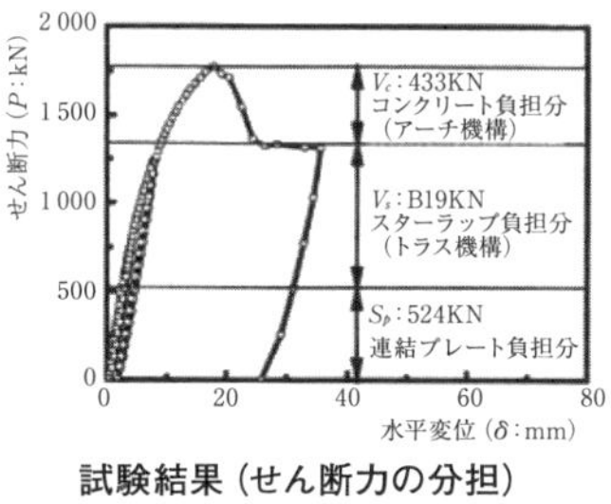

試験結果（せん断力の分担）

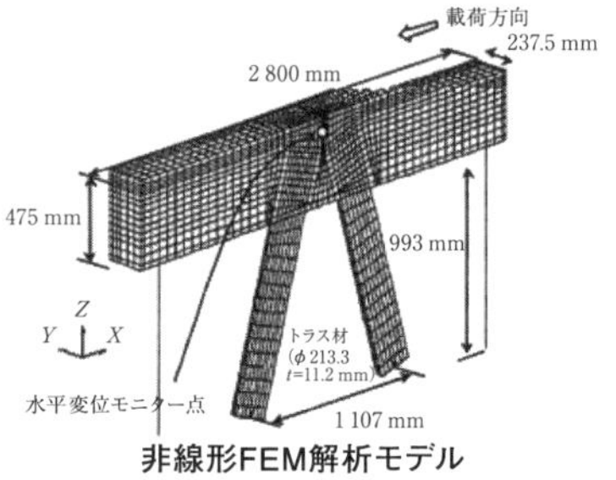

非線形FEM解析モデル

参考文献

1）黒岩正，後藤昭彦：巴川橋，猿田川橋の設計－鋼トラスウェブ PC 橋－，プレストレストコンクリート，Vol. 41, No. 2, pp. 41–47, 1999. 3

2）青木他：PC 複合トラス橋の設計・施工報告－第二東名高速道路 猿田川橋・巴川橋－，プレストレストコンクリート , Vol. 48, No. 3 pp. 23–30, 2006. 5

3）長田他：猿田川橋・巴川橋（上り線工事）の設計・施工，プレストレストコンクリート，Vol. 50, No. 3, pp. 46–54, 2008.5

事例５　青雲橋（徳島県）

橋梁概要

・橋　　種：道路橋
・橋　　長：97.0 m
・幅　　員：6.30 m（全幅員），5.00 m（有効幅員）
・支 間 長：93.80 m
・構造形式：PC 単純複合トラス（自碇式）
・適用基準：道路橋示方書
・活 荷 重：A 活荷重
・施工方法：吊構造を利用したプレキャストセグメント架設
・完成年月：2004 年 12 月

性能創造の概要

【構想設計における性能創造】
性能にかかわる要求事項，制約条件とその解決法方法，そしてその実現の方策は以下のとおりである。

性能にかかわる要求事項	制約条件	制約条件の解決策	解決策実現の方策	性能創造
経済性，維持管理性，耐久性	限られた予算	軽量化された複合トラスによるコストダウン	低コストの接合構造をもつ複合トラス	鉄筋埋込接合と孔あきジベル接合
			鋼トラス部材の低減	不完全トラス
		最小の保全コスト	単純桁によるアクセスの容易さ	点検ルートの確保
供用性，安全性	架設中も含めた橋脚等の設置不可	支間長 100 m の単純桁	吊構造を利用した架設方法	技術開発による新架設工法
安全性	A2 側地滑り地帯の対応	グランドアンカー不可	他碇式から自碇式への構造変換	技術開発による構造変換工法
環境性	橋台背面の施工ヤードの制限	最小のヤードで施工可能なコンクリート単純桁	プレキャスト部材の小型化	最小ヤードでの施工
工期，安全性	急速施工による工期短縮	プレキャスト工法	部材の軽量化	リブ＋PC 板構造の採用

(1)　低コスト実現を意図した構造
埋込長を長く確保できる上床版部には鉄筋埋込接合を，小さな下床版部には孔あき鋼板ジベル接合を開発し採用した。また，施工時は不安定になるが下弦材幅を低減して上部工重量低減を図り，アンカー，吊材を低減した。
(2)　不完全トラス
鋼部材を低減するために上床版でトラスが閉じない不完全トラスとし，上床版の剛性を大きくすることで離れた格点間の曲げモーメントに抵抗する構造とした。
(3)　吊構造を利用した架設方法
全体重量を減らすために断面を逆台形とし，架設時は他碇式構造，完成時は自碇式構造となる架設工法で施工した。また，施工中の面外方向の安定性を確保するために，サイドワイヤーを張って安全性を向上させた。
(4)　A2 地滑り地帯の対応
吊構造を利用した架設方法は施工中は他碇式であるが，完成後にグランドアンカー力を桁に移行することで自碇式とし，単純桁になることで地滑り対応とした。なお，グランドアンカー力は最終的には解放している。
(5)　制限された施工ヤードへの対応
プレキャスト部材を小割にして架設直前に組み立てることで，最小の施工ヤードでの建設が可能になった。
(6)　急速施工への対応
コンクリート工場でのプレキャスト化を行い，現地でのコンクリート打設量を最小限にした。

性能創造された構造の概要図など

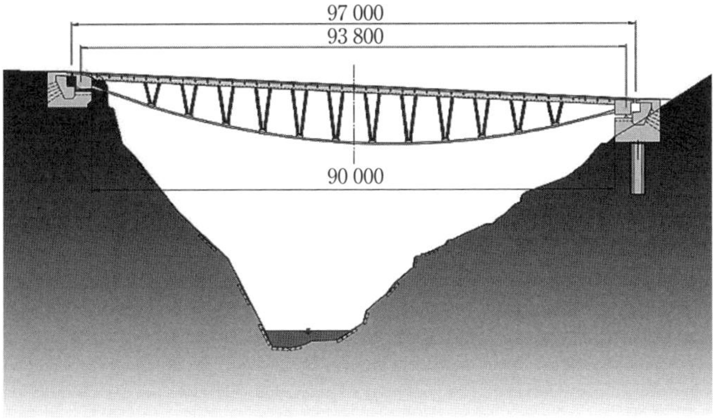

側 面 図

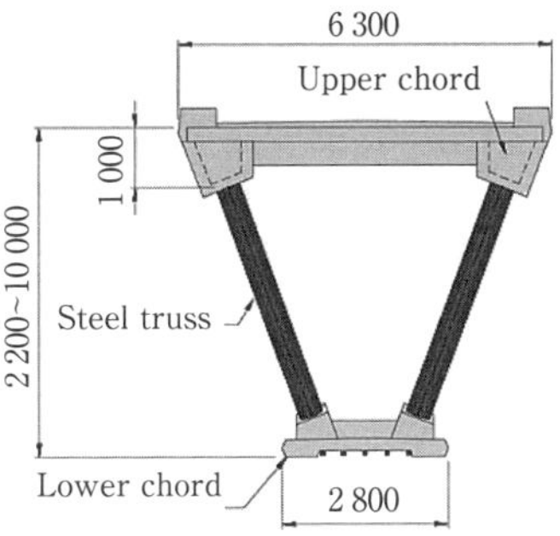

断 面 図

斜材ユニットの架設

桁の架設

性能にかかわる要求事項とその照査

以下に，主要な性能にかかわる要求事項とその照査事項を示す。なお，解析はすべて有限変形理論に基づいて行った。

- 安全性：曲げ，せん断，接合部の応力，アンカー応力，吊ケーブル応力，A2 斜面の安定性
- 供用性：変位
- 経済性：3.5 億円以下
- 環境性：周辺に影響を与えない限られたヤードの実現
- 施工期間：6 か月以内

検証方法（実施実験など）

- 吊構造を利用した架設方法の模型実験（参考文献 1））
- 鉄筋埋込接合，孔あきジベル接合の構造実験（参考文献 3））

参考文献

1） 則武ら：Sturdy on a New Construction method for Concrete Structure using Suspended Concrete Slabs, FIP Symposium Kyoto, 1993
2） 法常ら：青雲橋の設計と施工，橋梁と基礎，Vol.39, pp.2-11, 2005.4
3） 浅井ら：斜材定着部を伴う複合トラス接合部に関する実験的研究，橋梁と基礎，pp.28-33, 2005.9
4） 春日ら：Design and Construction of Composite Truss Structure Using Suspension Structure, fib Symposium, Budapest, 2005

事例 6　弥冨高架橋

橋梁概要

・橋　　種：道路橋　・橋長：1481.0 m　・幅員：14.0 m（標準部）～18.1 m（拡幅部）（有効幅員）
・構造形式：プレキャストセグメント工法による PC 多径間連続箱桁橋
・構造構成：12 径間連続箱桁橋（12@49.0 ＝ 588.0 m），11 径間連続箱桁橋（10@45.5 ＝ 455.0 m）
　7 径間連続箱桁橋　438.0 m（上り：49.0＋74.5＋87.5＋55.0＋50.0＋66.0＋56.0，下り；39.0＋74.5＋87.5＋65.0＋50.0＋66.0＋56.0）
・適用基準：道路橋示方書（日本道路協会）　・活荷重：B 活荷重
・施工方法：エレクションガーダーによるスパン・バイ・スパン架設工法，エレクションノーズによるバランスドカンチレバー工法，固定支保工によるスパン・バイ・スパン工法
・完成年月：2000 年　月

採用理由，経緯など

広幅員（3 車線）の高規格幹線道路における高架橋の建設において，コスト縮減，省力化施工，急速化施工の命題の元，都市内高架橋 1.7 km の区間において採用された構造形式，架設工法である。とくに目新しいのは，主桁構造が広幅員 15.5 m に対して 1 室箱桁断面構造を採用したこと，標準部の 40～50 m 程度の支間にはエレクションガーダーを用いたスパン・バイ・スパン架設工法を，交差道路上等 60～90 m 程度の支間には，エレクションノーズによるバランスド・キャンチレバー架設工法を採用したこと，拡幅等幅員変化に対しても，主構造となる広幅員 1 室箱桁構造を生かしたプレキャストセグメント工法による拡幅構造を採用したことである。

性能創造の概要

本道路橋は，プレキャストセグメント工法を採用し，コスト縮減，省力化施工，急速化施工を推進する必要があったため，主桁構造の計画・設計において以下の課題と対策を施した。

(1)　軽量化が図れる主桁構造の採用

40～50m 程度の適用支間長に対して，箱桁構造での適用は理に適っており，さらに軽量化を図るため部材厚を薄くする必要があった。したがって，1 室箱桁断面構造を基本として，外ケーブルの採用により部材厚の縮小を図った。

(2)　主桁構造の設計上の検証

当該幅員 15.5 m に対して 1 室箱桁構造の採用は，道路橋示方書に示される床版支間長を逸脱する。したがって，道示の床版断面力算出式の適用範囲外となるため，FEM 解析により算出した断面力を用いて箱型部材断面の設計を行った。

(3)　拡幅部構造に適した主桁構造の提案

都市内高架橋 1.7 km 区間には，幅員拡幅区間，ランプ部区間等の道路構造令上の機能付加が必要であった。プレキャストセグメント工法を適用しつつ，主桁の構造特性を損なわず，かつ省力化・急速施工を妨げない主桁拡幅方法を提案した。

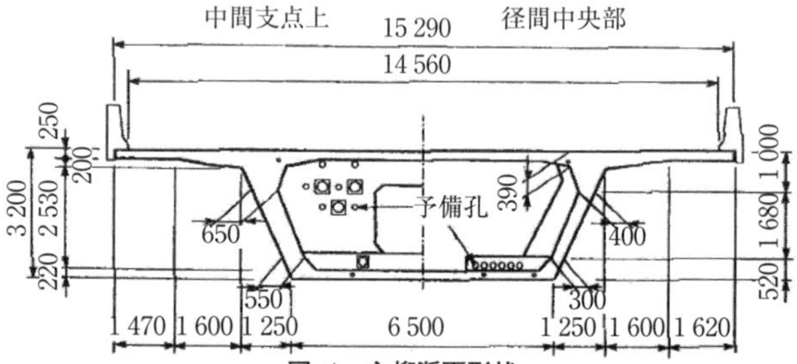

図 -1　主桁断面形状

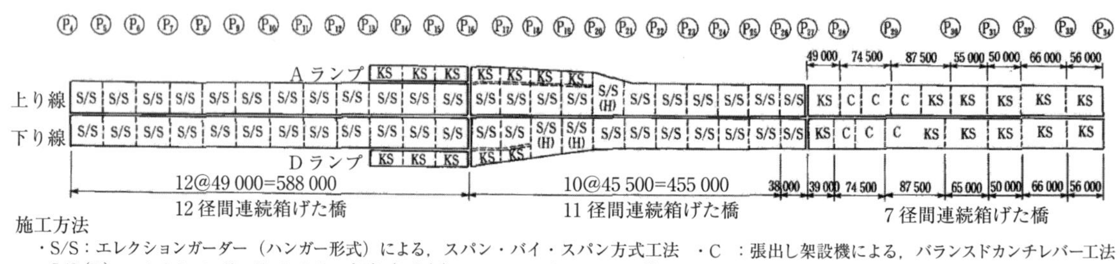

施工方法
・S/S：エレクションガーダー（ハンガー形式）による，スパン・バイ・スパン方式工法　・C　：張出し架設機による，バランスドカンチレバー工法
・S/S (H)：エレクションガーダーによる，変速（2 分割）スパン・バイ・スパン工法　・KS：固定支保工

図 -2　構造構成と架設方法

性能創造された構造の概要図など

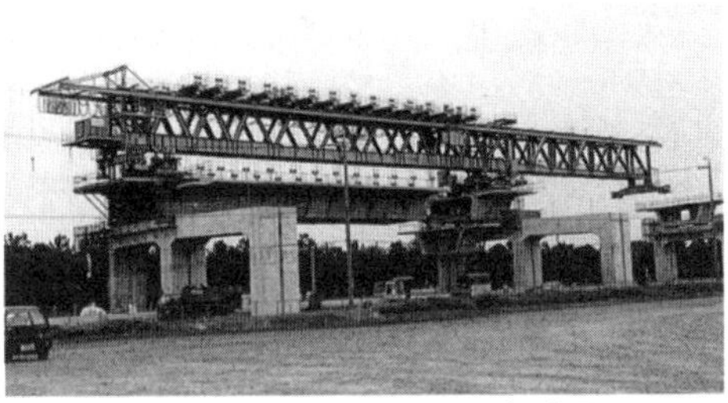

写真 -1　スパン・バイ・スパン架設

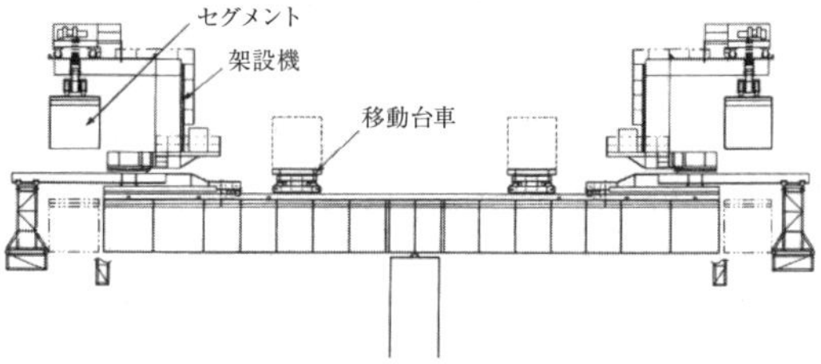

図 -3　エレクションノーズによる架設

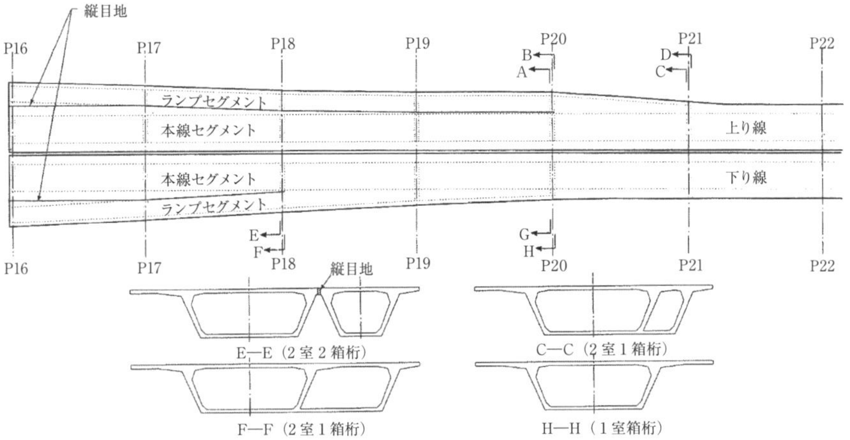

図 -4　拡幅部の主桁の構成

設計上の特徴

- 主桁断面形状の決定は，3 次元 FEM 解析モデルを用い活荷重の影響線載荷により行った。影響線図より，着目断面が最も厳しくなる活荷重載荷状態を見極め，設計荷重作用時に上床版がフルプレストレスとなる主桁断面を選定した。
- 拡幅部区間，ランプ部区間を有する本高架橋では，コスト縮減，省力化施工を行うには，標準部主桁断面を生かしつつ，これらの幅員変化への対応を図る必要があった。外ケーブルの裁き等を優先するため，固定床版を有する箱桁構造部は変化させず，標準断面を利用した 2 室箱桁構造を採用した。また，2 室箱桁構造では，幅員変化に対応できない区間では，ランプ部主桁断面と標準断面とで構成した 2 主桁箱桁断面を採用した。

施工上の特徴

- 当該高架橋区間には，交差条件から支間長を 60～90 m 確保する箇所が数か所存在した。最大適用支間長に併せた架設桁を製作し全高架橋区間を架設することは非常に不経済となるため，標準区間に比べ適用支間長が大きい箇所は，架設方法をエレクションガーダーを用いたスパン・バイ・スパン工法から，エレクションノーズを用いたバランスドカンチレバー工法に変更して架設することとした。また，拡幅部構造区間（2 室箱桁区間）では，標準断面に比べ重量が重くなることから，こちらに関しても同様の架設方法とした。拡幅部構造区間（2 主桁箱桁区間）では，標準断面側の主桁は架設桁によるスパン・バイ・スパン架設により構築し，小断面側の主桁は，支保工上に並べ 1 径間分をスパン・バイ・スパンで構築，その後 2 つの主桁を一体化して 2 主桁箱桁構造を構築した。

参考文献

1)　森山，松田，太田，加藤：弥冨高架橋の設計・施工 – プレキャストセグメント箱桁橋 –プレストレストコンクリート，Vol. 41, No. 2, mar. 1999
2)　森山，中島：第二名神高速道路 弥冨高架橋の設計・施工，コンクリート工学，Vol. 36, No. 8, 1998. 8

事例７　古川高架橋（三重県）

橋梁概要

・橋　　種：道路橋
・橋　　長：1 475 m
・幅　　員：15.970 m～17.270 m（全幅員），14.645 m～15.945 m（有効幅員）
・支 間 長：35.0 m，最大支間長 38.0 m
・構造形式：2@9 径間＋ 13 径間＋ 10 径間連続箱桁橋
・適用基準：道路橋示方書
・活 荷 重：A 活荷重
・施工方法：U 形コアセグメントを用いたスパン・バイ・スパン架設
・完成年月：2002 年 12 月

性能創造の概要

【構想設計における性能創造】

性能にかかわる要求事項，制約条件とその解決法方法，そしてその実現の方策は以下のとおりである。

性能にかかわる要求事項	制約条件	制約条件の解決策	解決策実現の方策	性能創造
安全性，環境性	都市内高架橋にともなう製作ヤード設置不可	工場プレキャスト	100 km 離れた工場でのセグメント製作	都市内でのプレキャストセグメント工法の適用
経済性	セグメント数の低減	U 形コアセグメントの採用	実物大実験による検証	U 形コアセグメントによる経済性の追求
経済性，安全性	セグメントの軽量化	リブ＋PC 板＋場所打ち上床版の採用	実物大実験による検証	上床版現場打ちによる架設時主桁重量の低減
経済性，維持管理性	広幅員	1 室箱桁	5 m の箱桁幅と 4.5 m の張出し床版	広幅員 1 室箱桁の実現

(1)　工場プレキャスト

都市内高架橋のため現地に製作ヤードが設置できず，工場製作プレキャストセグメントをトレーラにて架設地点に運搬した。これによりプレキャストセグメント工法の適用が拡大した。

(2)　U 形コアセグメントの採用

開断面となる U 形コア断面の採用により，セグメント数を 30 %，架設桁重量を 60 % 低減でき，コスト縮減に大きく寄与した。上床版は現場打ちであり，打設区間により U 形コア断面にねじれが生じるため，実物大実験により解析の整合性を検証するとともに，打設時の施工管理の根拠とした。コアセグメント工法は架設時の主桁重量低減に有効で，架設にかかわる材料の低減や機械の軽量化につながる。このあとコアセグメント工法は，張出し施工や押出し施工に適用が拡大され，それらのコスト縮減に役立っている。

(3)　リブ＋ PC 板＋現場打ち上床版構造の採用

架設時の主桁の軽量化を図るために，上床版を現場打ちとした。そして，実物大実験により施工中の挙動を確認し，施工管理に役立てた。また，セグメント特有のジョイントが上床版にないため鉄筋が連続し，主桁の耐力増加に寄与することとなった。この工法は，その後の部分プレキャスト工法の適用拡大につながり，波形ウェブ橋の急速施工を初め様々な工法の性能創造の起源となった。

(4)　広幅員における 1 室箱桁

17 m という広幅員はそれまで 2 室箱桁が主流であったが，4.5 m の張出し床版とすることで 1 室箱桁が可能になり，主桁の軽量化にも大いに寄与した。このことは桁内の点検を容易にし，さらには，重量感を低減できて周辺環境との調和にも役立っている。

性能創造された構造の概要図など

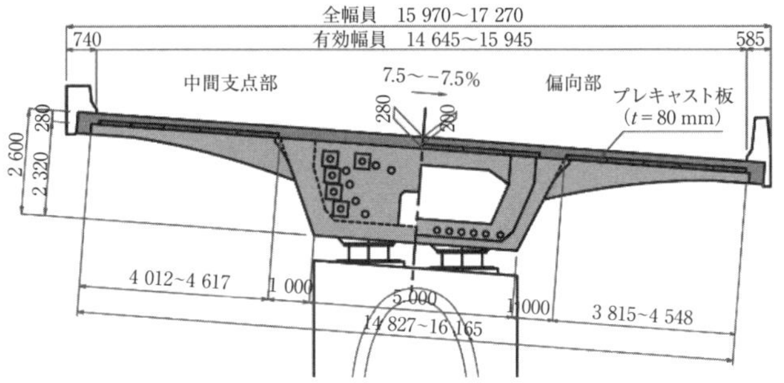

主桁断面形状

U形コアセグメント架設

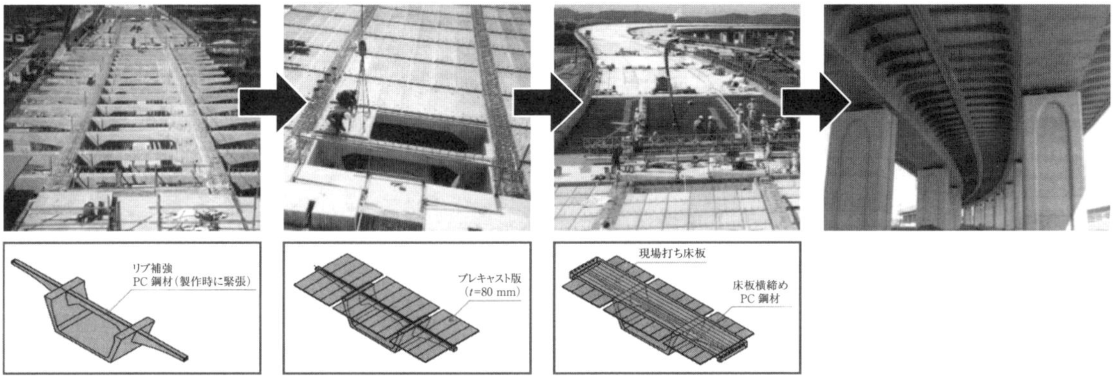

セグメント架設　　PC 板敷設　　上床版コンクリート打設

施工要領

性能にかかわる要求事項とその照査

以下に，主要な性能にかかわる要求事項とその照査事項を示す。

- 安全性：曲げ，せん断，PC 板を用いた上床版応力，U 形コア断面の挙動，外ケーブル緊張力の導入ステップ
- 供用性：材令差のある合成断面の変位
- 耐久性：広範囲な場所打ち上床版の温度応力によるひび割れ制御
- 経済性：基本設計時工費を上限
- 環境性：施工にかかわる周辺環境への影響最小化

検証方法（実施実験など）

- 実物大供試体による U 形コア断面の挙動確認実験（参考文献 1））
- PC 板を用いた床版の挙動確認（PC コンポ橋の技術応用）

参考文献

1)　池田博之，水口和之，春日昭夫，室田敬：古川高架橋の設計と施工（上），（下），橋梁と基礎，2001. 2, 2001. 3

2)　春日昭夫，橋梁施工におけるコンカレントエンジニアリング－床版の合理化施工を目指して－，プレストレストコンクリート，pp. 65-68, No. 6, 2006

事例8　新佐奈川橋

橋梁概要

・橋　　種：道路橋
・橋　　長：【上り線】636.0 m，【下り線】699.0 m
・幅　　員：11.40 m（全幅員），10.75 m（有効幅員）
・支間割り：【上り線】81.25 m ＋ 112.5 m ＋ 105.0 m ＋ 126.0 m ＋ 123.0 m ＋ 85.75 m
　　　　　　【下り線】76.75 m ＋ 128.0 m ＋ 128.0 m ＋ 142.0 m ＋ 142.0 m ＋ 79.75 m
・構造形式：PRC6 径間連続ラーメン箱桁橋
・適用基準：道路橋示方書，設計要領第二集ほか
・活 荷 重：B 活荷重
・施工方法：片持ち張出し架設工法
・完成年月：2012 年 10 月

性能創造の概要

本橋は中日本高速道路から設計施工案件として出件された橋長約 700 m の橋梁である。提案構造ではレジリエンス・ロバストネスとともに耐久性・施工性・環境負荷低減を考えた性能創造による設計・施工・保全として，高強度材料を用いて上部工の重量軽減と橋脚のじん性改善による耐震性向上とともに，レベル 2 地震時の橋脚下端の降伏を回避することを基本理念とした。

(1)　耐震性の向上

- 片持ち張出し架設の上部工には，設計基準強度 50 N/mm^2 のコンクリートを採用し，部材断面の縮小，重量軽減による橋脚・基礎への負担低減を実現している。
- 高さ 60 m 以上の橋脚には，高強度鉄筋（USD685：軸方向）と高強度コンクリート（設計基準強度 50 N/mm^2）を組み合わせた Super-RC 工法を採用した。また，軸方向鉄筋に加えて帯鉄筋にも高強度鉄筋 SD490 を使用して橋脚の過密配筋を避けて施工性改善を図った。これにより従来構造に対して橋脚断面積で約 40 %，基礎断面積で約 20 % の縮減を実現している。
- 橋脚の断面縮小と端部橋脚における免震支承の採用等と併せて，橋梁全体の長周期化を図ることで耐震性を向上させている。とくに，大規模地震におけるレジリエンスを確保するためレベル 2 地震時に橋脚基部を降伏させない設計を実現している。

(2)　耐久性の向上

- 上部工コンクリートは，強度保証材齢を 28 日とした普通セメントを用いた設計基準強度 50 N/mm^2 とし，早強セメントを用いた設計基準強度 40 N/mm^2 に対し，温度応力によるひび割れ発生確率を低減した。
- 橋脚コンクリートは，強度保証材齢を 91 日とした普通セメントを用いた設計基準強度 50 N/mm^2 とし，ポンパビリティーを不要とするためバケット打設とすることで，単位セメント量・単位水量を極力減少させ，温度応力の低減，ひび割れ発生の抑制を図っている。

(3)　環境負荷低減を図る設計・施工

- 橋脚形状を八角形断面として各辺中央にスリットを入れ，陰影効果によるスレンダーな形状を強調するとともに，排水管をスリットに格納することで環境に与えるインパクトを軽減している。
- 本橋の架橋地点は希少動植物の存在が確認されていたため，工事用道路構築にあたっては，地形形状に合わせた切盛土工となるルートを選定し，森林伐採は工事用道路の最小範囲に限定している。
- 急傾斜地に位置する基礎および橋脚の施工にあたっては，竹割り型構造物掘削工法を採用するとともに，施工ヤードを確保するため工事用構台を各橋脚に付随して構築し，周辺地形の改変面積を大幅に縮小し，環境負荷の低減を図っている。

採用理由，経緯など

本橋は民間技術を活用した高度技術提案型総合評価方式における設計・施工一括方式（デザインビルド方式）として発注された上下部工一体の橋梁工事である。工事の入札段階において事業者案は示されず，道路線形と道路種別，地形図，用地範囲および工事区間等を規定するのみで，構造形式をはじめ橋長や支間割りならびに使用材料等については応札側が自由に設定可能であった。

そこで，初期建設と保全に要するライフサイクルコストの低減を図るため，上記した性能創造による設計・施工・保全の考え方を取り入れ，コンクリートウェブを有する一室箱桁構造の PRC6 径間連続ラーメン箱桁橋を採用した。

性能創造された構造の概要図など

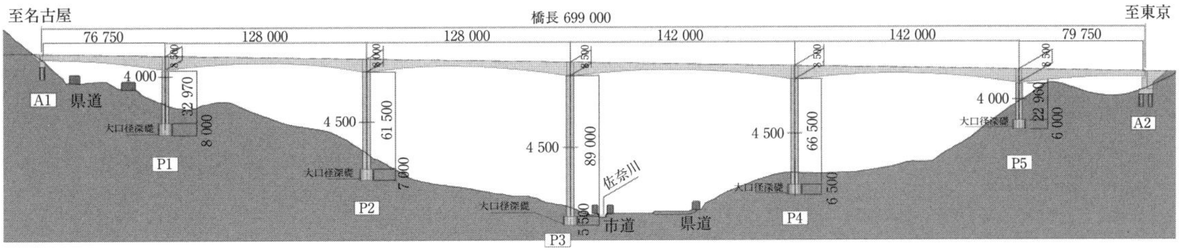

全体一般図（下り線）

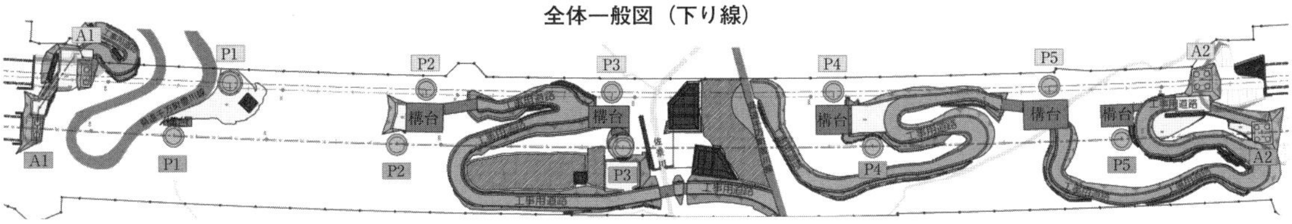

工事用道路平面図

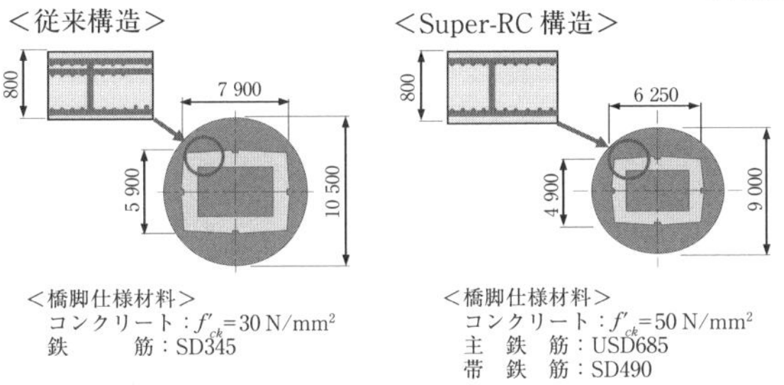

橋脚・基礎構造の比較

橋梁近景（P3 橋脚を望む）

設計上の特徴

- レジリエンスを考慮し，橋脚に高強度鉄筋と高強度コンクリートを組み合わせたSuper-RC工法を採用し，レベル2地震時においても橋脚基部を降伏させず，さらに長周期化による耐震性向上と補強鋼材量の低減による施工性改善を図っている。
- 使用するコンクリートの初期欠陥防止を目的に，セメントの種類，強度保証材齢，打設方法に工夫を凝らしている。
- 景観に配慮し，橋脚形状を八角形断面として，各辺中央にスリットを入れることにより，陰影効果によるスレンダーな高橋脚の美しさを強調している。また，景観上の弱点となる排水管を橋脚のスリットに格納している。

施工上の特徴

- 基礎工においては環境配慮の観点から，竹割り型構造物掘削工法を8橋脚で採用し，森林伐採範囲を工事用道路部分と一部施工ヤードのみに限定するなど，地形改変面積を縮小し自然環境を保護しながら工事を進めている。
- 橋脚工においては高さ60 m以上となる6橋脚にはクライミングフォーム工法を採用し，高所作業を削減している。
- 上部工においては最大16基の移動作業車を用いた片持ち張出し架設工法を採用し，工程短縮を図っている。

検証方法（実施実験など）

- 高強度材料を使用した橋脚構造：せん断耐力実験，中空橋脚部材の耐震性能確認実験など

参考文献

1)　上東・山本：新東名高速道路 佐奈川橋の設計と施工－高強度材料を用いたPRC箱桁ラーメン橋－，コンクリート工学，Vol. 49, No. 7, pp. 34-40, 2011. 7
2)　南雲ら：新東名高速道路（仮称）佐奈川橋の設計・施工，橋梁と基礎，Vol. 46, No. 5, pp. 5-10, 2012. 5
3)　相馬ら：新東名高速道路 佐奈川橋（仮称）の設計・施工－高橋脚PC箱桁橋の施工－，プレストレストコンクリート，Vol. 57, No. 6, pp. 26-31, 2015. 11

事例9　バタフライウェブ橋

橋梁概要（田久保川橋を事例として）

・橋　　種：道路橋
・橋　　長：712.5 m
・幅　　員：10.15 m〜10.35 m（全幅員），9.26 m〜9.46 m（有効幅員）
・支 間 長：58.6 m＋87.5 m＋7@73.5 m＋49.2 m
・構造形式：10 径間連続箱桁橋
・適用基準：道路橋示方書
・活 荷 重：A 活荷重
・施工方法：バタフライウェブを用いた張出し架設
・完成年月：2013 年 8 月

性能創造の概要

【技術開発および構想設計における性能創造】
性能にかかわる要求事項，制約条件とその解決法方法，そしてその実現の方策は以下のとおりである。

性能にかかわる要求事項	制約条件	制約条件の解決策	解決策実現の方策	性能創造
① 経済性と軽量化を兼ね備えた新しい構造の開発における性能創造				
安全性，経済性	波形ウェブ橋，複合トラス橋に代わる構造	両者の特徴を兼ね備えた新しい構造	合理的な構造の開発	ダブルワーレントラスの鋼製パネル化
安全性，経済性	維持管理コストの低減	鋼製からコンクリート製へ	繊維補強コンクリートの採用	工場製作で張出し施工に採用可能なバタフライパネル
② 開発後の田久保川橋の構想設計における性能創造				
経済性	工期短縮	セグメント数の低減	バタフライウェブによる急速施工	軽量化された主桁のセグメント数低減
経済性，安全性	H24 耐震設計対応による橋脚補強の最小化	上部構造の軽量化	バタフライウェブによる軽量化	上部工軽量化による橋脚の補強回避
維持管理性	容易な点検	箱桁内の点検作業の簡素化	バタフライウェブによる明るい桁内	ストレスのない桁内点検

①　技術開発時の性能創造は以下の通りである。
(1)　波形ウェブ橋と複合トラス橋の利点を兼ね備えた新しい構造
コンクリート橋の軽量化を意図した合理的な構造の必要性があり，ダブルワーレントラスをパネル化した鋼製のバタフライウェブを開発した。
(2)　鋼製バタフライウェブのさらなる経済性の追求
強度が 100 MPa の高強度コンクリートの開発が進み，維持管理コストが低減できる繊維補強コンクリート製のバタフライウェブが開発された。これにより工場製作が可能となり，維持管理費の低減につながる。
②　最初の採用となった田久保川橋における性能創造は以下の通りである。
(1)　バタフライウェブによる急速施工
150 mm のウェブにより主桁重量が 15 % 低減された結果，すべてのセグメント長が 6 m になった。そして，セグメント数が 8 セグメントから 5 セグメントに減り，上部工の工期を半分にすることができた。15 % の上部工低減は波形ウェブ橋と同等である。
(2)　上部構造の軽量化による旧基準で建設された橋脚補強の最小化
主桁重量が 15 % 低減されたことで，H24 道示による橋脚補強の必要がなくなった。
(3)　容易になった箱桁内の点検作業
通常の箱桁内は照明設備がない場合は細かく点検することが難しい。バタフライウェブは外部の光が入り，桁内を詳細に点検することが容易である。このことで維持管理性が向上する。
なお，バタフライウェブの実績は田久保川橋を含めて 4 橋である。

性能創造された構造の概要図など

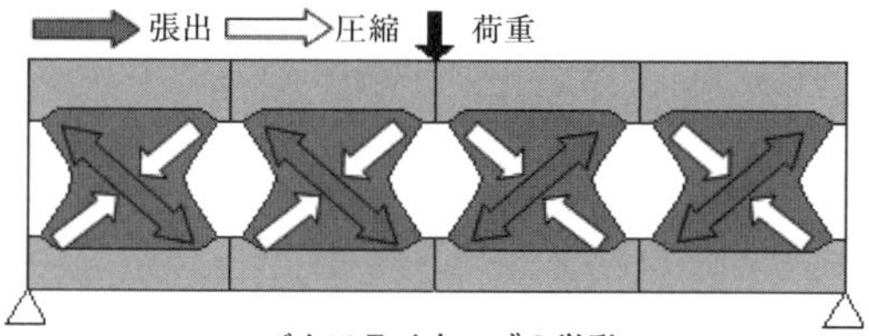

バタフライウェブの挙動

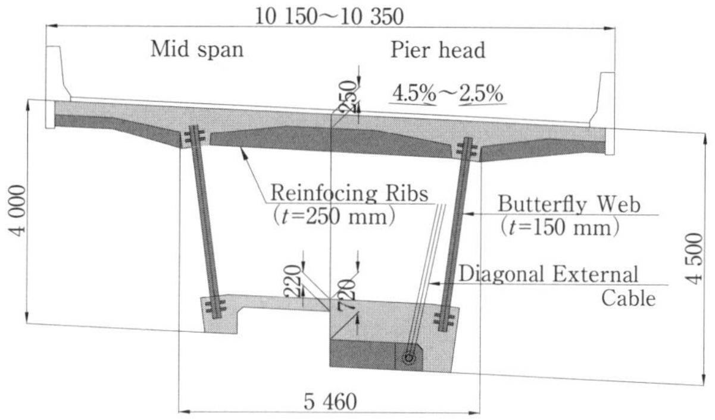

田久保川橋の断面

張出し施工状況

架設作業車内のバタフライパネルの設置状況

性能にかかわる要求事項とその照査

以下に，主要な性能にかかわる要求事項とその照査事項を示す。

- 安全性：曲げ，せん断，バタフライパネルと床版の接合部強度，バタフライパネル間の床版の耐荷力，バタフライパネルの耐荷力
- 供用性：せん断変形を考えた変位
- 耐久性：バタフライパネルのひび割れ制御とかぶり厚の設定
- 経済性：下部工の補強も含めた基本設計時工費を上限
- 環境性：軽量化による CO_2 削減

検証方法（実施実験など）

- バタフライパネルのせん断実験（参考文献 1)）
- バタフライウェブ梁の耐荷力実験（参考文献 3)）
- バタフライウェブの長期モニタリング

参考文献

1) 永元他：超高度繊維補強コンクリートを用いた新しいウェブ構造を有する箱桁橋に関する研究，土木学会論文集 E，Vol. 66, No. 2, 2010
2) 片他：超高強度繊維補強コンクリートを用いた新しいウェブ構造に関する研究，PC シンポジウム，2007
3) Ashizuka *et. al*, Development of the high strength fiber reinforced concrete for butterfly web bridge, fib Symposium 2013

事例 10　小滝川橋

橋梁概要

・橋　　種：道路橋
・橋　　長：39.0 m
・幅　　員：4.0 m（有効幅員）
・構造形式：場所打ち UFC を用いた単純 PC ポストテンション方式 T 桁橋
・適用基準：道路橋示方書（日本道路協会），超高強度繊維補強コンクリートの設計・施工指針（案）（土木学会）ほか
・活 荷 重：A 活荷重
・施工方法：総支保工施工
・完成年月：2014 年 4 月

性能創造の概要

本道路橋は，建設作業従事者の減少に対するひとつの対策として，建設作業に伴う役務の削減を目的に，構造躯体を通常の PC 構造とせず，鉄筋を一切用いず，場所打ちの UFC（超高強度繊維補強コンクリート）と PC 鋼材のみで構築し，建設に要する役務を同規模の PC 場所打ち T 桁と比較しておよそ 3 割削減するとともに，耐久性を大幅に改善した。

(1)　UFC を場所打ちで施工

現場での厳寒時の豪雪地帯における実現可能な養生条件を踏まえて，主桁の設計基準強度は，「超高強度繊維補強コンクリートの設計・施工指針（案）」[1] の適用範囲である下限強度の 150 N/mm^2 に設定した。ひび割れ発生強度や引張強度，ヤング係数，乾燥収縮度はこれまでの研究成果と材料試験に基づき決定した。なお，クリープ係数は，「超高強度繊維補強コンクリート「サクセム」の技術評価報告書」[2] に示される ϕ=0.7 だけではなく，初の場所打ちであることも考慮して，有効プレストレス算定時に安全側となるように高強度コンクリートの設定値である ϕ=1.2 も勘案し安全性を確認した。

(2)　断面のスリム化

冬季の除雪等保全作業の軽減および景観に配慮して上路形式（T 桁）を採用した。UFC の圧縮特性や鉄筋を不要とできる引張特性を活かすため，内外ケーブル併用方式の採用とあわせて断面を最大限にスリム化した。

(3)　高強度 PC 鋼材の採用

役務の削減の観点から配置本数を低減できる高強度 PC 鋼材を縦締めケーブル，横締めケーブルに採用した。高強度 PC 鋼材は，水素脆性に対する感受性が高いと考えられるため，「高強度 PC 鋼材を用いた PC 構造物の設計施工指針」[3] を参考に，内ケーブルにはプレグラウトタイプの 1S29.0 を，外ケーブルには内部充てん型エポキシ被覆タイプの 19S15.7 をポリエチレン管内に配置し，緊張後に PC グラウトを注入した。

(4)　中間横桁部にプレキャスト部材を適用

施工時，完成時の局部応力対策として，外ケーブル偏向部に位置する中間横桁をプレキャスト化した。また，これを分割施工の境界としても活用することで，3 日連続の打設を可能とした。

採用理由，経緯など

新潟県糸魚川市の小滝川（姫川水系）に位置する小滝川発電所では，発電設備のリニューアル工事が行われ，これに伴い，建造後約 100 年経過したアプローチ橋の架替えが行われることとなった。この新設橋梁の主桁には，建設作業従事者の減少を背景とした役務の削減と，凍結防止剤散布による塩害ならびに凍害を受ける環境条件を踏まえ，鉄筋を用いず，材料の緻密さによる優れた塩化物イオンの侵入に対する抵抗性と凍結融解に対する抵抗性により設計供用期間を 100 年とできるエトリンガイト生成系超高強度繊維補強コンクリートを採用した。架橋地点が山間部であるため，UFC を主桁に用いる場合には一般的に採用される大型のプレキャスト部材では運搬および架設が困難であった。一方で，運搬可能な小型のプレキャスト部材に分割すると，継ぎ目部が増え耐久性が低下することに加え，UFC の高い引張強度も発揮できない。これらより，主桁および床版を一体で場所打ち施工することとした。場所打ち UFC の供給は，市中のプラント 2 社で製造し，アジテータ車で現地まで搬送した。また，UFC はプラントでの練り混ぜに時間を要するため，供給と打込みのバランスを考慮し，バケットによる場内運搬とした。

性能創造された構造の概要図など

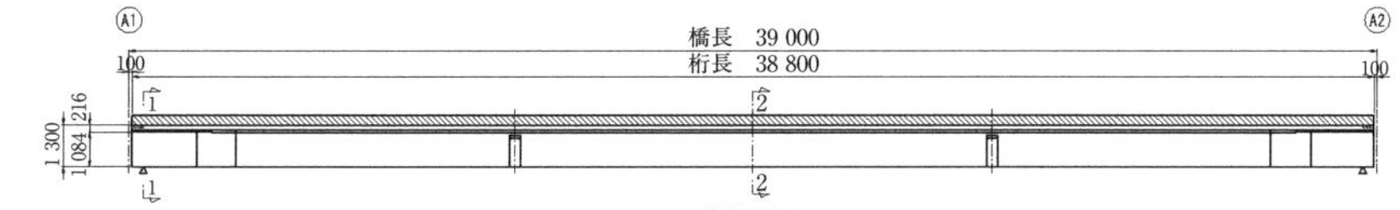

側面図

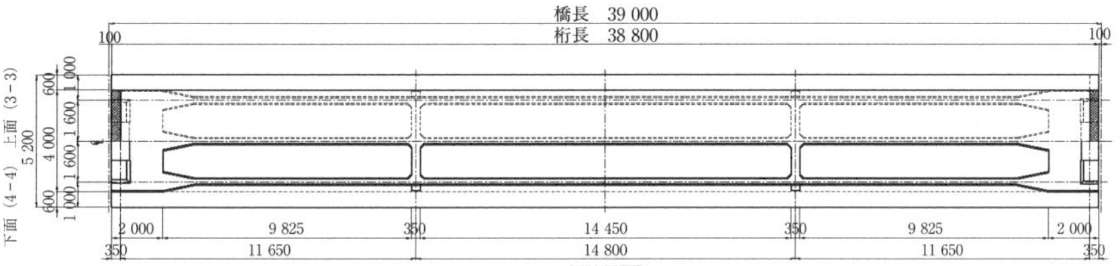

平面図

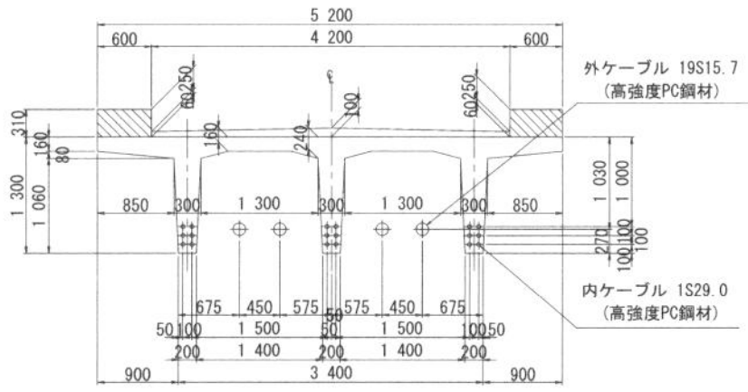

断面図（支間中央）

設計上の特徴

- 役務の削減を目的に，構造躯体に鉄筋を一切用いないとともに，断面のスリム化を図るため，内ケーブルおよび外ケーブルに高強度 PC 鋼材を採用した。内外ケーブルの比率は，上部工の施工が冬季（渇水期）の施工に限定されたため工期的な制約が厳しいことに配慮し，主桁自重分を内ケーブル，橋面工・活荷重等の後荷重を外ケーブルで負担させることとした。
- プレキャスト化した中間横桁部との打ち継ぎ目部は，鋼繊維が架橋されないため，プレキャストセグメントと同様に設計荷重作用時にフルプレストレスとするとともに，ウェブ多段せん断キーによりせん断力を伝達する構造とした。

施工上の特徴

- 積雪厳冬期施工のため，橋梁全体を屋根付きの仮設材で覆い，初期強度発現のために熱交換式温風機による給熱養生を実施。
- マスコンクリートとなる端部横桁において，河川水を使用したパイプクーリングを実施。
- 現場養生試験体を用いた圧縮強度試験を適宜行い，緊張時および完成時の強度発現を確認。

検証方法（実施実験など）

- 3 次元 FEM 解析により外ケーブル偏向部横桁および端部横桁の局部応力を確認
- ひび割れ発生後の引張軟化特性などの材料非線形性と桁の曲げ変形に伴う外ケーブル位置変化などの幾何学的非線形性を同時に考慮できる複合非線形解析を実施し，主桁の終局時の挙動（UFC の応力-ひずみ関係，終局耐力など）を確認
- 主桁ウェブを模擬した試験体により，UFC のレベリング性や鋼繊維の均一性が確保される流動距離を把握

参考文献

1)　土木学会：超高強度繊維補強コンクリートの設計・施工指針（案），2004
2)　土木学会：超高強度繊維補強コンクリート「サクセム」の技術評価報告書，技術推進ライブラリーNo. 3, 2006. 11
3)　プレストレストコンクリート技術協会：高強度 PC 鋼材を用いた PC 構造物の設計施工指針，2011. 6
4)　伊藤ら：場所打ちによる超高強度繊維補強コンクリート製道路橋の設計，第 23 回 PC シンポジウム論文集，pp. 527-530, 2014
5)　蓮野ら：場所打ちによる超高強度繊維補強コンクリート製道路橋の施工，第 23 回 PC シンポジウム論文集，pp. 391-394, 2014

事例 11　Marne 5 橋（Esbly 橋，Anet 橋，Changis 橋，Trilbardou 橋，Ussy 橋）

橋梁概要

・橋　　種：道路橋
・幅　　員：8.4 m（全幅員），8.0 m（有効幅員）
・アーチ支間：74.0 m
・支間ライズ比：1：15
・構造形式：PC 単径間 2 ヒンジアーチ橋
・施工方法：片持ち張出し架設工法（プレキャストセグメント工法）
・完成年月：1951 年

性能創造の概要

第二次世界大戦直後に建造されたマルヌ川に架かるマルヌ 5 橋は全て同一形状，同一構造であるとともに，同じマルヌ川に架橋されたLuzancy 橋とともに本格的にプレキャストセグメント工法を適用した初めての橋梁であり，現在に通じる種々の性能を創造している。

(1)　PC 構造の採用によるスレンダーな構造の実現

構造形式は端部に三角形のスプリンギング部を有する PC 偏平アーチとし，低桁高を実現している。さらに，橋台と傾斜脚との間にフラットジャッキと RC 製のくさびを挿入してアーチ軸力と曲げモーメントの調整を行い，スレンダーな部材での構造成立性を実現している。これらの効果により，コンクリート平均厚 0.45 m，鉄筋 20 kg/m^3，PC 鋼材 20 kg/m^3 を実現している。

(2)　プレキャストセグメント工法の採用による施工の省力化

橋梁上部工全てをプレキャストセグメントとするとともに，それらをセグメント製造工場近くで 1 主桁あたり 6 ユニットに仮組みし，河川上を台船で輸送，ケーブルクレーンを用いた片持ち張出し架設することにより施工の省力化を実現している。

(3)　構造の統一によるセグメント製造の合理化，高品質化，工期短縮

5 橋の形状を統一し，全てのプレキャストセグメント（セグメント個数 960 個）を 1 カ所の工場で製作することにより，セグメント型枠設備の統一や製造の一元管理などの合理化を図り，セグメント製造の省力化，高品質およびコスト縮減を実現している。また，コンクリート打設には高周波外部振動機を用いるとともに蒸気養生を実施し，施工の確実性と製造サイクルの短縮を図っている。

採用理由，経緯など

本橋はマルヌ川を横断する位置に架設された 5 橋の橋梁群であり，その構造および施工方法は 1946 年に完成した Luzancy 橋（アーチ支間長 55 m）で用いた手法を基本的に踏襲している。本橋は航路限界と道路計画高の条件から桁高を抑制し，全体としてスレンダーな形状としているとともに，5 橋とも同一の形状にすることが可能であることから，統一したプレキャストセグメントとして製作することでコスト縮減を図っている。

性能創造された構造の概要図など

全　景

主桁形状（I桁）

三角形のスプリンギング部

設計上の特徴

- ウェブにプレストレスを導入することにより厚さ 10 cm の無筋のウェブを実現している。
- 上床版の上面に橋軸方向の溝を設けて，この中に PC 鋼材を挿入し，緊張後，舗装兼用の場所打ちコンクリートを打設して PC 鋼材の防錆とコンクリート部との一体化を図っている。
- 橋軸（主桁），橋軸直角（床版），鉛直方向（ウェブ）の全ての部材にプレストレスを導入したフルプレストレス構造としている。

施工上の特徴

- セグメント製作はせん断補強として使用する高強度鋼材を配置した後に上下床版のみを打設し，硬化後にその間をジャッキにて広げた状態でウェブコンクリートを打設，硬化後に解放することによりウェブにプレストレスを導入している。
- セグメント間の接合は，20 mm のモルタルジョイントとし形状調整を可能にしている。

検証方法（実施実験など）

- 本橋の構造および施工法は Luzancy 橋で妥当性を確認している。また，Luzancy 橋では完成後に種々の静的・動的実験が実施され，十分な安全性が確保されていることを確認している。

参考文献

1）　J.Ordonez ら：PC 構造の原点フレシネー，建設図書，pp. 238-253, 2000. 5
2）　W.Podolny ら：ブロック工法による PC 橋の設計と　施工，九州大学出版会，pp. 325-331, 1992. 7
3）　FIP '98Marne 会：第 13 回 FIP 国際会議出席及び欧州橋梁視察，pp. 60-65, 1998. 10

事例 12　Brotonne 橋

橋梁概要

・橋　　種：道路橋
・橋　　長：607 m
・幅　　員：19.2 m（全幅員）
・支間割り：143.5＋320.0＋143.5 m
・構造形式：PC3 径間連続斜張橋
・施工方法：片持ち張出し架設工法（プレキャスト部材使用）
・完成年月：1977 年 8 月

性能創造の概要

本橋は 1 面吊り構造を採用した建設当時は世界最長の PC 斜張橋であり，種々の性能を創造している。

(1) 1 面吊り構造の採用による構造のスリム化

1 面吊り構造を採用することにより，斜材定着のために必要となる主桁幅部を縮小させるとともに主塔およびその橋脚部も独立 1 本柱形式とし，構造のスリム化（数量低減）を実現している。

(2) コンクリートタイ付きの 1 室箱桁断面の採用による軽量化

全幅 19.2 m の広幅員に対し，斜ウェブおよび箱桁内にコンクリートタイを配置した 1 室箱桁断面を適用している。また，斜ケーブルの鉛直力に対しては，プレストレスを導入したコンクリートタイと斜めウェブ，上下床版でトラス構造を形成し，断面全体で抵抗している。さらに張出し床版を有する逆台形断面形状は，耐風安定性上の有効性を発揮している。

(3) プレキャスト部材による急速施工

桁高 3.8 m の等桁断面 PC 桁であり，主桁の斜めウェブにプレキャスト部材を適用することで，張出し架設の急速化を実現するとともに，品質向上および軽量化を図っている。

(4) 高い景観性

1 面吊りにより斜ケーブルの錯綜感を排除しているとともに斜材を黄色，高欄を緑色にして強い印象を与えている。また，橋脚は変形八角形断面とし，陰影により柔らかい印象を演出している。

採用理由，経緯など

本橋はセーヌ川を横断する位置に架設されており，大型船舶が通行する航路となっているとともに，冬季に濃霧が発生する区域であった。このため，河川内に橋脚を設置しないように，中央支間長 320 m が採用された。完成当時，本橋は世界最長の PC 橋であった。

本橋の形式選定は，競争設計によって行われ，PC 橋案 4 案，鋼橋案 10 案が提出された。その結果，工費が 2 割以上安く，技術的，景観的にも優れている PC 斜張橋案となった。

性能創造された構造の概要図など

全　景

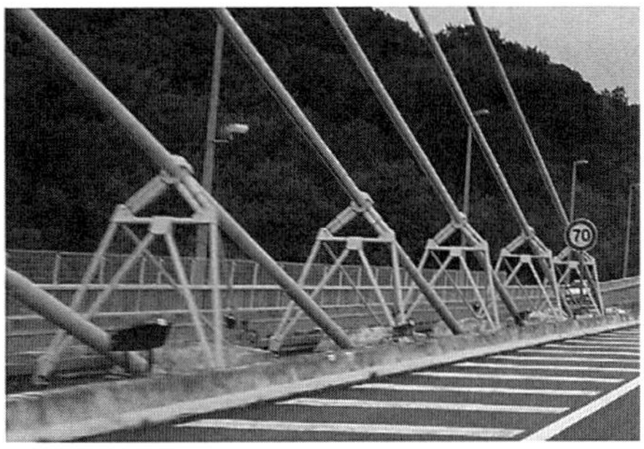

斜ケーブルの制振装置

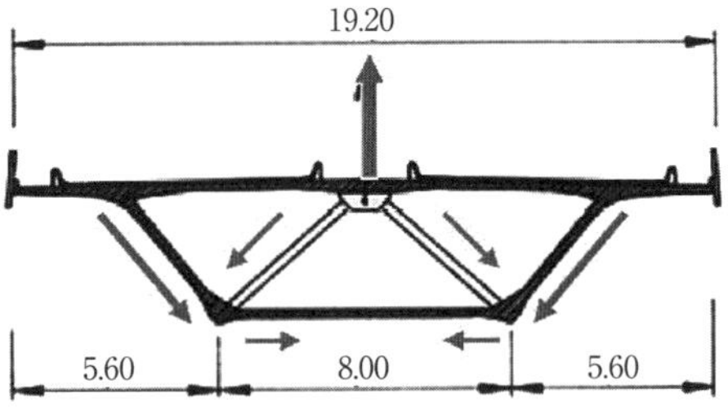

主桁断面

設計上の特徴

- 1面吊り構造を採用している。
- 主桁にコンクリートタイ付き一室箱桁断面を採用し，トラス構造として設計している。
- 本橋以前はゲルバー桁構造が主流であったが，本橋は連続桁構造を採用している。
- 斜ケーブルには外付けの制振装置を設置し，耐風安定性を確保している。

施工上の特徴

- 施工が煩雑な斜ウェブをプレテンション方式のプレキャスト部材（厚さ 20 cm）とすることにより省力化および品質の安定性向上を図っている。
- 上下床版は場所打ちコンクリートとし，プレキャスト部材の輸送性を確保している。

検証方法（実施実験など）

- 主桁の閉合前後から，ケーブルの風による振動が顕著となった。この振動を制御するため外付けダンパーを設計・製作し，橋面より約 3 m の位置に設置したところ，振動が抑制された。

参考文献

1)　FIP '98 Marne 会：第 13 回 FIP 国際会議出席及び欧州橋梁視察，pp. 44-46, 1998. 10
2)　小西ら：最近の海外の斜張橋，橋梁と基礎 Vol. 12, No.8, pp. 22-31, 1978. 8
3)　欧州橋梁調査団報告（その 6），橋梁と基礎 Vol. 11, No.8, pp. 42-46, 1977. 8

事例 13　近江大鳥橋

橋梁概要

・橋　　種：道路橋
・橋　　長：495.0 m（555.0 m）　（　）内は下り線側
・幅　　員：19.6 m（全幅員），16.5 m（有効幅員）
・支間割り：137.6 m＋170.0 m＋115.0 m＋67.6 m（152.6 m＋160.0 m＋75.0 m＋90.0 m＋72.6 m）
・構造形式：PC4 径間（5 径間）連続波形鋼板ウェブエクストラドーズド橋
・適用規準：道路橋示方書，設計要領第二集ほか
・活 荷 重：B 活荷重
・施工方法：片持ち張出し架設工法
・完成年月：2007 年 3 月

性能創造の概要

構造の合理化や軽量化によるコスト縮減，希少植物が生育する斜面への環境影響低減を図るために，以下の性能創造を行っている。

(1)　鋼製ダイヤフラムの採用による主桁自重の低減（当初計画の 7 % 低減）

主桁側斜ケーブル定着部の補強構造は，従来のコンクリート隔壁構造（60 t/ 箇所）に替えて鋼製ダイヤフラム構造（25 t/ 箇所）を採用して主桁の軽量化を図り，斜ケーブルの必要量を約 20 % 低減している。

(2)　主塔鋼製定着体の採用（維持管理性の向上）

主塔側斜ケーブル定着部は，定着スペースのコンパクト化と点検作業性の向上を図るため，鋼殻セル（鋼製定着体）構造を採用している。

(3)　側径間閉合部の合理化施工（架設費低減，工期短縮）

閉合距離が 30 m と長いため，鋼桁化した波形鋼板を先行一括架設し，これを支保工として活用して上下床版コンクリートを打設する工法を採用することで，架設費低減と工期短縮を図っている。

(4)　斜ケーブル破断時の構造安全性確保（橋梁全体のリダンダンシー確保）

全ての斜ケーブルが破断した状態を想定し，斜ケーブルを除いた構造系においても死荷重に対する耐荷力を有することを非線形 FEM 解析により検証している。

採用理由，経緯など

架橋地点が急峻な山岳地域という地形的な制約に加えて希少植物の保護の観点から橋脚位置が制限され，約 150 m の側径間長を有する支間割りとなった。この長大支間へ対応するため PC エクストラドーズド形式とし，さらに死荷重の軽減や施工の省力化および効率的なプレストレス導入の観点から鋼コンクリート複合構造を細部構造まで積極的に取り入れて設計施工の合理化を図っている。

性能創造された構造の概要図など

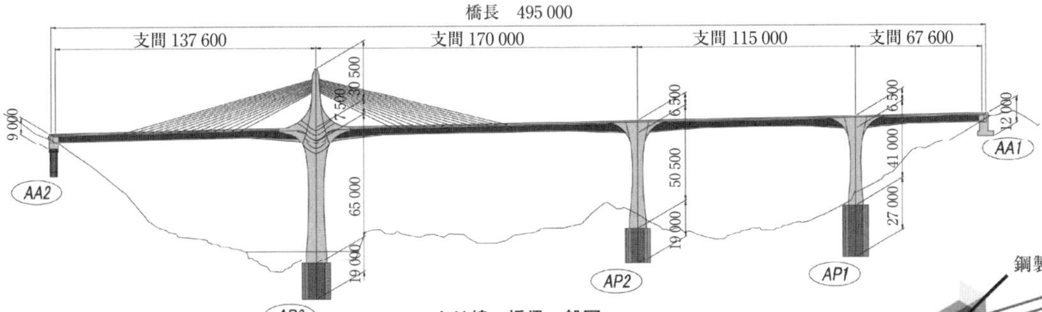

上り線 橋梁一般図

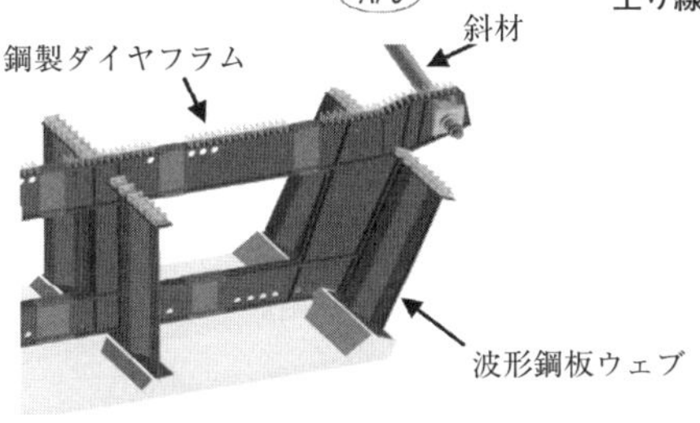

鋼製ダイヤフラム

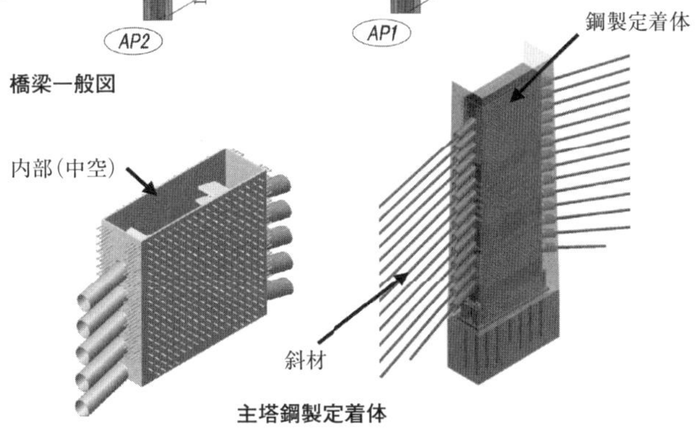

主塔鋼製定着体

設計上の特徴

- 鋼製ダイヤフラムは，床版コンクリートに有害なひび割れが生じないこと，およびせん断力が内・外ウェブに良好に伝達されることを考慮して設計を行っている。
- 主塔鋼製定着体の高さ方向の分割位置の接合は，メタルタッチ併用摩擦接合継手を採用して，合理化を図っている。
- 橋体完成後に斜ケーブルの再緊張を実施して，ケーブル容量の縮小を図っている。

施工上の特徴

- 主塔基部や外ケーブル定着突起の鉄筋は，地上でユニット化して一括架設する施工方法を採用。鉄筋ユニット化に際しては，3 次元 CAD を利用して鉄筋組立図を作成している。
- 自動追尾式 3 次元計測と傾斜計を組み合わせた変位計測を実施し，荷重作用や温度変化などによる主桁・主塔の変形を経時的に計測して，上げ越し管理へフィードバックしている。
- 側径間閉合部は，波形鋼板先行一括架設を採用し，架設費低減と工期短縮を図っている。

検証方法（実施実験など）

鋼製ダイヤフラム構造については，3 次元 FEM 解析に加えて，縮尺 1/2 の模型供試体による載荷実験により，解析の妥当性と構造安全性を確認している。

参考文献

1) 宮内ら：第二名神高速道路栗東橋の計画と設計，橋梁と基礎，Vol.37, No.12, pp.9-18, 2003.12
2) 中薗ら：第二名神高速道路栗東橋の施工，橋梁と基礎，Vol.38, No.0, pp.5-11, 2004.10
3) 井手ら：栗東橋の施工と計測，プレストレストコンクリート，Vol.48, No.5, pp.28-36, 2006.

事例 14　三内丸山架道橋

橋梁概要

・橋　　種：鉄道橋
・橋　　長：450.0 m
・支間割り：74.18 m＋150.0 m＋150.0 m＋150.0 m＋74.18 m
・構造形式：PC4 径間連続エクストラドーズド橋
・適用規準：鉄道構造物等設計標準・同解説
・活 荷 重：P－17 荷重および N－16 荷重
・施工方法：片持ち張出し架設工法
・完成年月：2008 年 6 月

性能創造の概要

新幹線橋としての最大支間長 150 m を有し，新幹線列車の高速走行を可能とする厳しい桁のたわみ制限を満足するために，以下の性能創造を行っている。

(1)　すべり支承を適用した 1 脚剛結，他脚可動構造の採用

両サイドの橋脚は主桁と剛結せずにすべり支承を適用し，橋脚による橋軸方向変形を拘束させない構造にすることで，コンクリートのクリープ・乾燥収縮による長期的変形や温度変化による変形により生じる上・下部工への拘束力（不静定力）を低減し，長支間化を図っている。また，地震時に際してはこの可動構造の橋脚に地震時水平力が伝達されるようにダンパー式ストッパーを設置し，橋脚に対する地震力の分散化を図っている。

(2)　斜材温度上昇によるたわみの抑制

本橋の斜材で用いた PC 鋼材 27S15.2 の場合，一般的な保護管径は外径 140 mm であるが，外径 200 mm の保護管を用いてグラウト層を厚くし，断熱材としても機能させることで斜材の温度上昇を抑制している。

(3)　列車通過時のたわみ抑制

すべり支承の採用によりラーメン構造よりも列車通過時のたわみが増大する。1 橋脚上に支承を 2 列に配置する 2 線支承構造を採用することによりたわみを抑制している。

採用理由，経緯など

本橋は国道 7 号青森環状道路と斜角 45 度で交差し，沖館川遊水池と沖館川本流を横断する。これらの交差物をコントロールとして最大支間長 150 m を有する橋梁が必要になった。この支間長へ対応するため，新幹線橋梁として最大支間長を有する PC エクストラドーズド形式を採用している。

主塔形式には横梁からの落雪が列車に危険を及ぼす可能性があるため，横梁のない独立 2 本柱形式を採用している。

また，本橋梁の設計では列車通過時のたわみ抑制，コンクリートのクリープ，乾燥収縮，温度変化により主桁に生じる変形を抑制することも考慮している。

性能創造された構造の概要図など

橋梁側面図

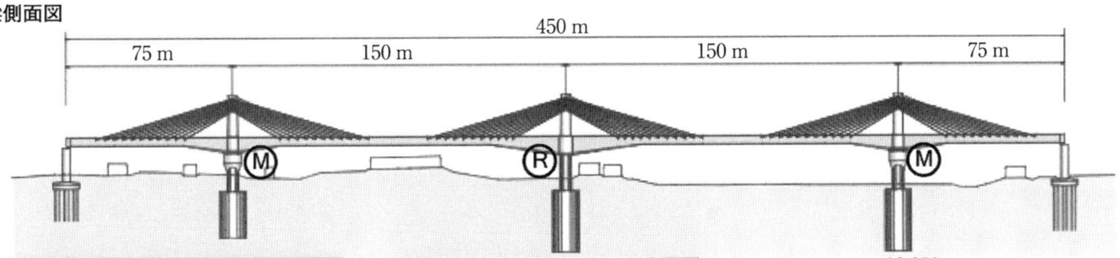

橋梁全景

2 線支承

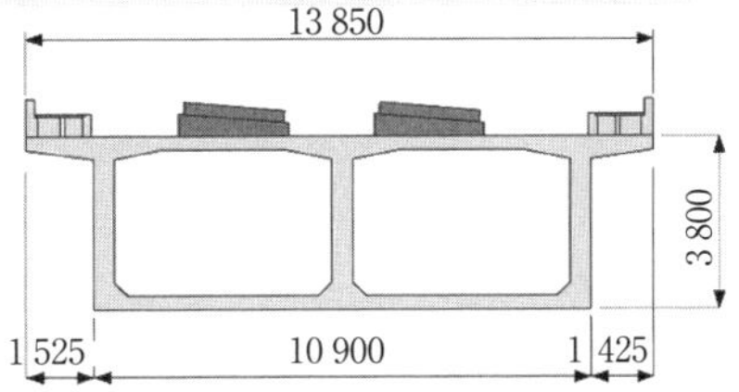

断面図

設計上の特徴

- 平成 16 年版鉄道構造物等設計標準・同解説（コンクリート構造物）に準拠して設計と性能照査を行っている。
- 既存のエクストラドーズド橋の実績および斜材の疲労破壊に関する照査結果を踏まえて，斜材の取替えは考慮しない条件として主方向の設計を行っている。
- 列車荷重載荷時の斜材張力を 0.4 Pu 以内に制限した斜材の設計を行っている。

施工上の特徴

- サドルは据付精度の向上のため 4 分割にユニット化されたものを工場製作とし，据付作業のみの現場作業により施工の省力化，合理化を図っている。
- 斜材緊張に際してはダミー斜材を橋面上に設置し，主桁コンクリートには熱電対を埋設して温度計測を行い，温度に応じた導入緊張力の補正を行っている。また，斜材緊張は主桁に偏心力が発生しないようにジャッキ 4 台を用いて両側の斜材を同時に緊張している。

検証方法（実施実験など）

- グラウトによる斜材の断熱効果を，実物大供試体を用いた温度測定により検証した。
- 列車と橋梁の動的相互作用解析により列車通過時のたわみ，列車の走行安全性，乗り心地を検証した。
- 温度変化，列車通過のそれぞれについて，実橋での主桁変位測定を行った。

参考文献

1） 玉井ら：東北新幹線国道環状 7 号架道橋の設計，橋梁と基礎，Vol. 41, No. 3, pp. 43-48, 2007. 3
2） 西ら：東北新幹線三内丸山架道橋の施工，橋梁と基礎，Vol. 42, No. 9, pp. 5-9, 2008. 9
3） 玉井ら：新幹線最大スパンを有するエクストラドーズド PC 橋の設計・施工　コンクリート工学，Vol. 46, No. 7, pp. 31-36, 2008. 7

事例 15　中新田高架橋

橋梁概要
・橋　　種：道路橋 ・橋　　長：上り線　958 m　下り線　991 m ・幅　　員：11.400 m～21.050 m ・支間割り：9@41 m，8 @ 41 m＋2 @ 32.5 m＋2 @ 30.5 m＋43 m＋34 m＋2 @ 33 m ・構造形式：PC9 径間（16 径間）連続プレテンションウェブ箱桁橋 ・適用規準：道路橋示方書，設計要領第二集ほか ・活 荷 重：B 活荷重 ・施工方法：固定支保工 ・完成年月：2009 年 3 月
性能創造の概要
本橋では，箱桁橋のウェブ部材に，プレテンション方式によりウェブ縦方向プレストレスを導入したプレキャスト部材を採用している。その採用に際し以下の性能創造を行っている。 (1)　工期短縮（当初計画より約 20 % 短縮） ・当初場所打ちで計画された橋梁に対し，ウェブ部材を工場製作のプレキャスト部材とすることで，現場施工の省力化，効率化により工期の短縮を図っている。 ・プレキャスト部材の設置，固定には，専用の特殊鋼製ブラケットを使用することにより，設置作業の省力化を図るとともに，高い設置精度を確保している。 (2)　主桁自重の低減 高いせん断抵抗を有するプレテンションウェブ（設計基準強度 σ_{ck} ＝50 N/mm^2）の採用により，ウェブ厚は当初の 250 mm から 150 mm さに低減れ，それに伴い上部工重量の低減を図っている。 (3)　品質の向上 プレキャスト部材を工場で製作することで部材の高品質化を図っている。 (4)　現場環境の改善 ・コンクリート打設などの現場施工の省力化で騒音や振動の発生を低減している。 ・現場で使用する型枠や支保工などの使用量低減により，廃棄物の低減，省資源化を果たしている。
採用理由，経緯など
本橋は圏央道さがみ縦貫道路の本線橋であると同時に，東名高速道路との連絡となる海老名北ジャンクションの一部であり，地域の道路交通の円滑化や環境改善の観点から早期の開通が望まれた。当初計画は 2 主箱桁を固定支保工上で全て場所打ちにより施工するものであったが，これに対して工期短縮が可能で，かつ自重の低減も可能な構造として，プレテンションウェブ構造を採用している。

性能創造された構造の概要図など

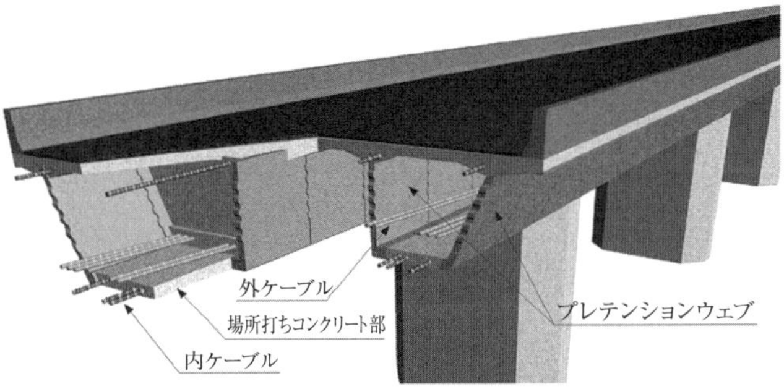

イメージ図

施工状況

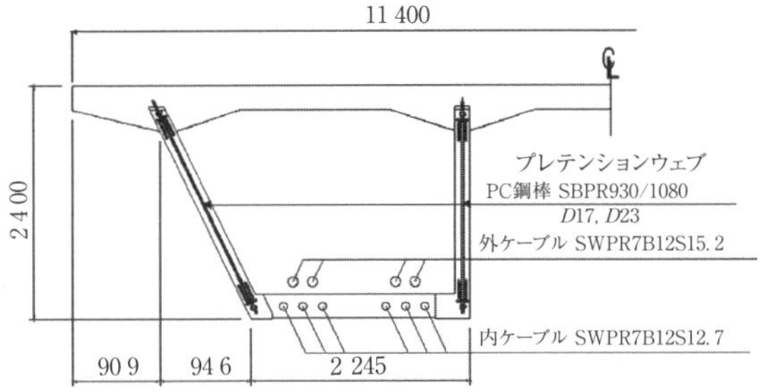

支間中央断面図

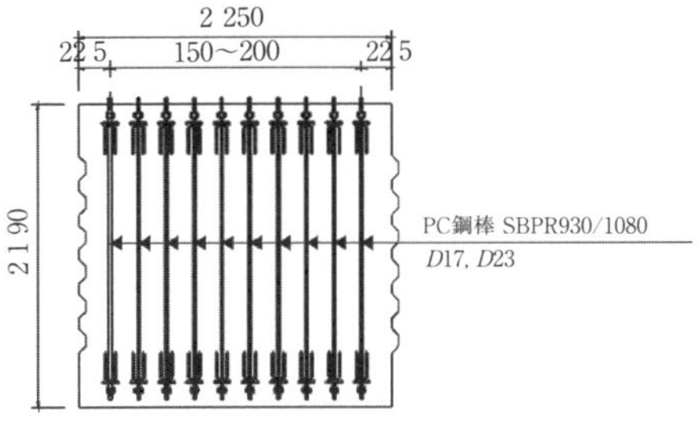

プレテンションウェブ側面図

設計上の特徴

- ウェブ部材に使用するプレテンション用 PC 鋼材は，数種類の PC 鋼材による付着定着長試験から選定し，経済性，施工性に優れるナット付き PC 鋼棒を採用している。
- ウェブと上下床版の接合構造は，ずれ止め鉄筋およびコンクリートせん断キーにより抵抗するものとして設計している。上床版側接合部については性能確認試験を実施し，接合部構造の簡略化を図っている。
- 主方向の設計は，主桁上縁をひび割れ幅制御，主桁下縁のウェブ部材継ぎ目部を応力制御とし，PC 鋼材量の低減を図っている。継ぎ目部の応力性状は，FEM 解析により検証している。

施工上の特徴

- プレキャスト部材の製作では，1 ラインあたり最大で 8 枚を同時製作することにより，部材製作工程の短縮を図っている。
- プレキャスト部材の設置，固定用に特殊鋼製ブラケットを使用。

検証方法（実施実験など）

- ウェブ－上床版接合部のせん断耐力確認実験
- 使用鋼材選定のためのプレテンション鋼材付着定着長確認実験

参考文献

1) 和田ら：中新田高架橋の設計，橋梁と基礎，Vol.42 pp. 17-22, 2008. 11
2) 藤田ら：中新田高架橋の施工，橋梁と基礎，Vol. 43 pp. 5-9, 2009. 05

事例 16　酒田みらい橋

橋梁概要

・橋　　種：歩道橋
・橋　　長：50.2 m
・幅　　員：2.4 m（全幅員），1.6 m（有効幅員）
・支間割り：49.35 m
・構造形式：PC 単純箱桁橋
・適用規準：道路橋示方書（荷重条件）
　　　　　　Design Rules for DUCTAL Prestressed Beams（仏：ブイグ社）
・活 荷 重：群集荷重
・施工方法：仮支柱を用いたプレキャストセグメント工法
・完成年月：2002 年 10 月

性能創造設計・施工　概要

(1)　大幅な軽量化

超高強度繊維補強コンクリート（UFC）を適用することで，非常に薄い部材厚（上床版厚 5 cm，ウェブ厚 8 cm）で構成された構造を実現し，大幅な軽量化（従来のコンクリート橋重量の約 1/5）を図っている（上下部で約 10 % のコスト削減）。

(2)　低い桁高で長スパン（50 m）の実現

河川阻害の抑制や H.W.L＋余裕高確保と両岸道路とのすり付けから桁高が制限され，これを満足させるためにコンクリートの超高強度化による大幅な軽量化を図り，中間橋脚を不要とした，従来のコンクリート橋とは比較にならない低い桁高の単純橋を実現している（端部桁高 0.55 m，支間中央部 1.56 m，桁高支間比 31.6）。

(3)　高耐久性

主桁の主要材料として緻密で高耐久な UFC に加えて，鉄筋を用いない構造を適用することで高耐久化を図っている。

(4)　デザインの自由性

材料の特徴である高流動性や配筋の制約を受けない設計の自由性から，ウェブに大きな円形開口部を設けるなど特徴のあるデザインを実現している。

採用理由，経緯など

本橋は旧橋の老朽化に伴う架替工事である。河川阻害率の改善のため河川内に橋脚を設けずに支間長を旧橋の 4 倍（4 径間→ 1 径間）にすること，両岸のすり付け道路との段差を抑えるため桁端部の桁高を 55 cm に抑えることが必要であった。

また，日本海側の厳しい塩害環境のため高い耐久性が求められた。さらに，背景には鳥海山を望み，近隣には歴史的建造物が多いため，周囲の景観に配慮した構造が必要であった。

性能創造型構造の概要図など

全　景

中央セグメントの架設

設計の特徴

- 設計には限界状態設計法を用いて，供用限界状態と終局限界状態にて照査を実施した。また，UFC のひび割れ発生強度，引張軟化特性を考慮した設計方法を適用している。
- 主ケーブル定着部，ウェブ開口周辺の局部応力照査は 3 次元弾性 FEM 解析，破壊耐力算定には材料非線形を考慮した 3 次元 FEM 解析を実施している。

施工の特徴

- 型枠構造，練混ぜ，打設方法などの各製造方法に対する管理方法については施工確認試験により検証している。
- 大幅な軽量化により，旧橋の橋脚を支保工の支柱として使用が可能になり，仮設杭を不要として施工の合理化を図っている。また，セグメントは小型化したクレーンにより架設し，現地にてウェットジョイントにより接合している。

検証方法（実施実験など）

1)　主な構造実験：①開断面部材載荷実験，②ウェブ部材引張実験，③ PC 定着部性能試験，④ウェットジョイント要素せん断実験，⑤実物大モデル曲げせん断実験，⑥接続部曲げせん断実験など
2)　主な施工確認実験：UFC の混練り，打設，養生，ウェットジョイント部充てんなど

参考文献

1)　武者ら：無機系複合材料（RPC）を用いた酒田みらい橋の設計と施工，橋梁と基礎，Vol. 36, No. 11, pp. 1-10, 2002　など

PC技術規準シリーズ
コンクリート構造技術基準
—性能創造による設計・施工・保全—

定価はカバーに表示してあります。

2019年10月20日　1版1刷発行

ISBN 978-4-7655-1700-3　C3051

編　　者　公益社団法人プレストレストコンクリート工学会
発 行 者　長　滋　彦
発 行 所　技 報 堂 出 版 株 式 会 社
〒101-0051　東京都千代田区神田神保町 1-2-5
電　　話　営　業（03）（5217）0885
　　　　　編　集（03）（5217）0881
　　　　　ＦＡＸ（03）（5217）0886
振替口座　00140-4-10
http://gihodobooks.jp/

日本書籍出版協会会員
自然科学書協会会員
土木・建築書協会会員

Printed in Japan

装幀　ジンキッズ　　印刷・製本　愛甲社

公益社団法人 プレストレストコンクリート工学会 編

■ PC 技術規準シリーズ■

【好評発売中】

コンクリート橋・複合橋保全マニュアル

B5 判・440 頁

ISBN 978-4-7655-1699-0

外ケーブル構造・プレキャストセグメント工法設計施工規準

B5 判・250 頁

ISBN 4-7655-2486-8

複合橋設計施工規準

B5 判・420 頁

ISBN 4-7655-1694-6

貯水用円筒形 PC タンク設計施工規準

B5 判・140 頁

ISBN 4-7655-1695-4

PC 斜張橋・エクストラドーズド橋設計施工規準

B5 判・224 頁

ISBN 978-4-7655-1696-9

PC 構造物高耐久化ガイドライン

B5 判・186 頁

ISBN 978-4-7655-1698-3

■技報堂出版■

http://gihodobooks.jp/　TEL 営業 03(5217)0885　FAX 03(5217)0886